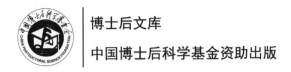

博士后文库

中国博士后科学基金资助出版

加速退化数据建模与统计分析方法及工程应用

王浩伟 著

科学出版社

北京

内 容 简 介

本书论述了基于加速因子不变原则的加速退化数据建模与统计分析方法体系，包括基于加速退化试验数据的总体寿命预测方法、基于加速退化先验信息的个体寿命预测方法、失效机理一致性验证方法、模型与评估结果准确度验证方法，以及加速退化试验方案优化设计方法。构建了加速退化数据建模与统计分析方法综合运用的技术框架，结合工程实践阐述了 3 种典型的综合运用场景。提出了一种更为科学的加速退化数据建模与统计分析理论，对于提高产品可靠性评估与寿命预测的准确性具有一定意义。书中提供了较多案例分析、参数估计方法与程序，具有较好的工程指导价值。

本书既适合质量与可靠性工程专业的院校教师、科研人员、研究生阅读，也适合产品研发单位、试验机构的可靠性工程师阅读。

图书在版编目（CIP）数据

加速退化数据建模与统计分析方法及工程应用/王浩伟著. —北京：科学出版社，2019.6
（博士后文库）
ISBN 978-7-03-060690-7

I. ①加⋯ II. ①王⋯ III. ①数据模型-研究②统计分析-研究 IV. ①TP311.13 ②O212.1

中国版本图书馆 CIP 数据核字 (2019) 第 039544 号

责任编辑：陈 静 金 蓉/责任校对：张凤琴
责任印制：吴兆东/封面设计：陈 敬

科学出版社 出版
北京东黄城根北街 16 号
邮政编码：100717
http://www.sciencep.com

北京厚诚则铭印刷科技有限公司 印刷
科学出版社发行 各地新华书店经销
*
2019 年 6 月第 一 版 开本：720×1000 1/16
2022 年 4 月第四次印刷 印张：15 1/2
字数：292 000

定价：139.00 元
（如有印装质量问题，我社负责调换）

《博士后文库》编委会名单

作 者 简 介

王浩伟，男，山东烟台人，1981年3月出生。2014年12月获得海军航空工程学院兵器科学与技术专业博士学位，获得第九届海军优秀博士学位论文奖。2015年8月入海军航空大学军事装备学博士后流动站，合作导师为滕克难教授。研究领域为装备可靠性工程，主要研究方向为加速试验技术、贮存延寿技术。近几年已发表SCI、EI检索论文近30篇，申请发明专利10余项，研究工作分别得到中国博士后科学基金（2016M592965）、国家自然科学基金（51605487）、山东省自然科学基金（ZR2016FQ03）的资助。

《博士后文库》序言

　　1985 年，在李政道先生的倡议和邓小平同志的亲自关怀下，我国建立了博士后制度，同时设立了博士后科学基金。30 多年来，在党和国家的高度重视下，在社会各方面的关心和支持下，博士后制度为我国培养了一大批青年高层次创新人才。在这一过程中，博士后科学基金发挥了不可替代的独特作用。

　　博士后科学基金是中国特色博士后制度的重要组成部分，专门用于资助博士后研究人员开展创新探索。博士后科学基金的资助，对正处于独立科研生涯起步阶段的博士后研究人员来说，适逢其时，有利于培养他们独立的科研人格、在选题方面的竞争意识以及负责的精神，是他们独立从事科研工作的"第一桶金"。尽管博士后科学基金资助金额不大，但对博士后青年创新人才的培养和激励作用不可估量。四两拨千斤，博士后科学基金有效地推动了博士后研究人员迅速成长为高水平的研究人才，"小基金发挥了大作用"。

　　在博士后科学基金的资助下，博士后研究人员的优秀学术成果不断涌现。2013 年，为提高博士后科学基金的资助效益，中国博士后科学基金会联合科学出版社开展了博士后优秀学术专著出版资助工作，通过专家评审遴选出优秀的博士后学术著作，收入《博士后文库》，由博士后科学基金资助、科学出版社出版。我们希望，借此打造专属于博士后学术创新的旗舰图书品牌，激励博士后研究人员潜心科研，扎实治学，提升博士后优秀学术成果的社会影响力。

　　2015 年，国务院办公厅印发了《关于改革完善博士后制度的意见》（国办发〔2015〕87 号），将"实施自然科学、人文社会科学优秀博士后论著出版支持计划"作为"十三五"期间博士后工作的重要内容和提升博士后研究人员培养质量的重要手段，这更加凸显了出版资助工作的意义。我相信，我们提供的这个出版资助平台将对博士后研究人员激发创新智慧、凝聚创新力量发挥独特的作用，促使博士后研究人员的创新成果更好地服务于创新驱动发展战略和创新型国家的建设。

　　祝愿广大博士后研究人员在博士后科学基金的资助下早日成长为栋梁之才，为实现中华民族伟大复兴的中国梦做出更大的贡献。

中国博士后科学基金会理事长

前　言

为了实现民族复兴的中国梦，制造强国战略是重要支撑，正在实施的《中国制造 2025》行动纲领继续将"质量为先"作为基本方针。实现制造强国战略必须要切实提升我国产品的可靠性水平，可靠性试验是掌握、改进产品可靠性水平的重要手段。随着材料科学的发展与制造工艺的进步，高可靠性长寿命产品越来越多并且产品更新换代加快，如何提高可靠性试验效率成了提升企业竞争力的关键。加速退化试验技术作为一种新兴的可靠性试验手段，在减少试验样本量，降低试验费用，缩短研制周期等方面颇具优势，因此在可靠性工程领域得到了广泛应用。然而，目前对加速退化试验数据建模与统计方法的研究还不充分，这是加速退化试验技术的薄弱环节。

我从博士求学阶段开始接触加速退化数据建模与统计分析这一领域，国内外普遍根据主观判断或工程经验建立加速退化模型，而对于维纳(Wiener)、伽马(Gamma)、逆高斯(Inverse Gaussian，IG)等随机退化模型，有多种不同甚至完全相反的假定，对应的可靠性评估结果也有显著差异，如何能够正确建立加速退化模型成了困扰我的一个谜团。偶然间，我接触到周源泉前辈在统计分析加速寿命试验数据时提出的"加速因子不变"思想，经过多种方式的验证，发现此思想为正确建立加速退化模型提供了一种有效指导。此后，我将此思想引入了加速退化数据统计分析领域，在多篇学术论文中都应用了这一加速退化建模思路，逐渐得到国内外专家、同行的认可。

经过近几年的持续研究，目前已在可靠性评估与寿命预测、失效机理一致性辨识、加速退化试验方案优化设计、评估结果准确度验证等领域取得了一系列创新成果，形成了基于加速因子不变原则的加速退化数据建模和统计分析理论与方法体系。本书主要内容就是对此理论与方法体系的具体阐述与运用。

参数估计具有一定难度，是阻挡很多读者进入加速退化数据统计分析领域的门槛。本书的一大特点是不仅详尽阐述了各种参数估计方法，如极大似然法、期望最大化(Expectation Maximization，EM)法、贝叶斯马尔科夫链蒙特卡洛(Bayesian MCMC)法、Bootstrap 法等，而且提供了具体的求解程序，有助于读者更快、更好掌握各参数估计方法。

　　感谢我的博士后合作导师滕克难教授与博士生导师徐廷学教授，他们为本书的完成倾注了大量心血。感谢海军航空大学、北京航空航天大学、国防科技大学等单位老师的无私帮助，感谢中国博士后科学基金会对本书出版的资助。

作　者

2018 年 11 月 6 日

目　录

第1章 绪 论

1.1 背景介绍

为了保证装备在长期使用/贮存过程中具有较高的可靠性和安全性，需要在装备的全寿命周期内做好可靠性工作。装备可靠性工作的核心是准确掌握、定量控制装备的可靠性水平，这需要获取充足的可靠性数据作为支撑，可靠性试验是获取装备可靠性数据，进而掌握装备可靠性指标的有效手段与主要途径。可靠性试验水平不仅影响着装备研制、生产、部署等任务的进度快慢，而且决定着装备全寿命周期费用的高低。传统的可靠性试验技术只是模拟产品的正常服役环境，并且以获取失效时间数据为目的，存在试验时间长、试验效率低等不足。随着材料技术和产品设计、制造工艺的进步，在军工、航空、航天、甚至民用领域，出现了大批高可靠、长寿命产品，即便采用加速寿命试验也无法在较短时间内获取足够多的失效时间数据，给定寿、可靠性评估带来了不小难度。

对于一些高可靠性产品，某些性能参数会在寿命周期内呈现一定趋势的退化规律并且可以被准确测量，测量值被称为性能退化量。当性能退化量达到失效阈值时产品发生失效，这种失效过程被称为退化失效，具有退化失效特征的产品被称为退化失效型产品。对性能退化数据进行合理的建模和统计推断，就可预测出退化失效型产品的寿命。为了应对高可靠性产品在正常应力下退化速率较慢的问题，目前已广泛使用加速退化试验以加速产品的退化过程。和美国、俄罗斯、日本等相比，目前我国对高可靠性产品寿命预测的研究还比较薄弱，其中一个弱项是缺少元器件级、部组级产品寿命信息的积累，这制约了对设备级、系统级产品寿命预测理论的深入研究。填补这个弱项需要我们踏踏实实对高可靠性产品进行大量寿命试验，其中开展加速退化试验是重要一环。

研究加速退化试验方法，有以下三方面的具体作用与意义。

(1) 对退化失效型产品开展可靠性试验的前提是要了解产品的性能退化参数，了解退化机理并确定敏感环境应力，这有助于掌握产品失效的发生机理与表现规律，从而改进产品的可靠性设计，提升产品的可靠性水平。

(2) 随着材料科学的发展与制造工艺的进步，长寿命、高可靠性产品越来越多，产品在研制、定型、生产、延寿等阶段需要多次开展各类可靠性试验，高效率的加速退化试验能够显著减少试验样本量，缩短试验时间，降低产品的全寿命周期费用。

(3)当代装备的更新换代速度快,而研制阶段过长的可靠性试验时间成了缩短研制周期的瓶颈,加速退化试验的应用不仅能够缩短研制周期,使产品尽快投放到市场,而且可以在装备进行延寿时发挥高效率优势,有利于保持战斗力。

综上所述,加速退化试验技术能够显著缩短试验时间,提高试验效率,在可靠性工程领域具有广泛的应用前景。

1.2 加速退化试验技术概述

1.2.1 加速退化试验技术

高可靠性、长寿命弹载产品日益增多,对这些产品开展传统可靠性试验将耗费大量时间,导致产品研制周期较长。当今社会为科技爆炸时代,装备的更新换代速度在不断加快,如果某型号装备从论证研制到交付部队使用的间隔过长,则很可能降低其战略战术价值,因此急需研究一种高效率的可靠性试验方法。此外,高效的可靠性试验对于减少装备的全寿命周期费用具有显著作用,在以上背景下,加速退化试验技术逐渐受到重视[1,2]。

加速退化试验属于实验室模拟试验范畴,是在不改变产品原有失效模式与失效机理的前提下,通过高低温试验箱、多轴振动台、冲击疲劳试验机等设备提升某些环境应力水平从而加快产品的失效过程[3,4]。根据试验目的与试验时机的不同,加速退化试验可分为可靠性增长试验(Reliability Growth Test,RGT)、可靠性鉴定试验(Reliability Qualification Test,RQT)、环境适应性试验(Environmental Worthiness Test,EWT)、环境应力筛选(Environmental Stress Screening,ESS)试验、可靠性验收试验(Reliability Acceptance Test,RAT)、贮存延寿试验等类型;根据应力施加方式的不同,加速退化试验可分为恒定加速退化试验、步进或步降加速退化试验、序进加速退化试验等类型;根据试验数据统计分析方法的不同,加速试验主要分为加速寿命试验、加速退化试验两种类型。

1.2.2 加速退化试验在产品寿命周期中的运用

为了获得高技术性能,新材料、新技术、新工艺不断应用到新型号产品上,相对于老型号产品,这在改进了性能技术水平的同时也改变了产品的可靠性水平,需要开展可靠性试验重新认识、掌握产品的可靠性变化规律。通常情况下,军用装备的全寿命周期可分为如下几个阶段:指标与方案论证、工程研制、产品定型、批量生产、交付用户、贮存与延寿、发射或销毁,几乎每个阶段都有对应的可靠性试验项目,如图 1-1 所示。

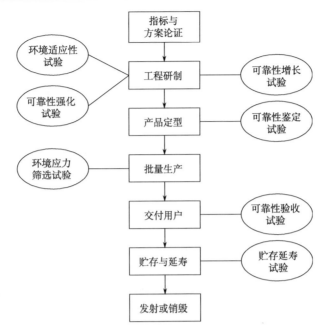

图 1-1 产品寿命周期中的可靠性试验项目

产品的可靠性不仅是研发团队设计出来的，而且是工业部门生产出来的，更是交付用户后保障出来的。产品可靠性工程就是围绕研制定型、批量生产、用户贮存开展研究性工作。研制定型阶段是产品可靠性形成的关键时期，需要开展的可靠性试验也最多，主要包括环境适应性试验、可靠性强化试验(reliability enhancement test)、可靠性增长试验。环境适应性试验属于工程评定类试验，目的是考核产品在各种典型环境，特别是极限环境条件下能够正常工作的能力，主要用于评定产品试样的材料选型、结构设计等是否合格。可靠性增长试验模拟产品的真实使用/贮存环境，摸清产品的故障模式，进而分析故障机理并提出针对性的改进措施，通过循环进行"试验-发现-改进"不断提升产品的可靠性水平。可靠性强化试验通过施加高应力水平快速引发产品故障，暴露产品薄弱环节。可靠性鉴定试验用于评价工程研制试样的可靠性水平是否达到了设计要求，为产品定型提供决策依据。环境应力筛选试验是产品质量控制的重要途径，用于剔除因材料、工艺造成缺陷的早期故障产品，确保批次生产出的产品具有高可靠性。可靠性验收试验在向用户交付产品阶段开展，用于评估拟交付的批次产品可靠性是否达到了预定的要求。导弹装备及其备件是典型的"长期贮存、定期维护、一次使用"的产品，出于军事需求或经济成本的考虑，在产品临近预定贮存期限时很可能需要进行延寿，贮存延寿试验是通过试验手段确定出有效的延寿措施，用于保持或提升产品在延长贮存期方面的可靠性。

环境适应性试验、可靠性强化试验、环境应力筛选试验属于工程评定类可靠性试验，不需要定量评估产品的可靠性。可靠性增长试验、可靠性鉴定试验、可靠性验收试验、贮存延寿试验属于统计分析类可靠性试验，必须获取试验数据进而定量评定出产品的可靠性，因此可靠性评估是这些可靠性试验的核心任务。目前，用于指导可靠性增长试验的标准为 GJB 1407—92，用于指导可靠性鉴定试验及验收试验的标准为 GJB 899A—2009。然而，这些标准中给出的可靠性评估方法主要假定产品寿命为成败型或指数分布，适用于电子类产品，但不适用于导弹装备中的机电类、橡胶类、机械类产品。此外，这些标准中提供的是常应力下的可靠性试验方法，存在试验时间长、试验费用高等一系列问题，难以适用于导弹装备中日益增多的高可靠、长寿命产品。

1.2.3　基于加速退化数据的寿命预测

可靠性测度包括可靠度、可用度、失效率、平均故障前时间（Mean Time To Failure，MTTF）、平均故障间隔时间（Mean Time Between Failure，MTBF）、可靠寿命、p 分位寿命等，可靠性评估主要是利用概率统计手段，通过对可靠性数据进行有效的统计分析，推断出可靠性测度的点估计及区间估计[5]。可靠性评估包括两方面关键内容：可靠性建模、参数估计。可靠性数据包括失效时间数据、一元性能退化数据、多元性能退化数据等，按照可靠性数据类型的不同，发展了对应的可靠性建模与评定方法。下面以试验数据类型为主线归纳可靠性评估方法的现状与发展趋势。

装备失效可分为突发失效和退化失效两类，最初的可靠性评估模型以失效时间数据为基础，不区分装备的突发失效与退化失效。此类寿命预测模型分为两种：一种是基于寿命分布函数的评定方法，例如，利用韦布尔分布（Weibull distribution）、对数正态分布（Lognormal distribution）、指数分布（Exponential distribution）、正态分布（Normal distribution）、伽马分布（Gamma distribution）等拟合失效时间数据，建立产品的可靠性模型，推断出各种可靠性测度；另一种是基于智能算法的评定方法，例如，利用神经网络、支持向量机、粒子滤波、灰色理论等分析装备失效率/故障率随时间的变化规律，从而预测出失效率/故障率上升到指定阈值时的可靠性测度。

由于装备的失效时间数据通常较少，并且大多为各种截尾数据，选择不同的参数估计方法得到的参数估计值往往并不一致，进而影响可靠性评估结果。这种情况下应该优先选用无偏估计方法，如矩估计法、最优线性无偏估计法、最小二乘估计法等[6,7]。

此类可靠性评估方法的主要问题表现为：①只能预估装备的总体寿命指标，无法预测装备个体的剩余寿命；②无法揭示装备失效的本质和特点，不能为装备的设计改进和可靠性增长提供有益信息；③目前很多复杂失效装备可靠性高、量产少，缺少失效时间数据，因而不适合采用此类可靠性评估方法。

1. 基于一元退化数据的评估与预测方法

随着失效物理分析技术的发展和测试测量手段的进步，获取产品的性能退化数据变得更为容易。不仅可以利用此类数据预测出产品退化失效的发生时间，为缺少失效时间数据情况下的可靠性评估提供一种有效手段，而且能够通过分析失效机理与失效过程确定出产品的薄弱环节、敏感环境应力等，为产品的设计改进、可靠性增长提供重要参考。如果产品失效是由于某个性能参数随时间不断退化导致的，那么可基于一元性能退化数据的统计分析推断出产品可靠性，其核心工作是合理建立性能退化模型，确定退化参数的失效阈值。经过近 30 年的发展，性能退化建模方法已经发展了基于失效物理分析、基于退化轨迹拟合、基于退化量分布等若干成熟理论与方法[8-10]。近些年基于随机过程的性能退化建模方法成了研究热点，加速应力类型涉及温度、湿度、振动、高低温循环、温度湿度双综合、湿度振动双综合等，其产品应用范围涵盖了军用、民用领域，包括发光二极管（Light Emitting Diode，LED）、金属化膜电容器、加速度计、橡胶密封圈、电磁继电器、电连接器等[11-18]。

参数估计方面，由于每个样品在加速退化试验中要多次测量性能退化数据，累积的加速性能退化数据相对较多，适合采用极大似然估计法获取参数值。当加速退化模型较为复杂时，基于加速退化模型所建立的似然函数通常含有较多未知参数，难以采用传统的求解偏导方程组的办法获取参数估计值。针对此问题，可利用牛顿-拉弗森（Newton-Raphson）递归逼近法从偏导方程组中获取参数估计值，例如，文献[19]提出了一种基于 MATLAB fminsearch 函数获取极大似然估计值的方法，具有较好的工程应用性。

2. 基于多元退化数据的评估与预测方法

很多产品本身存在多个性能退化过程，当只有一个退化过程占主导地位并且是产品失效的最主要因素时，适合采用一元性能退化建模方法。然而对一些本身存在多个性能退化过程的产品来说，产品失效是多个退化过程竞争引起的，应该考虑采用多元性能退化建模方法。多元性能退化数据建模方法的研究目前分为两个方向：①各性能退化过程间没有耦合性；②各性能退化过程间具有耦合性。

罗湘勇等[20]在预测某型导弹可靠性时，首先确定出影响导弹贮存可靠性的 5 种关键部件；然后通过拟合定检数据分别建立各部件的退化失效模型；最后在假定各部件失效过程不存在耦合性的基础上，建立了基于串联系统结构的导弹贮存可靠性模型。潘骏等[21]研究了某型橡胶密封圈寿命预测方法，采用多元正态分布函数对压缩永久变形量、压缩应力松弛系数这两种参数建立了耦合性退化模型。Pan 等[22]研究了基于 Copula 函数的多元参数耦合性退化建模问题，首先利用Wiener 过程分别建立每个性能参数的退化模型，然后采用 Copula 函数描述退化过程之间的耦合性。张建勋等[23]在建立某些陀螺仪寿命预测模型时，将陀螺仪漂移参数测量值的样本平均值与样本标准差作为两种具有耦合性的退化参数，利用方差时变的正态随机过程建立两退化参数的边缘生存函数，同样采用 Copula 函数描述两种退化参数之间的耦合性。Pan 等[24,25]分别研究了基于 Gamma 过程、Wiener过程的二元参数耦合性退化建模问题。此外，文献[26]～[30]也对多元性能退化建模方法以及竞争失效问题进行了相关探讨。

参数估计方面，当采用 Copula 函数建立耦合性多元加速退化模型时，由于加速退化模型中含有较多未知参数，难以通过极大似然法一体化估计出所有未知参数。目前有两种可行的解决方案：一是分步建立似然函数，分别估计退化模型参数值与 Copula 参数值；二是利用贝叶斯马尔科夫链蒙特卡洛（Bayesian MCMC）方法一体化估计出所有参数[31, 32]。

1.2.4　寿命预测结果的准确性验证

目前，对加速退化试验的研究主要集中在试验方案的优化设计和可靠性评估两个领域，缺少对可靠性评估结果一致性验证方法的研究。加速退化试验在获得高效率的同时增加了可靠性建模难度，降低了可靠度评定精度，因此需要验证可靠度评定结果与真实值间的一致性。

产品可靠度的真实值无法直接得出，可利用常应力下的可靠性数据统计推断得出，然而工程实践中往往难以获取高可靠性、长寿命产品在常应力下的可靠性数据，这给一致性验证工作带来了难题。文献[33]在研究可靠性评估结果验证方法时，将产品在最低加速应力下的退化数据作为标准数据，从而验证与外推到此应力水平下可靠度结果的一致性，然而此做法实质上只是对加速退化模型的准确度进行了一定程度的验证。不少研究工作将加速退化模型与加速退化数据的拟合优劣作为验证手段，这实质上也只是在一定程度上验证了加速退化模型的准确性，并不能验证评定结果的一致性。例如，文献[34]在预测某型号发光二极管剩余寿命时考虑了 3 种不同的加速退化模型，选择了与加速退化数据拟合最优的加速退化模型，外推产品在常应力下的可靠度。此外，文献[14]利用加速电流应力试验评估有机发光二极管寿命，通过比对产品常应力下的平均寿命与加速试验外推的平均寿命值，定性验证了评定结果的准确性。文献[35]总结了能够定量验证预测模型准确性及预测结果一致性的各类方法，而基于假设检验的验证法具有较高的可信度与较广的适用范围。文献[36]为了验证常应力下性能退化模型的准确性，提出了一种复合验证方法，包括波动阈值一致性验证、空间形状一致性验证。以上研究工作只是提出了验证常应力下预测模型准确性的方法，尚不能验证加速退化模型的准确度及可靠性评估结果的一致性。

1.2.5 加速试验方案的优化设计

绝大部分可靠性试验为抽样试验，试验应该考虑的因素包括样本量、试验截止时间、测量次数、加速应力水平设置、样本量分配等，这些因素不仅决定了是否能达成试验目标，而且影响着试验费用[37-40]。可靠性试验优化设计是在试验总费用和试验总时间的约束下，研究如何统筹安排各试验因素，以获得最优的评定精度。目前，关于加速试验优化设计方法的研究主要围绕加速寿命试验与加速退化试验展开。

1. 加速寿命试验优化设计方法

加速寿命试验优化设计方法包含两个相关联的关键科学问题：首先是如何构建试验方案优化的数学模型，其次是如何高效解析数学模型并获取最优试验方案[41-44]。对于加速寿命试验，普遍以产品的寿命分布函数为基础构建试验方案优化模型，主要用到的分布函数包括 Weibull 分布、Lognormal 分布、Exponential 分布、极值分布(Extreme value distribution)等。以寿命分布函数为基础，根据考虑的试验因素的不同，又衍生出多个研究方向：①考虑不同的加速试验数据截尾类型，如定数截尾、定时截尾、随机截尾；②考虑应力施加方式和应力数量的不同，如恒定应力、步进应力、步降应力、单应力、双应力等；③考虑不同的优化目标函数与决策变量，常用的优化目标函数为常应力下中位寿命估计值的渐进方差、MTTF 估计值的渐进方差、p 分位寿命估计值的渐进方差。近几年，考虑产品竞争失效情况下的试验方案优化模型构建方法成为了加速寿命试验优化设计的研究热点，另一部分研究工作致力于研究自动化、智能化的试验方案寻优算法，例如，采用 BP 神经网络、遗传算法等确定出最优试验方案[45]。

陈文华等[46]针对某型高可靠性电连接器研究了温度、振动双应力加速寿命试验优化设计方法，在假定产品寿命服从 Weibull 分布的基础上，将最小化中位寿命估计值的渐进方差作为优化准则，将温度振动双应力的组合数量、加速应力值、每组应力下的测量次数作为决策变量，构建出试验方案优化的数学模型。周洁等[47]针对某型电度表研究了温度湿度双应力加速寿命试验优化设计方法，也将最小化常应力下中位寿命估计值的渐进方差作为优化准则，以均匀正交设计方法得到温湿度双应力组合从而建立试验方案优化的数学模型。采用遗传算法解析优化模型，确定出最优试验方案应设置 5 组加速应力水平等信息。罗庚等[48]针对某型弹载加速度计研究了步降应力加速寿命试验的优化设计方法，对 p 分位寿命估计值的渐进方差与试验总费用两项指标进行加权融合，进而建立优化目标函数。

2. 加速退化试验优化设计方法

加速退化试验优化设计方法与加速寿命试验优化设计方法的主要不同，在于前者以性能退化模型为基础开展试验方案优化设计研究。目前，绝大多数的加速退化试验优化设计方法都是采用 Wiener 退化模型、Gamma 退化模型或者逆高斯（Inverse Gaussian，IG）退化模型。加速退化试验优化设计需要解决以下 3 方面关键问题：①准确建立产品的加速退化模型；②合理设计优化准则并以此为核心构建出试验方案优化数学模型；③提出高效的寻优算法解析数学模型，得出最优试验方案[49-54]。

准确建立产品加速退化模型的前提是要了解性能退化模型的各参数随加速应力变化的规律，然而这恰恰是加速试验的难点问题，大多数研究工作只是根据主观意愿、工程经验对模型各参数随加速应力的变化规律做出假定，造成同一性能退化模型并存着不同甚至截然相反的假定。Wiener 退化模型存在以下两种假定：文献[55]～[58]假定加速应力影响 Wiener 退化模型的漂移参数值但不影响扩散参数值；文献[59]和[60]假定加速应力同时影响漂移参数值与扩散参数值。Gamma 退化模型存在以下 3 种假定：文献[61]和[62]假定加速应力影响 Gamma 退化模型的形状参数值但不影响尺度参数值；与之相反，文献[63]和[64]假定加速应力影响尺度参数值但不影响形状参数值；此外，文献[34]假定加速应力同时影响尺度参数值与形状参数值。对于同一种性能退化模型，至多有一种假定可能正确，依据以上各种假定建立加速退化模型存在较大的风险。

在确定优化准则、构建方案优化的数学模型方面，目前大部分研究工作都将最小化常应力下 p 分位寿命估计值的渐进方差作为优化准则，将加速应力值以及各加速应力下的样品数量、测量间隔、测量次数等因素作为优化问题的决策变量，在最高允许试验费用的约束下构建试验方案优化的数学模型[65]。文献[66]将最大化模型参数估计值对应的 Fisher 信息矩阵行列式值作为优化准则（简称 D 优化准则）。此外，文献[62]将最小化产品在常应力下 MTTF 估计值的渐进方差作为优化准则。对于 Wiener、Gamma、IG 等退化模型，由于无法推导出常应力下 p 分位寿命表达式，只能基于 p 分位寿命的近似表达式进行试验方案优化设计，这很可能得出非最优的试验方案。

1.3　主要研究内容

从对研究现状的综述可知，虽然在加速退化数据建模和统计推断方面已取得了一些研究成果，但由于基于加速退化数据的寿命预测理论和方法发展较晚，还处于探索阶段，很多方面是对加速寿命试验中成熟理论和方法的直接运用，对自身的特点和难题研究不足，仍有不少问题需要解决。

1.3.1 现有研究的不足

1) 基于加速退化数据的寿命预测方法缺少一个指导应用的技术框架

产品的寿命预测方法已发展了很多类别，如现场失效数据预测方法、无失效数据预测方法、加速失效数据预测方法、现场退化数据预测方法、加速退化数据预测方法等。目前为止，基于加速退化数据预测方法在理论支撑、技术内涵、方法实现等方面的研究还不充分，特别是缺少一个面向工程应用的技术框架。这不仅造成此预测方法的特点与本质难以把握，不利于相关理论和方法的进一步发展，而且限制了此预测方法在工程实践中的应用。

2) 缺少一种客观的加速退化建模理论与方法

加速退化数据建模时，必不可少的步骤是确定性能退化模型的各参数在加速应力下应满足的关系，以建立模型参数的加速模型，外推出产品在正常应力下的寿命指标。根据 Pieruschka 假定，性能退化模型在各应力下应具有相同的形式，不同的只是参数的变化，然而如何确定性能退化模型的参数在各应力下应满足的关系，一直没能找到合理的解决办法。目前通常是根据工程经验或主观判断假定模型参数与加速应力之间的关系，这可能导致建立错误的加速退化模型。

3) 缺少将加速退化数据用作先验信息预测常应力下产品剩余寿命的研究

基于性能退化数据和贝叶斯(Bayes)统计推断对产品个体剩余寿命进行预测是一研究热点，此方法可在一定程度上解决仅凭少量现场退化数据无法精确预测个体剩余寿命的问题。现有的文献大都把产品在正常应力下的性能退化数据作为先验信息，然而对于一些高可靠性产品，能作为先验信息的只有通过加速试验获得的加速退化数据。目前缺少将加速退化数据用作先验信息的方法，无法为提高个体剩余寿命的预测精度提供帮助。

4) 缺少对加速退化试验中一致性验证方法的研究

目前，基于加速试验数据统计分析的失效机理一致性验证方法还处于研究起步阶段，研究工作主要存在两方面不足：一是缺少对一致性验证方法深层次理论基础的研究；二是一致性验证手段不多，具有一定的局限性。对于寿命预测结果的一致性验证，目前还处于定性验证阶段，没有形成一套具有工程实用性的定量验证方法。

5) 加速退化试验方案的优化设计方法

建立准确的加速退化模型是对加速退化试验方案进行优化设计的必要前提，然而，目前绝大多数研究工作都是依据各类假定建立加速退化模型，无法保证方案优化模型的准确性，容易得出非最优的试验方案。此外，目前大部分研究工作都将最小化常应力下 p 分位寿命估计值的渐进方差作为优化准则，然而对于Wiener、Gamma、IG 等性能退化模型，无法推导出 p 分位寿命的闭环解析式，目前都是基于 p 分位寿命的近似解析式建立方案优化的数学模型，这也很可能得出非最优的试验方案。

1.3.2　本书的组织结构

　　本书主要论述了基于加速因子不变原则的加速退化数据建模与统计分析方法体系，包括基于加速退化试验数据的总体寿命预测方法、基于加速退化先验信息的个体寿命预测方法、加速退化试验中的一致性验证方法和加速退化试验方案优化设计方法，如图 1-2 所示。在此基础上，提出了加速退化数据建模与统计分析方法综合运用的技术框架，给出了 3 种不同的综合运用场景。

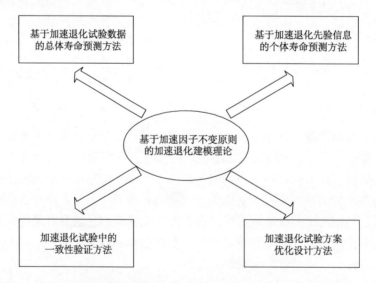

图 1-2　基于加速因子不变原则的加速退化数据建模与统计分析方法体系

　　各章节安排及主要内容简介如下。

　　第 1 章，绪论。论述了加速退化试验技术的研究现状，分析了现有加速退化数据建模与统计分析方法存在的不足。

　　第 2 章，加速退化数据建模与统计分析的基础问题。阐述了加速退化数据建模、加速退化数据统计分析的基本概念、基本理论与基本方法。

　　第 3 章，基于加速退化试验数据的总体寿命预测方法。分别对基于伪寿命分布、基于退化量分布和基于随机过程 3 类总体寿命指标预测方法进行了研究。克服了以往依靠工程经验假定性能退化模型参数与加速应力之间关系的不足，引入加速因子不变原则推导各性能退化模型与加速应力之间的关系。

第 4 章，基于加速退化先验信息的个体寿命预测方法。为了对高可靠性产品的剩余寿命做出准确预测，研究了将加速退化数据用作先验信息进行个体剩余寿命预测的方法。提出了将先验信息折算到正常应力下的两种方法，在此基础上分别结合 Wiener 过程、Gamma 过程进行了基于随机参数共轭先验分布和非共轭先验分布的统计推断研究。

第 5 章，加速退化试验中的一致性验证方法。针对目前的失效机理一致性验证方法在加速退化试验中适用性较差的问题，研究了基于 t 统计量及方差分析（Analysis of Variance，ANOVA）的失效机理一致性验证方法，通过统计分析加速退化数据验证失效机理是否一致。为了解决加速退化试验中的验证难题，研究了基于假设检验的模型准确性验证方法、基于面积比的可靠度评定结果一致性验证方法。

第 6 章，加速退化试验方案优化设计方法。分别针对加速退化试验、加速可靠性验收试验研究了方案优化设计方法，提出了以加速因子为核心构建方案优化模型的理论体系，通过实例应用与仿真试验验证了所提方法的有效性与可行性。

第 7 章，加速退化数据建模与统计分析方法综合运用。为了将总体寿命指标预测方法和基于 Bayes 的个体剩余寿命预测方法有机地融合到一起，并为两类预测方法提供理论支撑与技术指导，构建了基于加速退化数据的寿命预测技术框架。技术框架以总体寿命指标预测方法和基于 Bayes 的个体剩余寿命预测方法为骨架，涵盖了基于加速退化数据进行寿命预测的主要理论和方法，为高可靠性产品的定寿与视情维修等提供了有效指导。

附录。提供了采用极大似然法估计加速退化模型参数值的 MATLAB 示例程序，采用期望最大化（Expectation Maximization，EM）算法估计随机参数退化模型超参数值的 MATLAB 示例程序。

参 考 文 献

[1] 陈循, 张春华. 加速试验技术的研究、应用与发展[J]. 机械工程学报, 2009, 45(8): 130-136.

[2] 华小方, 夏丽佳. 文献共被引下可靠性试验技术的可视化分析[J]. 电子产品可靠性与环境试验, 2016, 34(4): 56-61.

[3] Mohammadian S H, Aït-Kadi D, Routhier F. Quantitative accelerated degradation testing: Practical approaches[J]. Reliability Engineering & System Safety, 2010, 95(2): 149-159.

[4] Klyatis L M. Accelerated Reliability and Durability Testing Technology[M]. Hoboken: John Wiley & Sons, 2012.

[5] 周源泉, 李宝盛, 丁为航, 等. 统计预测引论[M]. 北京: 科学出版社, 2017.

[6] Kalbfleisch J D, Prentice R L. The Statistical Analysis of Failure Time Data[M]. Hoboken: John Wiley & Sons, 2002.

[7] Elsayed E A. Reliability Engineering[M]. Hoboken: John Wiley & Sons, 2012.

[8] Nelson W B. Accelerated Testing: Statistical Models, Test Plans and Data Analysis[M]. New York: John Wiley & Sons, 2004.

[9] 王浩伟, 奚文骏, 赵建印, 等. 加速应力下基于退化量分布的可靠性评估方法[J]. 系统工程与电子技术, 2016, 38(1): 239-244.

[10] 王浩伟, 滕克难. 基于加速退化数据的可靠性评估技术综述[J]. 系统工程与电子技术, 2017, 39(12): 2877-2885.

[11] Qi Y, Lam R, Ghorbani H R, et al. Temperature profile effects in accelerated thermal cycling of SnPb and Pb-free solder joints[J]. Microelectronics Reliability, 2006, 46(2/3/4): 574-588.

[12] 王海斗, 康嘉杰, 濮春秋, 等. 表面涂层加速寿命试验技术[M]. 北京: 人民邮电出版社, 2011.

[13] Yang Z, Chen Y X, Li Y F, et al. Smart electricity meter reliability prediction based on accelerated degradation testing and modeling[J]. International Journal of Electrical Power & Energy Systems, 2014, 56: 209-219.

[14] Zhang J, Li W, Cheng G, et al. Life prediction of OLED for constant-stress accelerated degradation tests using luminance decaying model[J]. Journal of Luminescence, 2014, 154: 491-495.

[15] 肖坤, 顾晓辉, 彭琛. 基于恒定应力加速退化试验的某引信用 O 型橡胶密封圈可靠性评估[J]. 机械工程学报, 2014, 50(16): 62-69.

[16] Makdessi M, Sari A, Venet P, et al. Accelerated ageing of metallized film capacitors under high ripple currents combined with a DC voltage[J]. IEEE Transactions on Power Electronics, 2015, 30(5): 2435-2444.

[17] 吴兆希, 李晓红, 邓永芳, 等. 恒定温度应力下的模拟 IC 加速退化试验研究[J]. 电子产品可靠性与环境试验, 2016, 34(3): 45-48.

[18] 骆燕燕, 蔡明, 于长潮, 等. 振动对电连接器接触性能退化的影响[J]. 航空学报, 2017, 38(8): 113-124.

[19] 滕飞, 王浩伟, 陈瑜, 等. 加速度计加速退化数据统计分析方法[J]. 中国惯性技术学报, 2017, 25(2): 275-280.

[20] 罗湘勇, 黄小凯. 基于多机理竞争退化的导弹贮存可靠性分析[J]. 北京航空航天大学学报, 2013, 39(5): 701-705.

[21] 潘骏, 王小云, 陈文华, 等. 基于多元性能参数的加速退化试验方案优化设计研究[J]. 机械工程学报, 2012, 48(2): 30-35.

[22] Pan Z, Balakrishnan N, Sun Q, et al. Bivariate degradation analysis of products based on Wiener processes and copulas[J]. Journal of Statistical Computation and Simulation, 2013, 83(7): 1316-1329.

[23] 张建勋, 胡昌华, 周志杰, 等. 多退化变量下基于 Copula 函数的陀螺仪剩余寿命预测方法[J]. 航空学报, 2014, 35(4): 1111-1121.

[24] Pan Z, Balakrishnan N, Sun Q. Bivariate constant-stress accelerated degradation model and inference[J]. Communications in Statistics-Simulation and Computation, 2011, 40(2): 247-257.

[25] Pan Z, Balakrishnan N. Reliability modeling of degradation of products with multiple performance characteristics based on Gamma processes[J]. Reliability Engineering & System Safety, 2011, 96(8): 949-957.

[26] Lei J, Qianmei F, Coit D W. Reliability and maintenance modeling for dependent competing failure processes with shifting failure thresholds[J]. IEEE Transactions on Reliability, 2012, 61(4): 932-948.

[27] Rafiee K, Feng Q, Coit D W. Reliability modeling for dependent competing failure processes with changing degradation rate[J]. IIE Transactions, 2014, 46(5): 483-496.

[28] Luo W, Zhang C H, Chen X, et al. Accelerated reliability demonstration under competing failure modes[J]. Reliability Engineering & System Safety, 2015, 136: 75-84.

[29] Fan M F, Zeng Z G, Zio E, et al. Modeling dependent competing failure processes with degradation-shock dependence[J]. Reliability Engineering & System Safety, 2017, 165: 422-430.

[30] 潘刚, 尚朝轩, 梁玉英, 等. 相关竞争失效场合雷达功率放大系统可靠性评估[J]. 电子学报, 2017, 45(4): 805-812.

[31] Zhang J, Ma X, Zhao Y. A stress-strength time-varying correlation interference model for structural reliability analysis using copulas[J]. IEEE Transactions on Reliability, 2017, 66(2): 351-365.

[32] Ntzoufras I. Bayesian Modeling Using WINBUGS[M]. New York: John Wiley & Sons, 2009.

[33] Yao J, Xu M, Zhong W. Research of step-down stress accelerated degradation data assessment method of a certain type of missile tank[J]. Chinese Journal of Aeronautics, 2012, 25(6): 917-924.

[34] Ling M H, Tsui K L, Balakrishnan N. Accelerated degradation analysis for the quality of a system based on the Gamma process[J]. IEEE Transactions on Reliability, 2015, 64(1): 463-472.

[35] Ling Y, Mahadevan S. Quantitative model validation techniques: New insights[J]. Reliability Engineering & System Safety, 2013, 111: 217-231.

[36] 许丹, 陈志军, 王前程, 等. 基于空间相似性和波动阈值的退化模型一致性检验方法[J]. 系统工程与电子技术, 2015, 37(2): 455-459.

[37] Liao C M, Tseng S T. Optimal design for step-stress accelerated degradation tests[J]. IEEE Transactions on Reliability, 2006, 55(1): 59-66.

[38] Gao L, Chen W, Qian P, et al. Optimal time-censored constant-stress ALT plan based on chord of nonlinear stress-life relationship[J]. IEEE Transactions on Reliability, 2016, 65(3): 1496-1508.

[39] Wang Y, Chen X, Tan Y. Optimal design of step-stress accelerated degradation test with multiple stresses and multiple degradation measures[J]. Quality and Reliability Engineering International, 2017, 33(8): 1655-1668.

[40] Wang H, Wang G J, Duan F J. Planning of step-stress accelerated degradation test based on the Inverse Gaussian process[J]. Reliability Engineering & System Safety, 2016, 154: 97-105.

[41] Fard N, Li C. Optimal simple step stress accelerated life test design for reliability prediction[J]. Journal of Statistical Planning and Inference, 2009, 139(5): 1799-1808.

[42] Zhang Y, Meeker W Q. Bayesian life test planning for the Weibull distribution with given shape parameter[J]. Metrika, 2005, 61(3): 237-249.

[43] 汪亚顺, 张春华, 陈循. 步降应力加速寿命试验(续篇)——优化设计篇[J]. 兵工学报, 2007, 28(6): 686-691.

[44] Srivastava P W, Mittal N. Optimum step-stress partially accelerated life tests for the truncated logistic distribution with censoring[J]. Applied Mathematical Modelling, 2010, 34(10): 3166-3178.

[45] Marzio M, Zio E, Cipollone M. Designing optimal degradation tests via multi-objective genetic algorithms[J]. Reliability Engineering & System Safety, 2003, 79: 87-94.

[46] 陈文华, 刘俊俊, 潘骏, 等. 步进应力加速寿命试验方案优化设计理论与方法[J]. 机械工程学报, 2010, 42(10): 182-187.

[47] 周洁, 姚军, 苏泉, 等. 综合应力加速贮存试验方案优化设计[J]. 航空学报, 2015, 36(4): 1202-1211.

[48] 罗庚, 穆希辉, 牛跃听, 等. 小子样条件下某型加速度计步降加速寿命试验优化设计[J]. 中国惯性技术学报, 2015, 23(5): 696-700.

[49] Lim H. Optimum accelerated degradation tests for the Gamma degradation process case under the constraint of total cost[J]. Entropy, 2015, 17(5): 2556-2572.

[50] Hu C H, Lee M Y, Tang J. Optimum step-stress accelerated degradation test for Wiener degradation process under constraints[J]. European Journal of Operational Research, 2015, 241(2): 412-421.

[51] Li X Y, Hu Y, Zio E, et al. A Bayesian optimal design for accelerated degradation testing based on the Inverse Gaussian process[J]. IEEE Access, 2017, 5: 5690-5701.

[52] Li X Y, Hu Y, Sun F, et al. A Bayesian optimal design for sequential accelerated degradation testing[J]. Entropy, 2017, 19(7): 325-333.

[53] Tsai T R, Sung W Y, Lio Y L, et al. Optimal two-variable accelerated degradation test plan for Gamma degradation processes[J]. IEEE Transactions on Reliability, 2016, 65(1): 459-468.

[54] Tsai C C, Tseng S T, Balakrishnan N. Optimal design for degradation tests based on Gamma processes with random effects[J]. IEEE Transactions on Reliability, 2012, 61(2): 604-613.

[55] Park C, Padgett W J. Stochastic degradation models with several accelerating variables[J]. IEEE Transactions on Reliability, 2006, 55(2): 379-390.

[56] Park C, Padgett W J. Accelerated degradation models for failure based on geometric Brownian motion and Gamma processes[J]. Lifetime Data Analysis, 2005, 11: 511-527.

[57] Wang X. Wiener processes with random effects for degradation data[J]. Journal of Multivariate Analysis, 2010, 101(2): 340-351.

[58] Li J, Wang Z, Liu X, et al. A Wiener process model for accelerated degradation analysis considering measurement errors[J]. Microelectronics Reliability, 2016, 65: 8-15.

[59] Whitmore G A, Schenkelberg F. Modelling accelerated degradation data using Wiener diffusion

with a time scale transformation[J]. Lifetime Data Analysis, 1996, 3: 27-45.

[60] Padgett W J, Tomlinson M A. Inference from accelerated degradation and failure data based on Gaussian process models[J]. Lifetime Data Analysis, 2004, 10: 191-206.

[61] Pan Z, Balakrishnan N. Multiple-steps step-stress accelerated degradation modeling based on Wiener and Gamma processes[J]. Communications in Statistics-Simulation and Computation, 2010, 39(7): 1384-1402.

[62] Tseng S T, Balakrishnan N, Tsai C C. Optimal step-stress accelerated degradation test plan for Gamma degradation process[J]. IEEE Transactions on Reliability, 2009, 58(4): 611-618.

[63] Wang X. Nonparametric estimation of the shape function in a Gamma process for degradation data[J]. The Canadian Journal of Statistics, 2009, 37: 102-118.

[64] Lawless J F, Crowder M J. Covariates and random effects in a Gamma process model with application to degradation and failure[J]. Lifetime Data Analysis, 2004, 10: 213-227.

[65] 李烁, 陈震, 潘尔顺. 广义逆高斯过程的步进应力加速退化试验设计[J]. 上海交通大学学报, 2017, 51(2): 186-192.

[66] 葛蒸蒸, 姜同敏, 韩少华, 等. 基于D优化的多应力加速退化试验设计[J]. 系统工程与电子技术, 2012, 34(4): 846-853.

第 2 章　加速退化数据建模与统计分析的基础问题

2.1　基　本　概　念

2.1.1　可修产品与不可修产品

GB/T 3187—94 与 GJB451A—2005 中将产品(item)定义为能够被单独考虑的任何元器件(part)、部件(component)、组件(assembly)、设备(equipment)、分系统(subsystem)或系统(system)。产品为一个非限定性的术语，可以指产品的总体或其中一个子样。为了加以区分，分别表述为产品总体和产品个体。

可修产品(repairable item)是指可通过维修恢复到规定的技术状态并值得修复的产品，反之可称为不可修产品。元器件、部组件级产品发生失效通常是因为丧失了完成核心功能的能力，如电容器无法正常充放电，这类产品通常不可修复或不具备修复价值。设备级产品发生故障一般是因为其中的元器件、部组件发生失效，这类产品具有可修复性，可通过更换失效的元器件、部组件排除故障。对可修产品来说，其寿命与经济、技术、军事等多方面因素有关，如果仅考虑技术方面，则可将可修产品的使用寿命(useful life)定义为从产品投入使用到故障率达到某一定量的时间。对于不可修产品，可将使用寿命定义为从其投入使用到发生失效的时间。

本书寿命预测的研究范围是对具有退化失效特性的元器件、部组件级产品的失效时间进行预测。设产品在 t 时刻的性能退化量为 $y(t)$，寿命 ξ 定义为当 $y(t)$ 首次达到失效阈值 D 的时刻，$\xi = \inf\{t \mid y(t) \geqslant D\}$。对于处于工作状态的产品，$\xi$ 为工作寿命；对于处于贮存状态的产品，ξ 为贮存寿命。

2.1.2　个体寿命与总体寿命

根据概率论中的观点，可将同一型号同一批次的所有产品看作某一总体，将每个具体的产品看作个体。由于产品在制造过程中会不可避免地存在某些差异，造成个体之间的寿命值并不相同，而为服从某种分布模型的随机变量。当我们评价某批产品的可靠性或寿命特性时，依据的是产品总体的寿命指标，然而对所有个体进行寿命预测并不现实，工程中一般采用随机抽样试验的方式通过概率统计拟合出总体的寿命指标，包括可靠寿命、中位寿命、平均寿命等。

可靠寿命是指产品达到某一可靠度水平时对应的工作或贮存时间，获取产品可靠寿命的关键是求出产品的可靠度函数 $R(t)$。由于不考虑维修等活动，$R(t)$ 是时间 t 的单调递减函数，产品的可靠寿命 ξ_R 与可靠度 R 之间具有一一对应的关系，如图 2-1 所示。

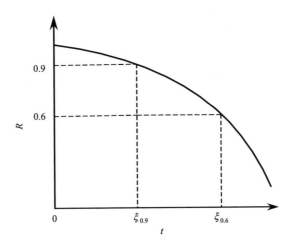

图 2-1　可靠寿命 ξ_R 与可靠度 R 的对应关系

中位寿命 $\xi_{0.5}$ 为当产品的可靠度到达 0.5 时的时间，此时有 50% 的产品已发生失效。平均寿命 $\bar{\xi}$ 可表示为产品寿命概率密度函数 $f(t)$ 的期望值，计算公式为

$$\bar{\xi} = E(\xi) = \int_0^\infty t \cdot f(t) \mathrm{d}t$$

在各种寿命指标中，可靠寿命尤为重要，应用场合也较广泛。例如，某产品为装备的关键部件，要求至少具有 99.9% 的可靠度，因此在制定装备的定期维修策略时，应将 $\xi_{0.999}$ 作为该部件的定期更换时间。

2.1.3　典型退化失效模式与机理

产品的失效快慢是其所处的环境条件和工作强度共同决定的，环境条件为温度、湿度、振动、盐雾等，工作强度为工作时间、工作频次、工作负载(电压、电流、功率)等，这些都是影响产品寿命的外部因素，广义上可统称为环境应力。仅就环境条件分析，由于我国陆疆、海疆的南北、东西跨度较大，各地的温湿度等环境条件呈现出较大差异，因此同型号同批次产品在各地的失效速率并不一致，这会导致产品在各地的寿命指标有所差别。由于产品寿命与环境应力是紧密相关的，因此有必要根据产品所处的实际环境条件评估其寿命。

如果产品在不同环境条件下的失效机理具有一致性，则不同环境下的寿命指标可以相互折算。折算的关键是获取不同应力水平下的环境因子(environmental factor)，在加速试验中被称为加速因子（acceleration factor）或加速系数（acceleration coefficient）。加速试验的优势之一就是可推导出产品在不同环境应力下的加速因子，从而外推出产品在各实际环境应力下的寿命指标。

产品失效是和所处的环境紧密相关的，对于导弹装备而言，广义的环境应力可细分为自然环境应力、生物环境应力、载荷应力等。自然环境应力包括温度、湿度、盐雾、光照、沙尘、降水等；生物环境应力为霉菌等；载荷应力主要是由导弹运输、吊装、维修等活动所引起的振动、摇摆、冲击、碰撞等力学载荷，以及对导弹进行定期检测、技术准备时因通电产生的电学载荷。在长期贮存过程中，很多弹载产品不可避免地会受到环境应力的影响而发生性能退化，例如，电子产品发生参数漂移、焊点氧化等，机械产品发生结构强度降低、腐蚀等，橡胶材料发生老化，发动机装药出现裂纹和脱粘等。性能退化的长期累积会造成产品退化失效，可将具有这种退化失效现象的导弹元器件、部组件、整机等统称为弹载退化失效型产品。总结主要的弹载退化失效型产品及其失效模式与失效机理如表 2-1所示。

表 2-1　主要的弹载退化失效型产品及其失效模式、失效机理

产品类别	产品名称	贮存失效模式	主要失效机理	敏感应力
机电类	加速度计、陀螺仪、高度表、电连接器、电磁继电器等	接触不良、接触对电阻超差、参数漂移、输出不稳等	应力腐蚀、疲劳破坏、触点氧化等	温度、湿度、霉菌、电应力、振动等
电子类	雷达电路板、高频头、弹上电缆、电池、电容器	开路、短路、参数漂移、电压击穿、绝缘失效等	接触点氧化、电迁移、腐蚀等	温度、湿度、霉菌、电应力等
机械类	弹翼展开机构、舵翼展开机构、脱落插座、吊装挂点、弹簧	动作不到位、断裂、裂纹、结构变形等	磨损、疲劳、应力腐蚀、电化学腐蚀	温度、振动、冲击等
火工品	推进剂、引信、起爆火药	结晶、脆性变差、脱粘	老化、氧化	温度、湿度等
橡胶件与复合材料	橡胶密封圈、隔热涂层、整流罩、胶合剂	接触不良、开路、短路、接触对黏接	老化、疲劳	温度、湿度、霉菌等

弹载产品平时随导弹贮存在库房、洞库等场所，这些场所有专门的环境控制设施，贮存环境控制良好；对于贮运发射箱内贮存的导弹，由于采取了密封、充入惰性气体等措施，有效延缓了外部环境对箱内产品的影响，箱内环境更为优良。因此，在弹载产品长期贮存过程中，温度是诱发产品退化失效的最主要环境应力类型。高温容易改变产品的物理、化学特性，可造成机械产品的强度、尺寸、刚度等属性的变化，导致电子产品触点变形、焊点开裂、导电性能下降，引起化工

产品燃速改变、药剂熔化、流化等。低温会造成机械、电子、非金属等材料的物理性能发生变化。高低温交变会加速金属腐蚀、非金属老化，并且容易造成复合材料表面开裂，而且当温差过大时，会促使大气中的水分在金属表面产生凝结水，为大气电化学腐蚀创造条件。

2.2　基础理论与方法

2.2.1　加速退化数据建模与统计分析的主要内容

Nelson[1]最先展开基于加速退化数据的寿命预测方法的研究，他在 1981 年通过加速退化试验对一种绝缘材料的寿命进行分析时，提出了基于退化量分布的建模方法。从 20 世纪 80 年代末开始，加速退化试验作为解决高可靠性产品寿命预测的有效手段逐渐受到重视，Nelson[2]、Whitmore[3]、Meeker 等[4]、Boulanger 等[5]、Lu 等[6]、Carey 等[7]、Escobar 等[8]、Park 等[9]、Tseng 等[10]、Padgett 等[11]相继在加速退化建模、数据统计分析、加速退化试验设计等方面取得了卓有成效的研究成果。目前为止，加速退化试验解决了很多高可靠性产品的寿命预测难题，包括发光二极管、砷化镓激光器、电源、碳膜电阻、火工品、感应电动机、航天电连接器、航空液压泵、动量轮、航天电磁继电器等[12-16]。近几年，Bayes 统计推断的大量应用是基于加速退化数据寿命预测方法的一个新发展[17-19]。在研制、试验、生产、使用和维修的各个环节都可能存在与产品可靠性相关的信息，通过 Bayes 方法合理地融合这些信息有助于提高预测结果的准确度和可信度。

加速退化试验按照应力施加方式的不同，可分为恒定应力、步进应力、步降应力、序进应力、变应力等多种试验类型。加速退化数据包括性能退化量、测量时刻、加速应力水平三个基本要素，无论加速退化数据是通过哪种试验类型获取，基于加速退化数据的寿命预测方法都可分为加速退化建模和统计推断两部分内容。加速退化建模是寿命预测的核心工作，针对加速退化数据的特点选择合理的建模方法是确保寿命预测结果准确的前提，加速退化建模的主要目的是正确外推出产品在正常应力下的寿命预测模型，一般包括建立性能退化模型、建立参数的加速模型、建立寿命分布模型 3 方面工作，其中建立性能退化模型和建立参数的加速模型是每种加速退化数据建模方法都必不可少的步骤。统计分析的任务主要包括估计模型参数、预测寿命指标、建立置信区间、验证统计模型以及检验失效机理是否具有一致性。图 2-2 简明地描述了加速退化数据建模与统计分析的主要内容。

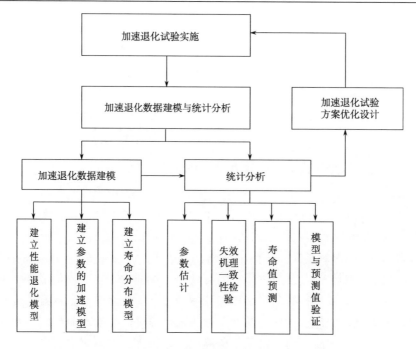

图 2-2　加速退化数据建模与统计分析的主要内容

2.2.2　加速退化数据建模的基本步骤

产品总体寿命指标预测的实质就是利用加速应力下的退化数据,外推产品在正常应力下的寿命信息,其中的关键是建立合理、准确的寿命预测模型。基于加速退化数据的寿命预测建模一般包含以下几步。

1)建立性能退化模型

性能退化建模方法可分为 4 类:①基于失效物理过程,②基于退化轨迹拟合,③基于退化量分布,④基于随机过程。根据性能退化数据的特点选择最适合的性能退化建模方法是进行寿命预测首先要解决的问题,这要求对 4 类方法的优点和不足有一定的了解。

理论上,失效物理模型能反映产品的退化本质,外推结果可信度最高,所以在准确掌握产品的失效模式和失效机理以及推导出失效物理模型的前提下,首先应考虑使用①方法。然而对于很多产品来说,其失效机理并不容易被准确掌握,特别是在退化过程受多种应力共同作用影响的情况下,有的产品即使掌握了失效机理,其失效物理模型也难以准确推导出,这些情况下可考虑使用②、③、④方法。②方法具有简单、灵活的优点,根据退化轨迹的形状可选择线性、指数、幂律等函数进行拟合,还可采用神经网络、支持向量机、时间序列等智能算法进行退化数据拟合和伪寿命预测。其不足是模型基于对现有退化数据的拟合而建立，外推结果的可信度不如①方法。③方法的一个显著特点是对各测量时刻多个产品的退化数据分布建模，而不是对某个产品的退化过程建模。这一特点使其明显区别于其他 3 种建模方法，尤其适用于各个产品的退化轨迹差别较大或产品的性能退化数据不能被重复测量的情况。其不足是建模过程较为复杂，因为此种方法不但需要确定某一测量时刻的退化数据所服从的分布模型，还需要确定分布模型参数随时间的变化规律。④方法的优点是具有较高的预测精度和良好的统计特性，不但适用范围较广而且模型的扩展性强，例如，容易考虑模型参数的随机效应从而实现 Bayes 统计推断。

2) 建立参数的加速模型

建立参数的加速模型主要包含以下两步：首先是要确定性能退化模型或寿命分布模型中的哪些参数与加速应力有关(会随着加速应力的变化而改变)，其次是根据加速应力类型选择合理的加速模型。然而，合理确定模型参数与加速应力的关系一直是个难题，目前一般根据工程经验或试验数据分析结果假定模型参数与加速应力关系。

3) 建立寿命分布模型

寿命分布模型可描述寿命的分布特征，用于对产品的各寿命指标进行概率统计。可靠性工程中，最常用到的寿命分布模型有 Exponential 分布、Weibull 分布、Lognormal 分布、Normal 分布、Gamma 分布、泊松分布(Poisson distribution)、Extreme value 分布和二项式分布(Binomial distribution)。

如果采用①、②性能退化建模方法，则可根据设定的失效阈值预测出每个产品的伪寿命(预测出的失效时间)，再由伪寿命值选择最优的产品寿命分布模型。如果采用③、④性能退化建模方法，则可根据设定的失效阈值直接得到产品寿命的概率密度函数，不需要建立寿命分布模型。

2.2.3　加速退化数据建模的基本理论

加速寿命试验研究的开端可追溯到 1957 年的电容器寿命试验，目前为止，加速寿命试验发展了若干种试验方式，如恒定应力、步进应力、步降应力、序进应力以及变应力加速试验等。为了对试验数据进行建模与统计分析，研究学者基于工程经验和试验数据统计规律相继提出了一些假定，如 Pieruschka 假定、Nelson 假定等。

加速退化试验发展较晚，在试验方法和数据建模理论上与加速寿命试验有很多相似之处，但具有自己的特点。为了有效指导加速退化建模，在大量研究现有文献的基础上，梳理了加速退化建模的理论依据，包括 5 个假定和 1 个原则。

1) 5 个假定

（1）Pieruschka 假定。

加速寿命试验的第一个基本假定由 Pieruschka 在 1961 年提出：记 S 为加速应力，在正常应力 S_0 及加速应力 S_i 下，产品的寿命服从相同的寿命分布模型，应力 S 的变化不改变寿命分布模型，仅仅改变模型参数值。

加速退化试验对 Pieruschka 假定进行了扩展：在不同的应力水平下，产品的退化过程应服从相同的性能退化模型，应力水平的变化不改变性能退化模型，仅仅改变模型中的参数值。

（2）失效机理不变假定。

有效的加速试验应该在保证产品失效机理不变的前提下加速其失效过程，然而由于试验技术的限制和产品失效过程的复杂性，很难确保在加速应力范围内产品的失效机理不变。目前，大多是在假定产品失效机理不变的前提下进行加速试验数据可靠性建模与统计分析。

（3）性能退化模型假定。

在对产品进行退化建模时，通常首先根据工程经验或初步的退化数据分析来假定产品的性能退化模型，然后利用假定的模型进行参数估计与统计推断，最后对假定的性能退化模型进行验证。

（4）加速模型假定。

与（3）类似，由于缺乏可信的工程经验和历史认识，通常首先假定参数服从某一加速模型，然后进行加速退化建模与参数估计，最后对假定的加速模型进行验证。

（5）寿命分布模型假定。

与（3）、（4）类似，在对产品的寿命分布模型不确定的情况下，通常假定某一寿命分布模型，然后对假定的模型进行验证。

在以上 5 个假定中，（1）为基本假定，此假定内容在各种加速退化建模中都不变；其他 4 个为一般性假定，（3）、（4）、（5）的假定内容由具体的加速退化建模实际情况所决定。对于 4 个一般性假定，需要根据具体的加速退化数据统计分析结果对假定是否合理进行验证。

2) 加速因子不变原则

Pieruschka 假定中指出改变应力水平仅仅改变模型参数，然而模型的哪些参数会发生改变，应该如何变化却是一个仍需解决的难题。周源泉等[20]提出要想加速因子具有工程应用性，必须保证加速因子为一个不随时间变化的常数，并且进一步指出产品的失效机理不变是加速因子为常数的充要条件，以上为加速因子不变原则的核心思想。由加速因子不变原则，可以推导出模型的哪些参数会发生改变，应该如何变化。

2.2.4　加速退化数据建模的主要方法

1. 建立性能退化模型

近几年，基于性能退化数据的寿命预测理论得到快速发展，一元性能退化建模方法主要分为 4 类。在一元性能退化建模的基础上又发展了多元性能退化建模方法，在这里一并综述。

1) 基于失效物理过程的性能退化建模方法

基于失效物理过程的性能退化建模方法是在充分掌握产品失效机理的基础上，通过深入分析产品内部的失效物理、化学反应规律等建立性能退化模型。目前基于失效物理方法的性能退化模型主要有反应论模型、应力-强度模型和累积损伤模型[21]。

反应论模型根据产品内部可导致产品失效的物理、化学等过程建立性能退化量与应力、时间之间的关系。Meeker 等[22]采用反应论模型揭示了印制电路的失效规律，建立了描述细导纤维增长的性能退化模型。Ramirez 等[23]亦采用反应论模型分析了某种电子元件电介质的失效物理过程，在此基础上对此电子元件的贮存寿命做出了预测。Yun 等[24]在分析铟锡氧化层薄膜失效机理的基础上，利用氧化物的扩散机理对产品性能退化进行建模，并通过加速退化试验预测了产品寿命。潘骏等[25]研究了导体接触面的氧化原理和过程，推导了描述某航天电连接器接触电阻增长规律的性能退化模型，并通过失效机理分析得出了性能退化模型参数与加速应力之间的关系式。应力-强度模型反映了产品承受的工作应力与产品材料强度之间的相互关系。Church 等[26]研究了一种较为通用的应力-强度模型。Surles 等[27]研究了基于尺度型伯尔分布的应力-强度模型。累积损伤模型反映了产品损伤的累积程度与加速应力之间的关系，Power Law 模型与 Paris 模型是两种应用较广的累积损伤模型。Takeda 等[28]利用 Power Law 模型研究了某电装置阈值电压的退化过程。Lu 等[29]在分析某金属裂缝疲劳数据时采用 Paris 模型建立了性能退化函数。Wilson 等[30]亦采用 Paris 模型对一组疲劳微细裂缝数据进行了分析。Park 等[31]利用随机过程建立了一个广义累积损伤模型，并利用此模型对某碳化纤维产品进行了失效分析。

基于失效物理过程的性能退化建模方法由于从产品的失效本质推导了性能退化规律，因此具有较高的可信度。然而很多产品的失效机理很难被掌握，其失效物理过程也无法确定，因此基于失效物理过程的性能退化建模方法的适用范围较小。

2) 基于退化轨迹拟合的性能退化建模方法

基于退化轨迹拟合的方法是直接对退化数据进行拟合来建立性能退化模型。目前，基于退化轨迹拟合的方法分成两种：一种是采用直线型、幂律型、指数型等函数拟合退化轨迹，另一种是采用神经网络、时间序列、最小二乘向量机等智能算法拟合退化轨迹。

Meeker 等[32]总结了采用退化函数拟合退化轨迹的方法，从形状上把退化函数分为直线形、凸形和凹形，分别反映了 3 种典型的退化率变化规律。邓爱民[33]对基于退化轨迹拟合的可靠性评估的步骤进行了详细说明，重点分析了采用线性函数拟合产品退化轨迹的实例。茆诗松等[34]对基于退化轨迹拟合的建模方法以及各种参数估计方法进行了研究。Wang 等[35]在对 LED 进行平均寿命预测时，利用指数函数对产品退化轨迹拟合。马小兵等[36]利用幂律函数对某电子产品进行退化轨迹拟合，通过 Fisher 信息阵并采用整体推断的方法对模型参数做出了估计。匡正等[37]使用类指数函数以及指数-指数函数对航天器热控涂层的性能退化规律建模，通过美国 Teflon 型涂层试验数据验证了所提方法的有效性。蒋喜等[38]使用 5种退化轨迹函数对电主轴的性能退化轨迹进行拟合，最终使用幂律函数预测了试验产品的伪寿命，进而使用 Weibull 分布模型评估了产品的可靠度。Si 等[39]研究了具有随机参数的性能退化函数，提出了基于 Bayes 更新和 EM 算法的参数估计方法，并通过陀螺仪剩余寿命预测实例验证了提出的方法。

采用智能算法拟合产品退化轨迹方面，Chinnam[40]提出一种基于神经网络算法的实时可靠性评估方法，根据钻头的扭矩和轴向力的实时监测数据进行产品性能退化建模。Gebraeel 等[41]同样采用神经网络对轴承振动信号与其寿命的关系进行建模，预测了轴承的寿命。Wu 等[42]采用最小二乘支持向量机对某产品性能退化过程进行建模，首先利用历史退化数据训练向量机并估计出参数值，进而由产品的实时退化数据实现产品的剩余寿命预测。胡昌华等[43]研究了两种支持向量机回归模型在产品退化建模中的应用，通过疲劳裂纹数据验证了加权支持向量机模型具有较好的预测精度。尤琦等[44]使用时间序列模型对某产品性能退化过程进行拟合，并基于 Lognormal 分布进行了可靠性评估。张慰等[45]利用 BP 神经网络分析了产品的性能退化数据，进而预测了产品的失效时间。

目前，时间序列、神经网络、向量机等智能算法大多在恒定应力加速退化试验中被用于拟合产品的退化轨迹、预测失效时间。在其他加速退化试验中，由于产品要经历不同的加速应力，造成退化轨迹有较大变化，采用智能算法拟合退化轨迹效果较差。基于退化轨迹拟合的性能退化建模方法的主要优点是建模容易，便于工程应用；主要缺点是模型精度相对不高，而且在处理恒定应力加速退化数据时容易发生产品伪寿命分布误指定的问题。

3) 基于退化量分布的性能退化建模方法

基于退化量分布的性能退化建模方法基于如下思想：产品性能退化量在不同测量时刻服从同一分布模型，该分布模型的参数往往与时间有关，能够反映出性能退化量的统计特征随时间的变化规律。此方法对每一测量时刻所有退化量进行建模，明显有别于其他对每个产品退化过程建模的方法。

Nelson[1]首先对基于退化量分布的方法进行研究，利用 Lognormal 分布拟合每一测量时刻的加速退化数据，其中假设对数均值是时间的函数而对数方差与时间无关。Wang 等[46]采用基于退化量分布的建模方法预测了某型感应电动机的寿命，其中假定性能退化量服从 Weibull 分布并且尺度参数与时间有关，形状参数与时间无关。赵建印等[47]在对某型电容器进行可靠性评估时也采用基于退化量分布的建模方法，通过对产品进行失效机理分析确定退化量应服从 Normal分布，在此基础上做出假设退化量的均值和方差都是时间的函数。钟强晖等[48]研究了退化量分布在不同的测量时刻并不相同的情况下的建模方法，并以某砷化镓激光器 (GaAs laser) 工作电流在 80℃ 下的退化数据为例进行了方法验证。訾佼佼等[49]利用 Lognormal 分布对电主轴的退化量分布进行建模，进而实现了产品的可靠性评估与寿命预测。王浩伟等[50]利用基于退化量分布的方法预测了某型电连接器的平均寿命，Lin 等[51]也对基于退化量分布的方法做出了研究。

基于退化量分布的性能退化建模方法由于其独特的建模思想，在以下两种情况下优势明显。其一，各产品的性能退化轨迹差异较大，采用其他建模方法难以准确估计出性能退化模型的参数值。其二，产品的性能退化数据不能被重复测量，无法对每个产品的退化过程进行建模，例如，一些产品的测量过程具有破坏性，每个产品只能获取一个性能退化数据[52]。然而，基于退化量分布的性能退化建模方法较为复杂，不但需要判断各个测量时刻退化量的分布模型，还要估计出参数的时间函数，此外在对加速退化数据建模时还需确定模型参数与加速应力的关系。

4) 基于随机过程的性能退化建模方法

产品的退化过程具有随机性，未来时刻的退化量具有不确定性，所以随机过程适合对产品性能退化过程进行建模。目前，已有 Poisson 过程、Wiener 过程、Gamma 过程、IG 过程、Inverse Gamma 过程等被广泛应用到产品性能退化建模中，并获得了很大的发展。

赵建印[53]通过失效机理分析推导了某型电容器的失效物理过程，在此基础上利用复合 Poisson 过程建立了失效物理模型。张永强等[54]研究了利用Poisson-Normal 过程进行性能退化建模的方法。Whitmore 等[55]研究了基于两种时间函数的 Wiener 过程，以对具有非线性退化特点的产品进行寿命预测。Park 等[56]

针对产品退化过程为几何布朗运动的情况，提出了将退化数据进行对数转换从而利用 Wiener 过程建模的方法。彭宝华[57]研究了基于 Wiener 过程的一元性能退化和二元性能退化建模方法，并给出了几种辨识 Wiener 过程的方法。Wang 等[58]研究了漂移参数和扩散参数采用不同时间函数的 4 种广义 Wiener 过程，并针对每种 Wiener 过程提出了参数估计方法。王浩伟等[59]利用 Wiener 过程对同时存在失效时间数据和性能退化数据的产品进行了建模方法研究，并实现了某型电连接器的可靠性评估。区别于 Wiener 过程可以对严格单调或非单调变化的性能退化过程建模，Gamma 过程只能对严格单调变化的性能退化过程建模[60]。van Noortwijk[61]对 Gamma 过程在退化型产品维修决策中的应用进行了方法综述。李常有等[62]研究了利用 Gamma 过程进行实时可靠性评估的方法，使用 GaAs 激光器性能退化数据验证了所提的方法。Wang 等[63]研究了产品退化分为 Wiener 过程和 Gamma 过程两个阶段进行建模的情况，并对液晶显示器(Liquid Crystal Display，LCD)进行了实时可靠性评估。Tsai 等[64]、Peng 等[65]对 Wiener 和 Gamma 过程误指定问题进行了研究，通过模拟仿真得出了这两种随机过程互相误指定对预测结果的影响：当样本量很大时，退化模型误指定对寿命预测结果影响很小；当样本量比较小且试验截止时间比较早时，退化模型误指定对寿命预测结果的影响不可忽略。Wang 等[66]提出了 IG 过程对单调退化过程建模的方法，并通过模拟仿真证明了 IG 过程在某些情况下比 Wiener 过程和 Gamma 过程与退化数据拟合得更好。此外，Ye 等[67]以及 Peng[68]也对 IG 过程进行了研究。

近几年，具有随机参数的性能退化模型成了研究热点。Wang[69]研究了具有随机参数的 Wiener 过程，应用了随机参数的共轭先验分布，并使用最大期望 EM 算法对超参数进行了估计。Si 等[70]研究了利用随机参数的 Wiener 过程预测装备剩余有效寿命的方法，并提出联合使用递归滤波算法和 EM 算法进行参数值估计。Lawless 等[71]研究了具有随机效果的 Gamma 过程，用于对某产品裂纹增长数据建模。Jin 等[72]在利用具有随机参数的 Wiener 过程进行性能退化建模的同时考虑了测试误差的影响和误差的随机效果。王小林等[73]应用具有随机参数的 Wiener 过程对某型电容器进行退化建模，假设 Wiener 过程的参数服从正态-伽马(Normal-Gamma)共轭先验分布并通过 Bayes 方法对个体剩余寿命进行了预测。司小胜等[74]在使用具有随机参数的指数模型对产品退化过程建模的基础上，提出一种基于 Bayes 更新与 EM 的方法对产品的剩余有效寿命(Remaining Useful Life，RUL)进行估计。

基于随机过程的性能退化建模方法是目前的研究热点，此类建模方法不但精度较高而且具有良好的统计特性。然而在对加速退化数据建模时，如何确定模型参数与加速应力之间的关系一直是此类建模方法的难点。例如，对于 Wiener 过程，目前是根据工程经验和主观判断等假定参数与加速应力之间关系，发展了多种不同的假定,然而根据这些假定预测的产品寿命值之间存在较大差异。对于 Gamma 过程,应用最为广泛的假定为形状参数与应力有关(参数值随着应力的改变而变化)而尺度参数与应力无关,但是也有不少学者使用了相反的假定。

5) 基于多元性能退化数据的建模方法

很多产品本身存在多个性能退化过程,当只有一个退化过程占主导地位并且是导致产品失效最主要原因的情况下适合采用一元性能退化建模方法。然而对一些本身存在多个性能退化过程的产品来说,产品失效是由于多个退化过程竞争引起的,此时应该考虑采用多元性能退化建模方法。

多元性能退化建模方法的研究相对较少, Whitmore 等[75]、钟强晖等[76]、晁代宏等[77]、潘骏等[78]、Pan 等[79]进行了一些研究工作,但是这些研究假定各性能退化量之间相互独立或服从多维 Normal 分布。目前多元性能退化数据建模方法的主要研究方向是在考虑多个性能退化量的相互影响的前提下,对它们之间由于退化竞争造成产品失效的过程建立合理的退化模型[80]。Sari[81]在考虑多个性能退化量之间相互影响的基础上建立了联合分布函数,对存在多个性能退化过程的产品进行了可靠性评估。唐家银等[82]利用 Copula 函数建立了某航空发动机转轴的相关性失效可靠度模型,在考虑 4 种故障模式的情况下预计了产品的可靠度。相对而言,基于 Copula 函数进行二元性能退化建模的研究取得了较多成果。Pan 等[83-85]分别研究了基于 Wiener 过程、Gamma 过程的二元退化建模与加速试验设计问题,其中都使用 Copula 函数建立了两个退化过程之间的联系。胡倩慧[86]研究了 Copula 函数的选择方法,并应用于二元退化模型中。张建勋等[87]也研究了几种常见 Copula 函数的选择方法,解决了具有二元退化特性的陀螺仪剩余寿命预测问题。

2. 建立加速模型

加速模型用于建立产品寿命特征或产品退化率与应力水平之间的联系。在加速寿命试验中,加速模型用于描述寿命分布模型参数与加速应力之间的变化关系;而在加速退化试验中,加速模型主要用于描述性能退化模型参数与加速应力之间的变化关系。

加速模型根据获取的途径和方法不同,可分为物理、类物理以及经验 3 类加速模型[88]。物理加速模型是在对某具体产品进行失效机理分析的基础上推导出的,应用范围仅限于此类具体产品。类物理加速模型是对产品失效的一般性规律进行分析和总结的基础上得出的,应用范围较广。经验加速模型不涉及产品的失效规律研究,而是通过对试验数据的统计分析推导得出。下面将加速模型分为单应力模型和多应力模型进行介绍。

影响产品性能退化率的环境因素主要包括温度、湿度、电应力、振动等,加速试验中通常提升其中的某一环境因素的应力水平。使用的单应力加速模型包括以下几种。

(1) Arrhenius 模型。

Arrhenius 模型被广泛用于描述温度对产品退化速率 $A(T)$ 的影响，表示为

$$A(T) = a \cdot \exp\left(\frac{-E_a}{k \cdot T}\right) \tag{2-1}$$

式中，a 为与产品自身特性以及试验特点有关的常数；k 为玻尔兹曼(Boltzmann)常量或通用气体常数，$k = 8.6171 \times 10^{-5}\,\text{eV} / \text{K}$；$E_a$ 为激活能，与产品材料有关，单位为 eV；T 为绝对温度，单位为开尔文(Kelvin)。Arrhenius 模型表明：产品退化速率随温度升高呈变大趋势。

(2) Eyring 模型。

当加速应力为温度时，Eyring 模型也被广泛用于描述温度对退化速率的影响：

$$A(T) = \frac{a}{T} \cdot \exp\left(\frac{-E_a}{k \cdot T}\right) \tag{2-2}$$

Eyring 模型由量子力学理论推导得出，它与 Arrhenius 模型相比只是系数 a 换成 a / T。当 T 变化范围较小时，a / T 接近为常数，此时 Eyring 模型可近似为 Arrhenius 模型。在具体工程应用中，可以分别使用这两个加速模型去拟合加速退化数据，根据拟合优劣选择合适的加速模型。

(3) Inverse Power 模型。

Inverse Power 模型通常用来描述电应力(电压、电流、电功率等)对产品退化速率的影响。它是一个经验模型，表示为

$$A(V) = a \cdot V^b \tag{2-3}$$

式中，a, b 为常数，V 为电应力。

(4) Exponential 模型。

美国军用标准 MIL-HDBK-217E 推荐使用以下 Exponential 模型对多种型号电容器进行加速试验数据分析：

$$A(V) = a \cdot \exp(b \cdot V) \tag{2-4}$$

产品的性能退化过程可能受到多个应力的综合影响，通过多应力综合加速试验可以评估每种应力对产品寿命的不同影响，此时需要利用多应力加速模型建立产品退化速率伴随多个加速应力变化的关系[89]。此外，进行多应力综合加速退化试验可加快产品失效，缩短试验时间，并且可在一定程度上避免因单个加速应力水平过大而改变产品失效机理的风险。

(1) Generalized Eyring 模型。

Generalized Eyring 可描述温度和另一个非热力学应力，如湿度、电压等，对

产品退化速率的影响：

$$A(T, S) = \frac{a}{T} \cdot \exp\left(\frac{-b}{T} + c \cdot S + \frac{d \cdot S}{T}\right) \tag{2-5}$$

式中，a, b, c, d 为待定常数，其中 d 取值为 0 时表示两个应力之间没有相互作用，T 表示绝对温度，S 表示非热力学应力。

(2) 温度-电压模型。

对于很多电子产品来说，温度、电压是影响产品退化速率的两个最重要应力。目前有多种加速模型可用于描述温度、电压对产品性能退化的综合影响。目前普遍使用 Generalized Eyring 模型作为温度-电压加速模型。

令 Generalized Eyring 模型中的 $S = \ln(V)$，可得

$$A(T, V) = \frac{a}{T} \cdot \exp\left[\frac{-b}{T} + c \cdot \ln(V) + \frac{d \cdot \ln(V)}{T}\right] \tag{2-6}$$

大多数温度、电压双应力加速退化试验中的温度应力变化范围不大，此时可将 a / T 近似为一常数 a'，则

$$A(T, V) = a' \cdot \exp\left[\frac{-b}{T} + c \cdot \ln(V) + \frac{d \cdot \ln(V)}{T}\right] \tag{2-7}$$

式中，a', b, c, d 为待定常数；T 表示绝对温度；V 表示电压。当温度与电压之间没有相互作用时设 $d = 0$。

(3) 温度-湿度加速模型。

湿度对一些电子器件、半导体产品的性能退化有较大影响，通常伴随温度作用于产品氧化、腐蚀等退化过程，一个广泛应用的温度-湿度加速模型为 Peck 模型，表示为

$$A(T, \text{RH}) = a \cdot \exp\left(\frac{-b}{T}\right) \cdot (\text{RH})^c \tag{2-8}$$

式中，a, b, c 为待定系数，T 表示绝对温度，RH 表示相对湿度。

Generalized Eyring 模型也可作为温度-湿度加速模型，令 Generalized Eyring 模型中的 $S = \ln(\text{RH})$ 并设 $a / T \approx a'$，可得

$$A(T, \text{RH}) = a' \cdot \exp\left[\frac{-b}{T} + c \cdot \ln(\text{RH}) + \frac{d \cdot \ln(\text{RH})}{T}\right] \tag{2-9}$$

式 (2-9) 中若 $d = 0$，则为 Peck 模型。

此外，张国龙等[90]在对某电源产品进行温度、湿度双应力加速退化试验时采用了 Relia 模型，可表示为

$$A(T, \text{RH}) = a \cdot \exp\left(\frac{-b}{T} + \frac{-c}{\text{RH}}\right) \tag{2-10}$$

（4）Hyper-Cuboidal Volume 加速模型。

Hyper-Cuboidal Volume 加速模型可以描述多个应力对产品性能退化过程的综合影响。设共有 n 个加速应力 $S_1,\cdots,S_n$，$P(\cdot)$ 为每个加速应力的函数，则产品退化速率表示为

$$A(S_1,\cdots,S_n) = a_0 \cdot \prod_{i=1}^{n} (P(S_i))^{a_i} \qquad (2\text{-}11)$$

式中，$a_i(i = 0,1,\cdots,n)$ 为待定系数。

3. 建立可靠性模型

寿命分布模型描述产品失效时间的分布规律，其失效模式和失效机理密切相关，当产品在各加速应力下具有相同的失效机理时，产品寿命应服从同一分布模型。常用的寿命分布模型有 Exponential 分布、Normal 分布、Lognormal 分布、Weibull 分布、Binomial 分布、Poisson 分布、Extreme value 分布和 Gamma 分布等。

掌握产品的寿命分布模型对准确预测产品的寿命指标非常重要，目前主要有 3 种途径用于确定产品的寿命分布模型：第一种是通过分析产品的失效机理及失效模式推导寿命分布规律，进而确定寿命分布模型；第二种是利用数理统计的方法将多种分布模型与寿命数据进行拟合优度检验，从而确定拟合最优的寿命分布模型；第三种是根据相似产品的寿命分布规律、工程经验或专家判断等确定产品的寿命分布模型。由于准确地判断一种新产品属于哪种分布模型存在困难，所以有必要研究分布模型误指定对寿命预测值的影响。Yu[91]对产品筛选试验中 Normal 分布和 Extreme value 分布误指定的影响进行了分析。Pascual 等[92]研究了 Lognormal 分布和 Weibull 分布误指定对加速寿命试验最优设计的影响。Jeng 等[93]分析了寿命分布模型误指定对加速退化试验设计的影响，并通过仿真试验评价了试验设计的鲁棒性。

2.2.5　加速退化数据统计分析的主要方法

1. 参数估计与寿命预测

参数估计和寿命值预测是统计推断中紧密相关的两个方面，它们都以获得目标值的点估计和区间估计为目的。周源泉等[94]将寿命值预测归结为另一类参数估计问题，但估计对象不再是某个模型的未知参数，而是要估计当前样本在未来某个时刻的观测值，并将寿命预测分为单样预测和双样预测两类问题。

目前，加速退化数据统计分析中的参数估计方法已比较成熟。常用的参数估计方法包括图估计法、矩估计法、最小二乘估计（Least Sqaure Estimation，LSE）法、极大似然估计（Maximum Likelihood Estimation，MLE）法、最佳线性无偏估计

(Best Linear Unbiased Estimation，BLUE) 法、简单线性无偏估计 (Good Linear Unbiased Estimation，GLUE) 法、最佳线性不变估计 (Best Linear Invariable Estimation，BLIE) 法和简单线性不变估计 (Good Linear Invariable Estimation，GLIE) 法等[95]。统计分析加速退化数据最简单直接的方法为图估计法，可对产品在各加速应力下的寿命分布进行粗略外推，快速了解产品在正常应力下的参数估计值或寿命指标，然而此种估计方法的精度不高。Bugaighis[96]对 MLE 和 BLUE 的估计精度进行了对比，得出了大样本量下前者估计精度更优的结论。茆诗松[97]详细探讨了各种参数估计方法在常见寿命分布下的使用，比较了它们对定时、定数截尾数据的估计效果。

性能退化建模时考虑模型参数的随机效果可提高模型的准确度，然而会遇到求解高维积分的难题，比较常见的解决办法是利用基于 Gibbs 或 Metropolis 随机抽样的马尔科夫链蒙特卡洛 (Markov Chain Monte Carlo，MCMC) 方法进行参数估计[98]。WinBUGS 软件正是利用基于 Gibbs 抽样的 MCMC 方法求取随机参数的后验估计值[99]。此外，在含有隐含数据或不完全数据的情况下进行参数估计时，EM 算法是一种有效的估计手段[100]。

在对性能退化数据进行统计推断时，不但需要获得模型参数的估计值和寿命预测值，还应该给出参数估计值和寿命预测值的置信区间。在传统的概率统计分析中，通常利用枢轴变量法建立参数估计值 (寿命预测值) 的置信区间。这种方法需要首先构造一个不依赖于估计真值 (预测真值) 的统计量，例如，推导出参数估计值服从 Normal 分布；然后根据 Normal 分布的概率统计特性求取估计值的置信区间。周源泉等[94]将传统的概率统计分析方法分为 3 类：经典方法、Fiducial 方法和 Bayes 方法，详细分析了 3 种方法的特点并针对若干寿命分布模型给出了置信区间估计方法。一些情况下无法通过枢轴变量法为参数估计值 (寿命预测值) 构建一个合适的统计量，此时可以采用蒙特卡洛 (Monte Carlo) 仿真方法拟合参数估计值 (寿命预测值) 的分布，进而求取参数估计值 (寿命预测值) 的置信区间。

从 20 世纪 80 年代开始，Bootstrap 方法开始在性能退化数据的统计分析中应用。区别于传统的概率统计方法建立置信区间的做法，Bootstrap 方法利用对样本数据的模拟再抽样技术拟合出样本总体的分布特性，有效避免了构造统计量这一难题，成为建立参数估计值 (寿命预测值) 置信区间的一种通用、有效的方法。Efron[101]、Meeker 等[102]、DiCiccio 等[103]、Nankervis[104]、Chernick[105]和 Marks 等[106]相继研究了 Bootstrap 方法在性能退化数据统计分析中的应用。

2. 失效机理一致性检验

产品失效归根到底表现为材料失效，产品的材料属性并不是一成不变的，而是在不同的环境条件下呈现出不同的属性。当环境应力超出某一范围，材料属性

(物理、化学特性或结构组成)就会发生改变，从而引起失效机理的变化，表征到宏观为测量到的产品性能退化轨迹与之前不一致。

失效机理检验方法可分为基于产品自身检测和基于加速试验数据分析两大类，而基于加速试验数据分析方法的理论依据都可归结为 Pieruschka 假定：产品在不同应力下的寿命服从同一分布模型，只是模型参数值可能有所变化。此假定实际上蕴含了对失效机理不变的要求，此后关于加速寿命试验的所有假定都在这一基本假定下展开。Pieruschka 假定在加速退化试验中得到了扩展：产品在不同应力下的退化过程应服从同一性能退化模型，只是模型参数值可能有所变化。

目前，基于加速试验数据分析的检验方法大体可分为以下 3 类。

(1)基于寿命分布模型参数一致性的检验方法。

周源泉等分别使用 F 统计量对 Lognormal 分布[107]、使用 Bartlett 统计量对 Gamma 分布[108]进行了检验方法研究。孙祝岭[109]在周源泉等的研究基础上，提出了通过分布函数的变差系数进行失效机理一致性检验的方法。林逢春等[110]研究了基于 Lognormal 和 Weibull 分布模型的失效机理一致性检验方法，使用了 F 统计量对失效机理表征量进行一致性检验。

(2)基于退化轨迹形状一致性的检验方法。

冯静[111]提出了基于斯皮尔曼(Spearman)秩相关系数对产品退化轨迹是否一致进行检验的方法，通过某型发射药加速退化实例验证了方法的有效性。姚军等[112]、潘晓茜等[113]、李晓刚等[114]分别使用灰色模型对产品在加速应力下的退化数据进行拟合与预测，根据预测值与实际值之差判断失效机理是否发生变化。

(3)基于加速模型参数一致性的检验方法。

郭春生等[115, 116]研究了通过 Arrhenius 加速模型进行失效机理一致性检验的方法，并在某产品的序加应力加速退化试验中进行了应用。王前程等[117]从 Arrhenius 加速模型激活能不变的角度推导出保证失效机理不变的应力-斜率公式，通过检验斜率区间来判断产品失效机理是否发生改变。

3. 模型与评估结果准确性验证

寿命预测模型是否准确、合理直接影响着寿命预测值的可信度，基于加速退化数据建立寿命预测模型一般包括建立性能退化模型、建立参数的加速模型、建立寿命分布模型等几个步骤。目前的模型验证方法可分为以下 4 种。

(1)直接对比寿命预测值与寿命真值来验证、评价建立的寿命预测模型。

使用产品在正常应力下的寿命真值评价寿命预测模型的优劣是最根本、最准确的途径，然而由于高可靠性产品在正常应力下极少失效(这正是高可靠性产品开展加速退化试验的原因)，所以往往难以获取用作评价标准的寿命真值。

（2）利用 Monte Carlo 仿真方法对模型进行评价与验证。

为了对提出的寿命预测模型进行工程适用性评价，通常利用 Monte Carlo 仿真方法对模型的一些主要指标进行测试，如预测精度、灵敏度、鲁棒性、参数估计的收敛性与一致性等。

（3）通过假设检验方法进行模型验证。

假设检验主要用于对于分布模型进行验证，经典概率统计方法已对绝大部分的寿命分布模型给出了相应的统计量和假设检验方法。比较通用的检验方法包括皮尔逊（Pearson）χ^2 检验、柯尔莫哥洛夫（Kolmogorov）检验、Anderson-Darling 检验等，其中 Anderson-Darling 检验方法可对绝大多数的分布模型进行验证。对于一些基于随机过程的性能退化模型，可先将其转换为相应的分布模型，再通过假设检验方法进行模型验证。

（4）和已有模型进行比较从而验证新建的模型。

根据模型与测试数据的拟合效果或模型对给定数据的预测效果来比较不同模型的优劣，常用的判断准则有赤池信息量准则（Akaike Information Criterion，AIC）、均方误差（Mean Square Error，MSE）、贝叶斯信息准则（Bayesian Information Criterion，BIC）等。

2.2.6　加速退化试验优化设计的核心问题

为了准确估计出加速模型中的参数值，加速退化试验中应该设置足够多的应力水平。单应力加速模型一般具有 2 个未知参数，需要至少设置 3 组不同的加速应力水平；温湿、温振等双应力加速模型一般具有 3 个未知参数，需要至少设置 4 组不同的加速应力水平组合。可以想象，加速应力水平越多、试验样品量越大、性能退化测量频率越高、试验时间越长，所获取的试验数据就越充足，寿命预测值的准确度与置信度就越高，然而，试验费用也会越高。可靠性试验工程师们所面临的一个难题是，如何在寿命预测准确度与试验费用之间进行权衡。为解决此难题，引入了加速试验优化设计这一研究。目前，一个重点研究方向为在给定最高允许试验费用的前提下，如何统筹安排加速退化试验的各因素，如样本量、试验截止时间、测量次数、加速应力水平设置、样本量分配等，以获取最理想的寿命预测结果。

加速退化试验方案优化设计与基于加速退化数据的寿命预测是互有关联但路线相逆的两种加速退化数据统计分析方法，它们之间的关系如图 2-3 所示。

加速退化数据中包含了各加速应力水平、各应力下的样本量、测量时间、性能退化量等信息，可靠性评估与寿命预测时以这些信息为输入，通过建模与参数估计，确定出加速退化模型与模型参数值。与之相反，加速退化试验方案优化设计时，将加速退化模型与模型参数值作为输入，将各加速应力水平、各应力下的样本量、测量时间、性能退化量等信息设为待定变量，构建试验方案优化的数学模型，根据一定的优化准则确定出各待定变量值。加速退化试验方案优化设计方法的核心问题是如何科学、合理地建立优化目标函数及优化准则，本书建立了一种最小化加速因子估计值渐进方差的优化准则，具体内容见第 6 章。

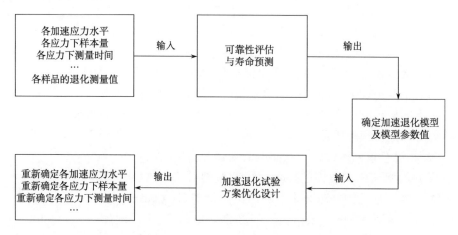

图 2-3　加速退化试验方案优化设计与基于加速退化数据寿命预测的关系

参 考 文 献

[1] Nelson W B. Analysis of performance-pegradation data from accelerated tests[J]. IEEE Transactions on Reliability, 1981, 30(2): 149-150.

[2] Nelson W B. Accelerated Testing: Statistical Models, Test Plans, and Data Analysis[M]. New York: John Wiley & Sons, 1990.

[3] Whitmore G A. Estimating degradation by a Wiener diffusion process subject to measurement error[J]. Lifetime Data Analysis, 1995, 1(3): 307-319.

[4] Meeker W Q, Hamada M. Statistical tools for the rapid development & evaluation of high-reliability products[J]. IEEE Transactions on Reliability, 1995, 44(2): 187-198.

[5] Boulanger M, Escobar L A. Experimental design for a class of accelerated degradation tests[J]. Technometrics, 1994, 36(3): 260-272.

[6] Lu C J, Meeker W Q, Escobar L A. A comparison of degradation and failure-time analysis methods for estimating a time-failure distribution[J]. Statistica Sinica, 1996, 6(3): 531-546.

[7] Carey M B, Koening R H. Reliability assessment based on accelerated degradation: A case study[J]. IEEE Transactions on Reliability, 1991, 40(5): 499-506.

[8] Escobar L A, Meeker W Q. A review of accelerated test models[J]. Statistical Science, 2006, 21(4): 552-577.

[9] Park J I, Yum B J. Optimal design of accelerated degradation tests for estimating mean lifetime at the use condition[J]. Engineering Optimization, 1997, 28(3): 199-230.

[10] Tseng S T, Yu H F. A termination rule for degradation experiments[J]. IEEE Transactions on Reliability, 1997, 46(1): 130-133.

[11] Padgett W J, Tomlinson M A. Inference from accelerated degradation and failure data based on Gaussian process models[J]. Lifetime Data Analysis, 2004, 10: 191-206.

[12] Park J I, Bae S J. Direct prediction methods on lifetime distribution of organic light-emitting diodes from accelerated degradation tests[J]. IEEE Transactions on Reliability, 2010, 59(1): 74-90.

[13] Tsai T T, Lin C W, Sung Y L, et al. Inference from lumen degradation data under Wiener diffusion process[J]. IEEE Transactions on Reliability, 2012, 61(3): 710-718.

[14] 郑德强, 李海波, 张正平, 等. 感应电动机寿命预测的加速退化试验方法研究[J]. 宇航学报, 2011, 32(10): 2280-2284.

[15] 黄爱梅, 郭月娥, 虞健飞. 基于加速退化数据的航空液压泵剩余寿命预测技术研究[J]. 机械设计与制造, 2011(1): 154-155.

[16] 王召斌. 航天电磁继电器贮存可靠性退化试验与评价方法研究[D]. 哈尔滨: 哈尔滨工业大学, 2013.

[17] Jiang X M, Yuan Y, Liu X. Bayesian inference method for stochastic damage accumulation modeling[J]. Reliability Engineering & System Safety, 2013, 111: 126-138.

[18] Wang L Z, Pan R, Li X Y, et al. A Bayesian reliability evaluation method with integrated accelerated degradation testing and field information[J]. Reliability Engineering & System Safety, 2013, 112: 38-47.

[19] Karandikar J M, Kim N H, Schmitz T L. Prediction of remaining useful life for fatigue-damaged structures using Bayesian inference[J]. Engineering Fracture Mechanics, 2012, 96: 588-605.

[20] 周源泉, 翁朝曦, 叶喜涛. 论加速系数与失效机理不变的条件(Ⅰ)——寿命型随机变量情况[J]. 系统工程与电子技术, 1996, 18(1): 55-67.

[21] 刘强. 基于失效物理的性能可靠性技术及应用研究[D]. 长沙: 国防科技大学, 2011.

[22] Meeker W Q, Luvalle M J. An accelerated life test model based on reliability kinetics[J]. Technometrics, 1995, 37(2): 133-146.

[23] Ramirez J G, Gore W L, Johnston G. New methods for modeling reliability using degradation data [J]. Statistics Data Analysis and Data Mining, 2001(4): 26-33.

[24] Yun W Y, Kim E S, Cha J H. Accelerated life test data analysis for repairable systems[J]. Communications in Statistics-Theory and Methods, 2006, 35(10): 1803-1814.

[25] 潘骏, 刘红杰, 陈文华, 等. 基于步进加速退化试验的航天电连接器接触可靠性评估[J]. 中国机械工程, 2011(10): 1197-1200.

[26] Church J D, Harris B. The estimation of reliability from stress-strength relationships[J]. Technometrics, 1970, 12(1): 49-54.

[27] Surles J G, Padgett W J. Inference for reliability and stress-strength for a scaled Burr type X distribution[J]. Lifetime Data Analysis, 2001, 7(2): 187-200.

[28] Takeda E, Suzuki N. An empirical model for device degradation due to hot-carrier injection[J]. IEEE Electron Device Letters, 1983(4): 111-113.

[29] Lu C J, Meeker W Q. Using degradation measures to estimate a time to failure distribution[J]. Technometrics, 1993, 35(2): 161-167.

[30] Wilson S P, Taylor D. Reliability assessment from fatigue micro-crack data [J]. IEEE Transactions on Reliability, 1997, 46(2): 165-172.

[31] Park C, Padgett W J. New cumulative damage models for failure using stochastic processes as initial damage[J]. IEEE Transactions on Reliability, 2005, 54(3): 530-540.

[32] Meeker W Q, Escobar A. Statistical Methods for Reliability Data[M]. New York: John Wiley & Sons, 1998.

[33] 邓爱民. 高可靠长寿命产品可靠性技术研究[D]. 长沙: 国防科技大学, 2006.

[34] 茆诗松, 汤银才, 王玲玲. 可靠性统计[M]. 北京: 高等教育出版社, 2008.

[35] Wang F, Chu T. Lifetime predictions of LED-based light bars by accelerated degradation test[J]. Microelectronics Reliability, 2012, 52(7): 1332-1336.

[36] 马小兵, 王晋忠, 赵宇. 基于伪寿命分布的退化数据可靠性评估方法[J]. 系统工程与电子技术, 2011, 33(1): 228-232.

[37] 匡正, 苏艳梅, 杨德庄, 等. 热控涂层性能退化模型与模型参数求解[J]. 哈尔滨工业大学学报, 2008, 40(5): 767-770.

[38] 蒋喜, 刘宏昭, 刘丽兰, 等. 基于伪寿命分布的电主轴极小子样可靠性研究[J]. 振动与冲击, 2013, 32(19): 80-85.

[39] Si X S, Wang W B, Chen M Y, et al. A degradation path-dependent approach for remaining useful life estimation with an exact and closed-form solution[J]. European Journal of Operational Research, 2013, 226(1): 53-66.

[40] Chinnam R B. On-line reliability estimation for individual components using statistical degradation signal models[J]. Quality and Reliability Engineering International, 2002, 18(1): 53-73.

[41] Gebraeel N Z, Lawley M A. A neural network degradation model for computing and updating residual life distribution[J]. IEEE Transactions on Automation Science and Engineering, 2008, 5(1): 100-105.

[42] Wu J, Deng C, Shao X, et al. A reliability assessment method based on support vector machines for CNC equipment[J]. Science in China Series E: Technological Sciences, 2009, 52(7): 1849-1857.

[43] 胡昌华, 胡锦涛, 张伟, 等. 支持向量机用于性能退化的可靠性评估[J]. 系统工程与电子技术, 2009, 31(5): 1246-1249.

[44] 尤琦, 赵宇, 胡广平, 等. 基于时序模型的加速退化数据可靠性评估[J]. 系统工程理论与实践, 2011, 31(2): 328-332.

[45] 张慰, 李晓阳, 姜同敏, 等. 基于 BP 神经网络的多应力加速寿命试验预测方法[J]. 航空学报, 2009, 30(9): 1691-1696.

[46] Wang W D, Dan D D. Reliability quantification of induction motors accelerated degradation testing approach[C]//Proceedings of the Annual Reliability and Maintainability Symposium, Seattle, USA, 2002.

[47] 赵建印, 刘芳. 加速退化失效产品可靠性评估方法[J]. 哈尔滨工业大学学报, 2008, 40(10): 1669-1671.

[48] 钟强晖, 张志华, 王磊. 考虑模型选择的退化数据分析方法[J]. 系统工程, 2009, 27(11): 111-114.

[49] 訾佼佼, 刘宏昭, 蒋喜, 等. 基于退化量分布的电主轴可靠性评估[J]. 中国机械工程, 2014, 25(6): 807-812.

[50] 王浩伟, 徐廷学, 张晗. 基于退化量分布的某型电连接器寿命预测方法[J]. 现代防御技术, 2014, 42(5): 134-139.

[51] Lin H H, Shiau J H. Analyzing accelerated degradation data by nonparametric regression[J]. IEEE Transactions on Reliability, 1999, 48(2): 149-158.

[52] Shi Y, Meeker W Q. Bayesian methods for accelerated destructive degradation test planning[J]. IEEE Transactions on Reliability, 2012, 61(1): 245-253.

[53] 赵建印. 基于性能退化数据的可靠性建模与应用研究[D]. 长沙: 国防科技大学, 2005.

[54] 张永强, 冯静, 刘琦, 等. 基于 Poisson-Normal 过程性能退化模型的可靠性分析[J]. 系统工程与电子技术, 2006, 28(11): 1775-1778.

[55] Whitmore G A, Schenkelberg F. Modelling accelerated degradation data using Wiener diffusion with a time scale transformation[J]. Lifetime Data Analysis, 1997, 3(1): 27-45.

[56] Park C, Padgett W J. Accelerated degradation models for failure based on geometric Brownian motion and Gamma processes[J]. Lifetime Data Analysis, 2005, 11(4): 511-527.

[57] 彭宝华. 基于 Wiener 过程的可靠性建模方法研究[D]. 长沙: 国防科技大学, 2010.

[58] Wang X L, Jiang P, Guo B, et al. Real-time reliability evaluation with a general Wiener process-based degradation model[J]. Quality and Reliability Engineering International, 2014, 30(2): 205-220.

[59] 王浩伟, 徐廷学, 周伟. 综合退化数据与寿命数据的某型电连接器寿命预测方法[J]. 上海交通大学学报, 2014, 48(5): 702-706.

[60] Abdel-Hamee M. A Gamma wear process[J]. IEEE Transactions on Reliability, 1975, 24(2): 152-153.

[61] van Noortwijk J M. A survey of the application of Gamma processes in maintenance[J]. Reliability Engineering & System Safety, 2009, 94(1): 2-21.

[62] 李常有, 徐敏强, 郭耸, 等. 基于 Gamma 过程及贝叶斯估计的实时可靠性评估[J]. 宇航学报, 2009, 30(4): 1722-1726.

[63] Wang X L, Jiang P, Guo B, et al. Real-time reliability evaluation for an individual product based on change-point Gamma and Wiener process[J]. Quality and Reliability Engineering International, 2014, 30(4): 513-525.

[64] Tsai C C, Tseng S T, Balakrishnan N. Mis-specification analyses of Gamma and Wiener degradation processes[J]. Journal of Statistical Planning and Inference, 2011, 141(12): 3725-3735.

[65] Peng C Y, Tseng S T. Mis-specification analysis of linear degradation models[J]. IEEE Transactions on Reliability, 2009, 58(3): 444-455.

[66] Wang X, Xu D. An Inverse Gaussian process model for degradation data[J]. Technometrics, 2010, 52(2): 188-197.

[67] Ye Z S, Chen N. The Inverse Gaussian process as degradation model[J]. Technometrics, 2014, 56(3): 302-311.

[68] Peng C Y. Inverse Gaussian processes with random effects and explanatory variables for degradation data[J]. Technometrics, 2015, 57(1): 100-111.

[69] Wang X. Wiener processes with random effects for degradation data[J]. Journal of Multivariate Analysis, 2010, 101(2): 340-351.

[70] Si X S, Wang W B, Hu C H, et al. A Wiener-process-based degradation model with a recursive filter algorithm for remaining useful life estimation[J]. Mechanical Systems and Signal Processing, 2013, 35(1/2): 219-237.

[71] Lawless J, Crowder M. Covariates and random effects in a Gamma process model with application to degradation and failure[J]. Lifetime Data Analysis, 2004, 10(3): 213-227.

[72] Jin G, Matthews D E, Zhou Z. A Bayesian framework for on-line degradation assessment and residual life prediction of secondary batteries in spacecraft[J]. Reliability Engineering & System Safety, 2013, 113: 7-20.

[73] 王小林, 程志君, 郭波. 基于维纳过程金属化膜电容器的剩余寿命预测[J]. 国防科技大学学报, 2011, 33(4): 146-151.

[74] 司小胜, 胡昌华, 李娟, 等. Bayesian 更新与 EM 算法协作下退化数据驱动的剩余寿命估计方法[J]. 模式识别与人工智能, 2013, 26(4): 357-365.

[75] Whitmore G A, Crowder M J, Lawless J F. Failure inference from a maker process based on a bivariate Wiener model[J]. Lifetime Data Analysis, 1998, 4: 229-251.

[76] 钟强晖, 张志华, 梁胜杰. 基于多元退化数据的可靠性分析方法[J]. 系统工程理论与实践, 2011, 31(3): 544-551.

[77] 晁代宏, 马静, 陈淑英. 应用多元性能退化量评估光纤陀螺贮存的可靠性[J]. 光学精密工程, 2011, 19(1): 35-40.

[78] 潘骏, 王小云, 陈文华, 等. 基于多元性能参数的加速退化试验方案优化设计研究[J]. 机械工程学报, 2012, 48(2): 30-35.

[79] Pan Z Q, Sun Q. Optimal design for step-stress accelerated degradation test with multiple performance characteristics based on Gamma processes[J]. Communications in Statistics-Simulation and Computation, 2014, 43(2): 298-314.

[80] Wang Y, Pham H. Modeling the dependent competing risks with multiple degradation processes and random shock using time-varying copulas[J]. IEEE Transactions on Reliability, 2012, 61(1): 13-22.

[81] Sari J K. Multivariate degradation modeling and its application to reliability testing[D]. Singapore: National University of Singapore, 2007.

[82] 唐家银, 何平, 梁红琴, 等. 多故障模型高长寿命产品相关性失效的综合可靠性评估[J]. 机械工程学报, 2013, 49(12): 176-182.

[83] Pan Z Q, Balakrishnan N, Sun Q, et al. Bivariate degradation analysis of products based on

Wiener processes and copulas[J]. Journal of Statistical Computation and Simulation, 2013, 83(7): 1316-1329.

[84] Pan Z Q, Balakrishnan N, Sun Q. Bivariate constant-stress accelerated degradation model and inference[J]. Communications in Statistics-Simulation and Computation, 2011, 40(2): 247-257.

[85] Pan Z Q, Balakrishnan N. Reliability modeling of degradation of products with multiple performance characteristics based on Gamma processes[J]. Reliability Engineering & System Safety, 2011, 96(8): 949-957.

[86] 胡倩慧. Copula 函数的选择及其在二元退化模型中的应用[D]. 上海: 华东师范大学, 2013.

[87] 张建勋, 胡昌华, 周志杰, 等. 多退化变量下基于 Copula 函数的陀螺仪剩余寿命预测方法[J]. 航空学报, 2014, 35(4): 1111-1121.

[88] 赵宇. 可靠性数据分析[M]. 北京: 国防工业出版社, 2011.

[89] 李晓阳, 姜同敏. 加速寿命试验中多应力加速模型综述[J]. 系统工程与电子技术, 2007, 29(5): 828-831.

[90] 张国龙, 蔡金燕, 梁玉英, 等. 电子装备多应力加速退化试验技术及可靠性评估方法研究[J]. 航空学报, 2013, 34(12): 2815-2822.

[91] Yu H F. Mis-specification analysis between normal and extreme value distributions for a screening experiment[J]. Computers & Industrial Engineering, 2009, 56(4): 1657-1667.

[92] Pascual F G, Montepiedra G. Lognormal and Weibull accelerated life test plans under distribution misspecification[J]. IEEE Transactions on Reliability, 2005, 54(1): 43-52.

[93] Jeng S L, Huang B Y, Meeker W Q. Accelerated destructive degradation tests robust to distribution misspecification[J]. IEEE Transactions on Reliability, 2011, 60(4): 701-711.

[94] 周源泉, 李宝盛, 丁为航, 等. 统计预测引论[M]. 北京: 科学出版社, 2017.

[95] Yang G B. Life Cycle Reliability Engineering[M]. Hoboken: John Wiley & Sons, 2007.

[96] Bugaighis M M. Efficiencies of MLE and BLUE for parameters of an accelerated life test model[J]. IEEE Transactions on Reliability, 1988, 37(2): 230-233.

[97] 茆诗松. 统计手册[M]. 北京: 科学出版社, 2003.

[98] Eric J, Michael J, Nicholas P. MCMC maximum likelihood for latent state models[J]. Journal of Econometrics, 2007, 137: 615-640.

[99] Ntzoufras I. Bayesian Modeling Using WinBUGS[M]. New York: John Wiley & Sons, 2009.

[100] Balakrishnan N, Ling M H. EM algorithm for one-shot device testing under the exponential distribution[J]. Computational Statistics & Data Analysis, 2012, 56(3): 502-509.

[101] Efron B. Better bootstrap confidence intervals[J]. Journal of American Statistical Association, 1987, 82(397): 171-185.

[102] Meeker W Q, Escobar A. Teaching about approximate confidence regions based on maximum likelihood estimation[J]. The American Statistician, 1995, 49(1): 48-53.

[103] DiCiccio T J, Efron B. Bootstrap confidence intervals[J]. Statistical Science, 1996, 11(3): 189-212.

[104] Nankervis J C. Computational algorithms for double bootstrap confidence intervals[J]. Computational Statistics & Data Analysis, 2005, 49(2): 461-475.

[105] Chernick M R. Bootstrap Methods: A Guide for Practitioners and Researchers[M]. New York: John Wiley & Sons, 2011.

[106] Marks C E, Glen A G, Robinson M W, et al. Applying bootstrap methods to system reliability[J]. The American Statistician, 2014, 68(3): 174-180.

[107] 周源泉, 翁朝曦. 对数正态分布环境因子的统计推断[J]. 系统工程与电子技术, 1996(10): 73-81.

[108] 周源泉, 翁朝曦. Gamma 分布环境因子的统计推断[J]. 系统工程与电子技术, 1995(12): 61-71.

[109] 孙祝岭. 失效机理不变的假设检验[J]. 电子产品可靠性与环境试验, 2009, 27(2): 1-5.

[110] 林逢春, 王前程, 陈云霞, 等. 基于伪寿命的加速退化机理一致性边界检验[J]. 北京航空航天大学学报, 2012, 38(2): 233-238.

[111] 冯静. 基于秩相关系数的加速贮存退化失效机理一致性检验[J]. 航空动力学报, 2011, 26(11): 2439-2444.

[112] 姚军, 王欢, 苏泉. 基于灰色理论的失效机理一致性检验方法[J]. 北京航空航天大学学报, 2013, 39(6): 734-738.

[113] 潘晓茜, 康锐. 基于灰色预测的加速试验机理一致性判别方法[J]. 北京航空航天大学学报, 2013, 39(6): 787-791.

[114] 李晓刚, 王亚辉. 利用非等距灰色理论方法判定失效机理一致性[J]. 北京航空航天大学学报, 2014, 40(7): 899-904.

[115] 郭春生, 谢雪松, 马卫东, 等. 加速试验中失效机理一致性的判别方法[J]. 半导体学报, 2006, 27(3): 560-563.

[116] 郭春生, 万宁, 马卫东, 等. 恒定温度应力加速实验失效机理一致性快速判别方法[J]. 物理学报, 2013(6): 478-482.

[117] 王前程, 陈云霞, 邓沣鹏, 等. 加速度计加速退化机理一致性边界确定方法[J]. 北京航空航天大学学报, 2012, 38(11): 1512-1516.

第3章 基于加速退化试验数据的总体寿命预测方法

3.1 引　　言

根据性能退化建模方法的不同，总体寿命指标预测方法大体可分为 3 类：基于伪寿命分布模型的预测方法、基于退化量分布模型的预测方法和基于随机过程模型的预测方法[1-3]。其中基于伪寿命分布模型的预测方法还可细分为基于失效物理过程和基于退化轨迹拟合两种方法。各类寿命预测方法并不互斥，可综合考虑加速退化数据的特点和各类方法的优势、劣势，选择最适合的预测方法。

然而，每类寿命预测方法都面临同一难题：加速退化数据进行建模时缺少一种合理、有效的办法来确定模型参数与加速应力的关系。针对目前广泛根据经验假定模型参数与加速应力关系导致寿命预测结果可信度不高的现状，在引入加速因子不变原则的基础上，重新梳理了各类预测方法的建模思路，给出了行之有效的建模、解模方法。

3.2 节分析了传统的基于伪寿命分布模型的预测方法中可能遇到的寿命分布模型误指定的问题，并提出了避免误指定的一种建模方法。3.3 节探讨了基于退化量分布模型的预测方法，并以退化量服从 Normal 分布为例论述了具体的建模方法。3.4 节以广泛应用的 Wiener 过程和 Gamma 过程为例，对基于随机过程模型的预测方法展开了研究。

3.2 基于伪寿命分布模型的预测方法

3.2.1 建模思路

对恒定应力加速退化数据建模时，确定产品伪寿命的分布模型是非常重要的环节，直接影响到寿命预测结果的准确性。传统的基于伪寿命分布的建模方法需要估计出产品在各加速应力下的伪寿命值，根据 Pieruschka 假定，产品在各个应力水平下的伪寿命值应服从同一分布模型。然而，工程应用中往往会出现各加速应力下的伪寿命值最优拟合分布模型不一致的情况，此时难以判断哪种是产品的真实寿命分布模型，容易造成分布模型误指定[4]。

传统的基于伪寿命分布的建模方法源自加速寿命试验，但是增加了利用性能退化模型对产品退化过程建模的步骤。针对此特点，提出了基于性能退化模型参数折算的建模方法，利用加速模型对性能退化模型的参数与加速应力之间的关系进行建模，而传统方法是利用加速模型对寿命分布模型的参数与加速应力之间的关系进行建模，两种建模方法的具体步骤如图 3-1 所示。基于性能退化模型参数折算的建模方法可获得各产品在工作应力水平下的伪寿命值，从而可以对所有伪寿命值进行整体最优拟合检验，有效避免产品寿命分布误指定的发生。

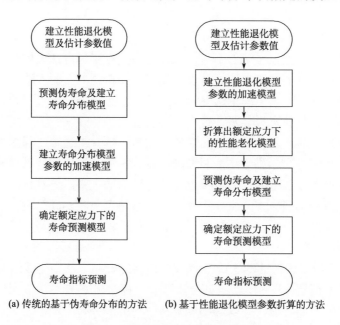

(a) 传统的基于伪寿命分布的方法　　(b) 基于性能退化模型参数折算的方法

图 3-1　两种建模方法的具体步骤

3.2.2　性能退化建模

假设 t_{ijk} 为第 j 个产品在第 k 个加速应力下的第 i 次测量时间，y_{ijk} 为相应的退化增量测量值，则有 $y(0)=0$，$i=1,2,\cdots,n_{jk}; j=1,2,\cdots,m_k; k=1,2,\cdots,l$，其中 l 表示加速应力的总数，m_k 表示第 k 个加速应力下的产品数，n_{jk} 表示第 j 个产品在第 k 个加速应力下的测量次数。产品的退化轨迹函数可表示为

$$y_{ijk} = g(t_{ijk}, \boldsymbol{\theta}) + \varepsilon_{ijk} \tag{3-1}$$

式中，$g(t_{ijk}, \boldsymbol{\theta})$ 表示产品的退化增量真值，$\boldsymbol{\theta}$ 表示未知参数向量，ε_{ijk} 为测量误差，且 $\varepsilon_{ijk} \sim N(0, \sigma_{jk}^2)$。产品的退化轨迹函数一般可分为直线型、指数型、幂律型等，而指数型和幂律型等可通过对数变化转换成直线型。不失一般性，设退化轨迹函数为幂律型，则

$$g(t_{ijk}; \boldsymbol{\theta}) = g(t_{ijk}; a, b) = a \cdot t_{ijk}^b \tag{3-2}$$

式中，a,b 为未知参数，$\boldsymbol{\theta}=(a,b)$。对于加速退化试验中的每一个产品，可通过其测量值 $(\boldsymbol{y}_{jk},\boldsymbol{t}_{jk})$，得到退化轨迹函数的参数估计值 $\hat{\boldsymbol{\theta}}_{jk}$。由式(3-1)，可知 $[y_{ijk}-g(t_{ijk},\boldsymbol{\theta})]\sim N(0,\sigma_{jk}^2)$，则可对每个产品建立如式(3-3)所示似然函数并估计出 $\hat{\boldsymbol{\theta}}_{jk}$。

$$L(a_{jk},b_{jk},\sigma_{jk})=\prod_{i=1}^{n_{jk}}\frac{1}{\sqrt{2\pi\sigma_{jk}^2}}\cdot\exp\left[-\frac{(y_{ijk}-a_{jk}\cdot t_{ijk}^{b_{jk}})^2}{2\sigma_{jk}^2}\right]\qquad(3-3)$$

在传统方法中，由 $\hat{\boldsymbol{\theta}}_{jk}$ 和设定的失效阈值 D 可计算出每个产品的伪寿命 ξ_{jk}。通过最优拟合检验可确定每个应力水平下的伪寿命值 ξ_{1k}, ξ_{2k},$\cdots$,$\xi_{m_k k}$ 所服从的最优分布模型，然而每个应力水平下的最优分布模型可能不相同，容易造成分布模型的误指定，从而影响可靠性评估与寿命预测的准确性。以下研究了通过参数值折算在工作应力水平下进行伪寿命分布模型确定和可靠性评估的方法。

3.2.3　参数的加速模型

根据 Pieruschka 假定，产品在不同应力下服从同一性能退化模型，改变应力水平仅仅改变模型中的参数。据此，可推断参数 a 应该随着应力变化而改变，参数 b 决定着产品退化路径的形状，应该保持不变。假设加速应力为温度 T，选择 Arrhenius 方程作为加速模型，则可设

$$a(T)=\exp(\gamma_1-\gamma_2/T)\ ,\ b(T)=b\qquad(3-4)$$

式中，γ_1,γ_2 为待定系数。

Pieruschka 假定指出分布参数在加速应力下会发生改变，却没有说明会如何变化。周源泉等[5,6]提出了加速因子不变原则，并在此基础上给出了推导分布模型的各参数在不同应力下应满足关系的方法。加速因子不变原则是指为了保证加速因子具有工程应用性，需要求加速因子为一个不随时间变化的常数，仅由加速应力水平所决定。周源泉等[5]利用加速因子不变原则推导了 19 种寿命分布模型的参数在不同应力水平下应满足的关系，很多推导结论已被大量试验结果所验证。

将加速因子不变原则引入加速退化试验，用以推导退化轨迹函数的各参数在加速应力下如何变化，验证式(3-4)中的关系式。加速退化试验中加速因子的定义与加速寿命试验中并不相同，但内涵一致。冯静等[7]给出了加速退化试验中加速因子较为规范的定义：当产品在不同的应力水平下具有相等的平均退化量 d 时，将其退化时间的比值定义为应力水平之间的加速因子：

$$A_{k,h}=t_{d,h}/t_{d,k}\qquad(3-5)$$

式中，$A_{k,h}$ 为应力 T_k 相对于应力 T_h 的加速因子，$t_{d,k},t_{d,h}$ 分别为产品在 T_k,T_h 下的

平均退化量达到 d 的时间。平均退化量可分别由 $g_k(t;a_k,b_k)$ 和 $g_h(t;a_h,b_h)$ 表示，当平均退化量都为 d 时，则有

$$d = a_k(t_{d,k})^{b_k} = a_h(t_{d,h})^{b_h} \qquad (3\text{-}6)$$

将式(3-6)代入式(3-5)，则有

$$A_{k,h} = \left(\frac{d}{a_h}\right)^{\frac{1}{b_h}} \Bigg/ \left(\frac{d}{a_k}\right)^{\frac{1}{b_k}} \qquad (3\text{-}7)$$

如要保证 $A_{k,h}$ 为与 d 无关的常数，则需要满足以下关系：

$$b_k = b_h, \quad a_k/a_h = \left(A_{k,h}\right)^{1/b_k} \qquad (3\text{-}8)$$

由式(3-8)可知，参数 b 不随着应力改变而变化，参数 a 与加速应力相关，描述了产品在不同应力水平下的退化速率，故参数 a,b 与温度 T 的关系可表示为式(3-4)中形式。

3.2.4　常应力下的性能退化模型

由各产品的参数估计值 $\hat{\boldsymbol{\theta}}_{jk} = (a_{jk}, b_{jk})$，通过最小二乘法得到待定系数的估计值 $\hat{\gamma}_1, \hat{\gamma}_2$。设 a_{jk} 与 b_{jk} 在工作应力水平下的折算值分别表示为 a_{h0}, b_{h0}（$h = 1, 2, \cdots, N$；N 为产品总数），则 a_{h0} 可由式(3-9)解出。

$$\frac{a_{jk}}{a_{h0}} = \exp\left[-\hat{\gamma}_2\left(\frac{T_0}{T_k}\right)\right] \qquad (3\text{-}9)$$

参数 b 值与加速应力无关，在各应力水平下应保持不变，b_{h0} 取为 b_{jk} 的平均值。由参数折算值 $\hat{\boldsymbol{\theta}}_{h0} = (a_{h0}, b_{h0})$ 和失效阈值 D，可计算出各产品在工作应力水平下的伪寿命值 ξ_{h0}。

3.2.5　常应力下的伪寿命分布模型

可使用最优拟合检验的方法确定与伪寿命值拟合最好的分布模型，因为 Exponential 分布、Normal 分布、Lognormal 分布、Weibull 分布、Gamma 分布具有比较好的分布特性并能涵盖绝大多数分布情况，故选择此 5 种分布作为伪寿命值的备选分布模型。

Anderson-Darling 统计量具有良好的统计特性，不但可用于确定与样本最优拟合的分布模型，而且可以对样本是否服从指定的分布模型进行假设检验。Anderson-Darling 统计量的 AD 值越小，说明样本与分布模型拟合得越好。AD 值的计算公式为

$$\text{AD} = n \int_{-\infty}^{+\infty} \frac{[F_n(x) - F(x)]}{F(x)[1 - F(x)]} \mathrm{d}F(x) \tag{3-10}$$

式中，$F_n(x)$ 为经验分布函数，$F(x)$ 为累积分布函数，n 为检验样本的个数。当利用 Anderson-Darling 统计量进行假设检验时，设显著性水平为 0.05，如果得到统计量的 $p\text{-value} > 0.05$，则可以得出伪寿命值服从指定分布模型的结论。假设伪寿命值 ξ_{h0} 的最优拟合分布为 Gamma 分布，则产品在常应力下的概率密度函数为

$$f(t; \hat{s}, \hat{r}) = \frac{\hat{s}^{-\hat{r}}}{\Gamma(\hat{r})} t^{\hat{r}-1} \exp\left(-\frac{t}{\hat{s}}\right) \tag{3-11}$$

式中，$\Gamma(\cdot)$ 为 Gamma 函数；$\hat{s}, \hat{r}$ 分别为尺度参数和形状参数的估计值。$\hat{s}, \hat{r}$ 可由 ξ_{h0} 通过式 (3-12) 所示的似然函数估计得到。

$$L(s, r) = \prod_{h=1}^{N} \frac{s^{-r}}{\Gamma(r)} (\xi_{h0})^{r-1} \exp\left(-\frac{\xi_{h0}}{s}\right) \tag{3-12}$$

由 $f(t; \hat{s}, \hat{r})$ 可进一步求取产品的可靠寿命 ξ_R 与平均寿命 $\overline{\xi}$。首先求取产品的可靠度函数

$$R(t; \hat{s}, \hat{r}) = 1 - F(t; \hat{s}, \hat{r}) = 1 - \int_0^t f(x; \hat{s}, \hat{r}) \mathrm{d}x = 1 - \frac{\hat{s}^{-\hat{r}}}{\Gamma(\hat{r})} \int_0^t x^{\hat{r}-1} \exp\left(-\frac{x}{\hat{s}}\right) \mathrm{d}x \tag{3-13}$$

可靠寿命 $\xi_R = R^{-1}(t; \hat{s}, \hat{r})$，平均寿命的计算公式为

$$\overline{\xi} = E(\xi) = \int_0^\infty t \cdot f(t; \hat{s}, \hat{r}) \mathrm{d}t = \hat{s} \cdot \hat{r} \tag{3-14}$$

3.2.6　案例应用

Meeker 等[8]提供了某型碳膜电阻在 CSADT 中的试验数据。加速应力为温度，3 组加速应力水平分别为 83℃, 133℃, 173℃，产品的工作应力水平为 50℃。试验过程中所有产品同时测量，测量时刻为 452h, 1030h, 4341h, 8084h，退化量为电阻值的百分比增量。图 3-2 描述了产品在 3 个加速应力水平下退化轨迹（缺少 83℃ 下第 10 个样品的试验数据）。

1. 性能退化建模与参数估计

产品退化曲线为幂律型，利用式 (3-2) 对各产品进行退化建模，得到 (a_{jk}, b_{jk}) 的极大似然估计值如表 3-1 所示（为了方便计算，时间单位取为 10^3h）。

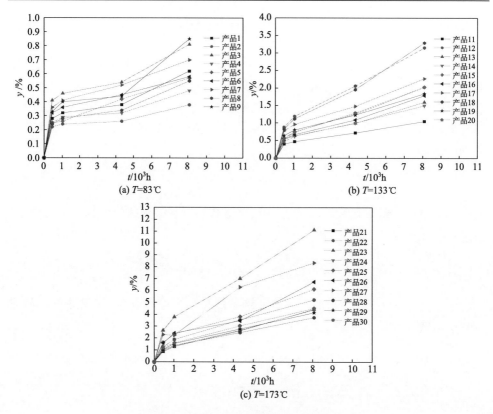

图 3-2　电阻值百分比增量的变化轨迹

表 3-1　a_{jk}, b_{jk} 的极大似然估计值及伪寿命预测值

83℃			133℃			173℃		
$\hat{a}_{j1}$	$\hat{b}_{j1}$	$\hat{\xi}_{j1}/10^3\,\mathrm{h}$	$\hat{a}_{j2}$	$\hat{b}_{j2}$	$\hat{\xi}_{j2}/10^3\,\mathrm{h}$	$\hat{a}_{j3}$	$\hat{b}_{j3}$	$\hat{\xi}_{j3}/10^3\,\mathrm{h}$
0.3111	0.2823	835.982	0.4719	0.3590	304.641	1.1759	0.6191	33.348
0.2371	0.1807	1614.521	1.1405	0.4679	35.907	1.7812	0.5054	12.193
0.4534	0.2359	335.707	0.6234	0.4205	155.171	3.5461	0.5300	2.299
0.2793	0.2155	1085.776	0.5964	0.4210	172.777	1.2739	0.5770	27.467
0.2796	0.3223	1083.244	0.7125	0.4770	112.274	2.1431	0.4809	7.789
0.3599	0.2064	587.511	0.6503	0.4556	140.081	1.9935	0.5458	9.281
0.4082	0.2322	432.885	0.9384	0.3965	57.600	2.7777	0.5308	4.155
0.2705	0.2947	1172.686	1.0430	0.5256	44.589	1.3097	0.4870	25.684
0.3672	0.3409	559.279	0.7806	0.3865	89.982	1.4471	0.4920	20.169
—	—	—	0.7054	0.4856	115.022	1.5648	0.4949	16.687

不同的加速应力之间的 $\hat{a}_{jk}$ 值有明显的变化，而 $\hat{b}_{jk}$ 值变化不明显，这也印证了参数 a 与加速应力有关而参数 b 与加速应力无关的结论。由于技术手段的限制，测量到的退化数据不可避免的带有一定的误差，所以 $\hat{b}_{jk}$ 值很难相等，会在一定范围内波动，但在预测伪寿命时 $\hat{b}_{jk}$ 取为平均值较为稳妥。当失效阈值设为 $D = 5\%$，$\hat{b}_{jk}$ 取平均值为 0.4127 时，计算出各个产品的伪寿命值如表 3-2 中所示。使用 Anderson-Darling 统计量对各加速应力下的伪寿命值进行最优拟合检验，得到 AD 值如表 3-2 所示。可知 $\hat{\xi}_{j1}$ 最优服从 Lognormal 分布，$\hat{\xi}_{j2}$ 最优服从 Gamma 分布，$\hat{\xi}_{j3}$ 最优服从 Weibull 分布，此时无法判断产品寿命的最优分布模型，容易发生分布模型误指定。

表 3-2　伪寿命在各分布模型下的 AD 值

伪寿命值	分布模型				
	Normal	Lognormal	Weibull	Gamma	Exponential
$\hat{\xi}_{j1}$	0.280	0.251	0.264	0.273	1.237
$\hat{\xi}_{j2}$	0.409	0.220	0.227	0.210	0.872
$\hat{\xi}_{j3}$	0.220	0.283	0.201	0.210	0.490
$\hat{\xi}_{h0}$	0.711	0.340	0.239	0.217	1.864

2. 传统的基于伪寿命分布的方法

为了分析伪寿命分布误指定对寿命预测结果的影响，首先应用传统的基于伪寿命分布的方法进行建模与寿命预测，其特点是利用加速模型对分布函数的各参数与加速应力之间的关系进行建模。已知伪寿命在 3 个加速应力下分别最优服从 Lognormal 分布、Gamma 分布及 Weibull 分布，通常 ξ_{jk} 的最优分布模型为以上 3 种分布之一。

(1) 假设 ξ_{jk} 最优服从 Lognormal 分布，可由加速因子不变原则推导出其对数均值 μ 与加速应力有关，对数标准差 σ 与加速应力无关。利用 Arrhenius 模型将 T_k 下的对数均值表示为 $\mu(T_k) = \beta_1 + \beta_2 / T_k$，设对数标准差为 $\sigma(T_k) = \beta_3$。根据 Lognormal 分布的概率密度函数可建立如式 (3-15) 所示的融合所有 ξ_{jk} 的似然函数。

$$L(\beta_1, \beta_2, \beta_3) = \prod_{k=1}^{l} \prod_{j=1}^{m_k} \frac{1}{\sqrt{2\pi} \xi_{jk} \beta_3} \exp \left\{ -\left[\frac{\ln \xi_{jk} - (\beta_1 + \beta_2 / T_k)}{\sqrt{2} \beta_3} \right]^2 \right\} \quad (3-15)$$

可解得极大似然估计 $\hat{\beta}_1, \hat{\beta}_2, \hat{\beta}_3$，则产品在常应力 T_0 下寿命分布模型的参数值

为 $\mu(T_0) = \hat{\beta}_1 + \hat{\beta}_2 / T_0$，$\sigma(T_0) = \hat{\beta}_3$，由此可得产品在 T_0 下的寿命预测模型。

(2) 假设 ξ_{jk} 最优服从 Gamma 分布，由加速因子不变原则可推导出其尺度参数 s 与加速应力有关，形状参数 r 与加速应力无关。利用 Arrhenius 模型可将 T_k 下的尺度参数表示为 $s(T_k) = \exp(\delta_1 + \delta_2 / T_k)$，设形状参数为 $r(T_k) = \delta_3$。建立融合所有 ξ_{jk} 的似然函数为

$$L(\delta_1, \delta_2, \delta_3) = \prod_{k=1}^{l} \prod_{j=1}^{m_k} \frac{\exp\left[-\delta_3(\delta_1 + \delta_2 / T_k)\right]}{\Gamma(\delta_3)} \left(\xi_{jk}\right)^{\delta_3 - 1} \exp\left[-\frac{\xi_{jk}}{\exp(\delta_1 + \delta_2 / T_k)}\right] \quad (3\text{-}16)$$

可解得极大似然估计 $\hat{\delta}_1, \hat{\delta}_2, \hat{\delta}_3$，则产品在 T_0 下寿命分布模型的参数值为 $s(T_0) = \exp(\hat{\delta}_1 + \hat{\delta}_2 / T_0)$，$r(T_0) = \hat{\delta}_3$。

(3) 假设 ξ_{jk} 最优服从 Weibull 分布，可由加速因子不变假定推导出尺度参数 η 与加速应力有关，形状参数 m 与加速应力无关。利用 Arrhenius 模型可将 T_k 下的尺度参数表示为 $\eta(T_k) = \exp(\alpha_1 + \alpha_2 / T_k)$，设形状参数 $m(T_k) = \alpha_3$。建立融合所有 ξ_{jk} 的似然函数为

$$L(\alpha_1, \alpha_2, \alpha_3)$$
$$= \prod_{k=1}^{l} \prod_{j=1}^{m_k} \frac{\alpha_3}{\exp(\alpha_1 + \alpha_2 / T_k)} \left[\frac{\xi_{jk}}{\exp(\alpha_1 + \alpha_2 / T_k)}\right]^{\alpha_3 - 1} \exp\left\{-\left[\frac{\xi_{jk}}{\exp(\alpha_1 + \alpha_2 / T_k)}\right]^{\alpha_3}\right\}$$
$$(3\text{-}17)$$

可解得极大似然估计 $\hat{\alpha}_1, \hat{\alpha}_2, \hat{\alpha}_3$，则产品在 T_0 下寿命分布模型的参数值为 $\eta(T_0) = \exp(\hat{\alpha}_1 + \hat{\alpha}_2 / T_0)$，$m(T_0) = \hat{\alpha}_3$。将 ξ_{jk} 分别代入式(3-15)~式(3-17)所示的极大似然方程，解得 $(\hat{\beta}_1, \hat{\beta}_2, \hat{\beta}_3) = (-13.476, 7215.752, 0.709)$，$(\hat{\delta}_1, \hat{\delta}_2, \hat{\delta}_3)$ $= (-13.371, 6909.943, 2.408)$，$(\hat{\alpha}_1, \hat{\alpha}_2, \hat{\alpha}_3) = (-12.085, 6792.461, 1.631)$，3 种分布模型下产品在额定应力水平下的可靠度曲线如图 3-3 所示。为了定量描述各预测结果之间的差别，求出产品在 3 种分布下的平均寿命预测值分别为 $\bar{\xi}_{\text{LN}} = 8.997 \times 10^6 \text{h}$，$\bar{\xi}_{\text{Ga}} = 7.267 \times 10^6 \text{h}$，$\bar{\xi}_{\text{Weibull}} = 6.795 \times 10^6 \text{h}$。如果在 Gamma 分布和 Weibull 分布之间发生误指定，则其平均寿命预测值相对误差为 6.49%，对寿命预测结果影响较小；如果发生了 Lognormal 分布的误指定，则其平均寿命预测值相对误差超过 20%，明显影响寿命预测结果。

3. 参数折算的方法

将 $\hat{a}_{jk}$ 代入式(3-4)，通过最小二乘法解得 $(\hat{\gamma}_1, \hat{\gamma}_2) = (7.171, 2978.110)$，然后由式(3-9)可计算出折算系数 $B_{1,0} = 2.349$，$B_{2,0} = 6.575$，$B_{3,0} = 12.689$，进一步可得折算值 a_{h0} 及对应的伪寿命预测值 ξ_{h0}，如表 3-3 所示。

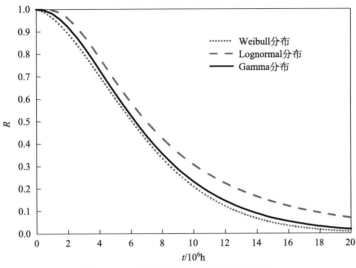

图 3-3　三种分布模型下的可靠度曲线

表 3-3　折算值 a_{h0} 与对应的伪寿命预测值 ξ_{h0}

产品序号	a_{h0}	$\xi_{h0}/10^3\,h$	产品序号	a_{h0}	$\xi_{h0}/10^3\,h$	产品序号	a_{h0}	$\xi_{h0}/10^3\,h$
1	0.1324	6618.323	11	0.0718	29211.831	21	0.0927	15725.522
2	0.1009	12781.875	12	0.1735	3443.108	22	0.1404	5749.819
3	0.1930	2657.735	13	0.0948	14879.295	23	0.2795	1084.143
4	0.1189	8595.900	14	0.0907	16567.493	24	0.1004	12952.365
5	0.1190	8575.854	15	0.1084	10765.870	25	0.1689	3672.881
6	0.1532	4651.225	16	0.0989	13432.279	26	0.1571	4376.734
7	0.1738	3427.074	17	0.1427	5523.263	27	0.2189	1959.210
8	0.1152	9283.951	18	0.1586	4275.565	28	0.1032	12111.475
9	0.1563	4427.713	19	0.1187	8628.333	29	0.1140	9510.758
10	—		20	0.1073	11029.399	30	0.1233	7868.993

使用 Anderson-Darling 统计量对 ξ_{h0} 进行最优拟合检验，得到 AD 值如表 3-4 所示，可知 ξ_{h0} 最优服从 Gamma 分布。可确定产品寿命的分布模型为 Gamma 分布，其拟合优度检验如图 3-4。

表 3-4　ξ_{h0} 在各分布模型下的 AD 值

伪寿命预测值	分布模型				
	Normal	Lognormal	Weibull	Gamma	Exponential
ξ_{h0}	0.711	0.340	0.239	0.217	1.864

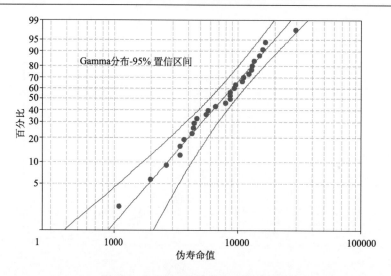

图 3-4   Gamma 分布的拟合优度检验

通过式 (3-12) 解得参数的极大似然估计值为 $(\hat{s}, \hat{r}) = (3362.804,\ 2.387)$ ，利用 Bootstrap 自助抽样法解得两参数置信水平为 95% 的区间估计分为 $[\hat{\underline{s}}, \overline{\hat{s}}] = [1325.663,\ 5019.211]$ ， $[\hat{\underline{r}}, \overline{\hat{r}}] = [0.863,\ 4.996]$ ，产品的可靠度曲线及 95% 的置信上限和下限如图 3-5 所示。可得产品的平均寿命 $\overline{\xi} = 8.028 \times 10^6\,\text{h}$ ，95% 的置信区间为 $[6.210 \times 10^6\,\text{h},\ 9.783 \times 10^6\,\text{h}]$ ， $\xi_{0.95} = 1.752 \times 10^6\,\text{h}$ ， 95% 的置信区间为 $[1.229 \times 10^6\,\text{h},\ 2.852 \times 10^6\,\text{h}]$ 。

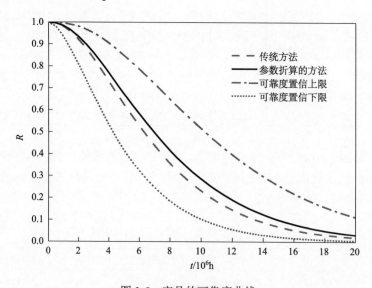

图 3-5   产品的可靠度曲线

为了比较预测结果,图 3-5 中亦给出了利用传统方法指定分布模型为 Gamma 分布时得到的可靠度曲线(此时不存在误指定)。使用参数折算方法和传统方法得到的可靠度曲线较为接近但不完全一致,由于测量数据的不完美,参数估计方法不同等因素造成了两种方法预测结果的差异。

3.3 基于退化量分布模型的预测方法

3.3.1 建模思路

基于退化量分布的建模方法将产品在任一测量时刻的退化量看作服从某一分布族的随机变量,因为退化量随着时间发生改变,所以分布族参数是时间的函数[9,10]。图 3-6 描述了常应力下基于退化量分布的建模方法,其中假定产品退化量随时间单调增大。

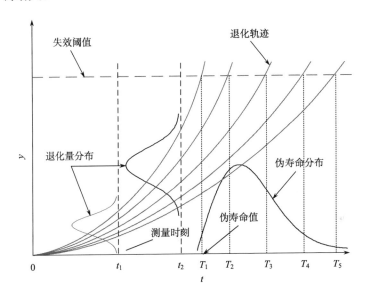

图 3-6 基于退化量分布的建模方法

在产品退化的初始阶段,失效阈值位于退化量分布范围之外,此时产品可靠度为 1,随着时间发展退化量分布范围覆盖了失效阈值,此时产品可靠度小于 1 并且逐渐减小。如果确定了退化量的分布族类型及参数的变化规律,那么可获得产品的概率密度函数,进一步求取出产品的可靠寿命和平均寿命等。处理加速退化数据时,基于退化量分布的建模方法依然遵循 Pieruschka 假定,即产品在不同的应力水平下的退化量服从同一分布模型,当改变应力水平时,不改变分布模型只改变模型中的参数。

3.3.2　退化量分布建模

基于退化量分布的性能退化建模实质上就是建立退化量的分布模型，力求能够反映出退化量在各个测量时刻的分布规律。建模过程可分为以下 3 个步骤。

(1) 确定退化量的分布模型。

(2) 估计各个测量时刻的退化量分布模型参数值。

(3) 拟合各个测量时刻的参数值，建立模型参数的时间函数。

目前主要有 Lognormal 分布、Weibull 分布、Normal 分布被用于退化量分布建模，可利用 Anderson-Darling 统计量通过拟合优度检验选择退化量的最优分布模型。确定参数的时间函数时，现有文献大都直接假定参数的形式，这种处理方式可减少建模工作量，降低参数的估计难度，然而会导致模型精度不高，所以书中采用数据拟合的方法确定参数的时间函数。

随机选择 N 个产品在 q 个应力水平下进行加速退化试验，同一应力水平下的产品每次同时进行退化量检测。x_{ijk} ($i=1,2,\cdots,n_k; j=1,2,\cdots,m_k; k=1,2,\cdots,q$) 表示在第 k 个应力水平下第 i 个产品进行第 j 次测量时的退化量，t_{jk} 表示对应的测量时刻。产品的失效阈值为 D，当 x_{ijk} 首次达到 D 时认为产品失效，失效时间可表示为 $\xi = \inf(t\,|\,x_{ijk} \geqslant D)$。假定产品在各测量时刻 t_{jk} 的退化量 x_{ijk} 服从 Normal 分布 $x_{ijk} \sim N(\mu_{jk}, \sigma_{jk}^2)$，其中 μ_{jk}，σ_{jk} 分别为均值和标准差，可以通过式(3-18)估计出参数值。

$$\hat{\mu}_{jk} = \frac{1}{n_k}\sum_{i=1}^{n_k} x_{ijk}, \quad \hat{\sigma}_{jk}^2 = \frac{1}{n_k}\sum_{i=1}^{n_k}\left(x_{ijk} - \hat{\mu}_{jk}\right)^2 \tag{3-18}$$

根据工程经验，参数的变化轨迹一般为直线型、凹型和凸型，可利用时间 t 的幂函数分别对各个应力下的 $\{(\hat{\mu}_{jk}, \hat{\sigma}_{jk}), k = 1,2,\cdots,q\}$ 进行拟合，即

$$\hat{\mu}_{jk} = a_k \cdot (t_{jk})^{b_k}, \quad \hat{\sigma}_{jk} = c_k \cdot (t_{jk})^{d_k} \tag{3-19}$$

式中，a_k, b_k, c_k, d_k 为待定系数，对以上两个等式分别求对数，得

$$\ln\hat{\mu}_{jk} = \ln a_k + b_k \ln t_{jk}, \quad \ln\hat{\sigma}_{jk} = \ln c_k + d_k \ln t_{jk} \tag{3-20}$$

通过最小二乘估计法可求得 $\{(\hat{a}_k, \hat{b}_k, \hat{c}_k, \hat{d}_k), k = 1,2,\cdots,q\}$，由此可确定参数在各个应力下的时间函数为 $\mu_k(t_k) = \hat{a}_k(t_k)^{\hat{b}_k}$，$\sigma_k(t_k) = \hat{c}_k(t_k)^{\hat{d}_k}$，产品在第 k 个应力下的累积分布函数为

$$F_k(t_k) = P(x_{ijk} \geqslant D) = 1 - P(x_{ijk} < D) = \Phi\left(\frac{\hat{a}_k \cdot (t_k)^{\hat{b}_k} - D}{\hat{c}_k \cdot (t_k)^{\hat{d}_k}}\right) \tag{3-21}$$

式中，$\Phi(\cdot)$ 为标准 Normal 分布函数。

3.3.3 参数的加速模型

使用基于退化量分布的方法对加速退化数据建模时，一直没能找到一种有效的方法确定参数与加速应力的关系，之前的研究大都是假定出它们的关系，例如，文献[11]利用 Normal 分布拟合退化量，并假定均值与应力有关而方差与应力无关。本节利用加速因子不变原则推导出参数与加速应力应满足的关系。

张春华等[12]根据 Nelson 假设给出了加速因子的一个等效定义：假设 $F_k(t_k), F_h(t_h)$ 分别表示产品在应力 S_k 和 S_h 下的累积失效概率，如有 $F_k(t_k) = F_h(t_h)$，则可将应力 S_k 相对于应力 S_h 的加速因子 $A_{k,h}$ 定义为

$$A_{k,h} = t_h / t_k \tag{3-22}$$

根据加速因子不变原则，$A_{k,h}$ 为一个不随着 t_h, t_k 变化的常数，则 $F_k(t_k) = F_h(A_{k,h}t_k)$ 对任意 t_k 恒成立。将式(3-21)代入 $F_k(t_k) = F_h(t_h)$，可得

$$\varPhi\left(\frac{\hat{a}_k(t_k)^{\hat{b}_k} - D}{\hat{c}_k(t_k)^{\hat{d}_k}}\right) = \varPhi\left(\frac{\hat{a}_h(t_h)^{\hat{b}_h} - D}{\hat{c}_h(t_h)^{\hat{d}_h}}\right) \tag{3-23}$$

将式(3-22)代入式(3-23)，可得

$$\varPhi\left(\frac{\hat{a}_k(t_k)^{\hat{b}_k} - D}{\hat{c}_k(t_k)^{\hat{d}_k}}\right) = \varPhi\left(\frac{\hat{a}_h(A_{k,h}t_k)^{\hat{b}_h} - D}{\hat{c}_h(A_{k,h}t_k)^{\hat{d}_h}}\right) \tag{3-24}$$

如要保证对任意 t_k 式(3-24)恒成立，则需满足

$$\begin{cases} \hat{a}_k(t_k)^{\hat{b}_k} - D = \hat{a}_h(A_{k,h}t_k)^{\hat{b}_h} - D \\ \hat{c}_k(t_k)^{\hat{d}_k} = \hat{c}_h(A_{k,h}t_k)^{\hat{d}_h} \end{cases} \tag{3-25}$$

可推导出

$$\begin{cases} \hat{b}_k = \hat{b}_h, \qquad A_{k,h} = (\hat{a}_k / \hat{a}_h)^{1/\hat{b}_k} \\ \hat{d}_k = \hat{d}_h, \qquad A_{k,h} = (\hat{c}_k / \hat{c}_h)^{1/\hat{d}_k} \end{cases} \tag{3-26}$$

根据式(3-26)，可知 $\hat{b}_k, \hat{d}_k$ 在各应力下保持不变，$\hat{a}_k, \hat{c}_k$ 值随着应力的改变而变化。假定加速应力为温度 T，选择 Arrhenius 方程为加速模型，则 $\hat{a}_k, \hat{b}_k$ 可表示为

$$\hat{a}_k = \exp(\gamma_1 - \gamma_2 / T_k), \quad \hat{b}_k = \gamma_3 \tag{3-27}$$

式中，$\gamma_1, \gamma_2, \gamma_3$ 为待定常数。$\hat{c}_k, \hat{d}_k$ 可表示为

$$\hat{c}_k = \exp(\lambda_1 - \lambda_2 / T_k), \quad \hat{d}_k = \lambda_3 \tag{3-28}$$

式中，$\lambda_1, \lambda_2, \lambda_3$ 为待定常数。由式(3-26)可得如下关系式：

$$\left(\hat{a}_k / \hat{a}_h\right)^{1/\hat{b}_h} = \left(\hat{c}_k / \hat{c}_h\right)^{1/\hat{d}_h} \tag{3-29}$$

将式(3-27)和式(3-28)代入式(3-29)，可得

$$\left(\frac{\exp(\gamma_1 - \gamma_2 / T_k)}{\exp(\gamma_1 - \gamma_2 / T_0)}\right)^{\frac{1}{\gamma_3}} = \left(\frac{\exp(\lambda_1 - \lambda_2 / T_k)}{\exp(\lambda_1 - \lambda_2 / T_0)}\right)^{\frac{1}{\lambda_3}} \tag{3-30}$$

简化为

$$\exp\left(-\frac{\gamma_2}{\gamma_3}\left(\frac{1}{T_k} - \frac{1}{T_h}\right)\right) = \exp\left(-\frac{\lambda_2}{\lambda_3}\left(\frac{1}{T_k} - \frac{1}{T_h}\right)\right) \tag{3-31}$$

推导出如下等式：

$$\gamma_2 / \gamma_3 = \lambda_2 / \lambda_3 \tag{3-32}$$

据此，参数的加速模型可设定为

$$\mu(t,T) = \exp(\gamma_1 - \gamma_2 / T) \cdot t^{\gamma_3} \tag{3-33}$$

$$\sigma(t,T) = \exp\left(\lambda_1 - \frac{\gamma_2 \lambda_3}{\gamma_3 T}\right) \cdot t^{\lambda_3} \tag{3-34}$$

3.3.4　常应力下的退化量分布模型

由 $x_{ijk} \sim N\left(\mu(t_{jk},T_k), \sigma^2(t_{jk},T_k)\right)$，可得概率密度函数为

$$f(x_{ijk} \mid t_{jk}, T_k) = \frac{1}{\sqrt{2\pi}\sigma(t_{jk},T_k)}\exp\left\{-\frac{\left[x_{ijk} - \mu(t_{jk},T_k)\right]^2}{2\sigma^2(t_{jk},T_k)}\right\} \tag{3-35}$$

将式(3-33)与式(3-34)代入式(3-35)，可得

$$f(x_{ijk} \mid t_{jk}, T_k) = \frac{1}{\sqrt{2\pi}\exp\left(\lambda_1 - \dfrac{\gamma_2 \lambda_3}{\gamma_3 T_k}\right) \cdot t_{jk}^{\lambda_3}}\exp\left\{-\frac{\left[x_{ijk} - \exp(\gamma_1 - \gamma_2 / T_k) \cdot t_{jk}^{\gamma_3}\right]^2}{2\exp\left(2\lambda_1 - \dfrac{2\gamma_2 \lambda_3}{\gamma_3 T_k}\right) \cdot t_{jk}^{2\lambda_3}}\right\} \tag{3-36}$$

可建立一个融合所有加速退化数据 (x_{ijk}, t_{jk}, T_k) 的似然方程

$$L(\gamma_1, \gamma_2, \gamma_3, \lambda_1, \lambda_3)$$

$$= \prod_{k=1}^{q}\prod_{j=1}^{m_k}\prod_{i=1}^{n_k} \frac{1}{\sqrt{2\pi}\exp\left(\lambda_1 - \dfrac{\gamma_2 \lambda_3}{\gamma_3 T_k}\right) \cdot t_{jk}^{\lambda_3}}\exp\left\{-\frac{\left[x_{ijk} - \exp(\gamma_1 - \gamma_2 / T_k) \cdot t_{jk}^{\gamma_3}\right]^2}{2\exp\left(2\lambda_1 - \dfrac{2\gamma_2 \lambda_3}{\gamma_3 T_k}\right) \cdot t_{jk}^{2\lambda_3}}\right\} \tag{3-37}$$

将 (x_{ijk}, t_{jk}, T_k) 代入式(3-37)，可解得极大似然估计 $(\hat{\gamma}_1, \hat{\gamma}_2, \hat{\gamma}_3, \hat{\lambda}_1, \hat{\lambda}_3)$。常应力 T_0

下的退化量分布模型可确定为 $N\big(\mu(t,T_0),\sigma^2(t,T_0)\big)$，其中

$$\mu(t,T_0) = \exp(\hat{\gamma}_1 - \hat{\gamma}_2 / T_0) \cdot t^{\hat{\gamma}_3} \tag{3-38}$$

$$\sigma(t,T_0) = \exp\left(\hat{\lambda}_1 - \frac{\hat{\gamma}_2 \hat{\lambda}_3}{\hat{\gamma}_3 T_0}\right) \cdot t^{\hat{\lambda}_3} \tag{3-39}$$

3.3.5　常应力下的寿命预测

产品在应力 T_0 下的可靠度函数为

$$R(t) = 1 - \Phi\left(\frac{\exp(\hat{\gamma}_1 - \hat{\gamma}_2 / T_0) \cdot t^{\hat{\gamma}_3} - D}{\exp\left(\hat{\lambda}_1 - \dfrac{\hat{\gamma}_2 \hat{\lambda}_3}{\hat{\gamma}_3 T_0}\right) \cdot t^{\hat{\lambda}_3}}\right) \tag{3-40}$$

式 (3-40) 并不属于常见的寿命分布模型，难以推导出用于估计产品寿命特征的统计量。此时求取产品的寿命特征有两种方法：①根据各寿命特征的数学定义，以式 (3-40) 为基础进行直接计算；②先利用常见的寿命分布模型拟合式 (3-40) 描述的可靠度曲线，然后由已推导出的各统计量求取寿命特征。

1) 直接计算法

很多情况下可靠寿命 ξ_R 的表达式难以从可靠度函数中推导出 (如式 (3-40))，可利用 MATLAB 软件编程求取 $\hat{\xi}_R$。平均寿命 $\bar{\xi}$ 可由式 (3-41) 求得。

$$\bar{\xi} = \int_0^\infty R(t)\mathrm{d}t = \int_0^\infty \left[1 - \Phi\left(\frac{\exp(\hat{\gamma}_1 - \hat{\gamma}_2 / T_0) \cdot t^{\hat{\gamma}_3} - D}{\exp\left(\hat{\lambda}_1 - \dfrac{\hat{\gamma}_2 \hat{\lambda}_3}{\hat{\gamma}_3 T_0}\right) \cdot t^{\hat{\lambda}_3}}\right)\right]\mathrm{d}t \tag{3-41}$$

2) 拟合法

为了提高拟合精度，应从式 (3-40) 获取尽量多的采样点 $(t_i, R(t_i))$ 并能覆盖其可靠度变化范围，其中，$i = 1, 2, \cdots, N$，N 为采样点总数。如果已知产品的寿命分布模型，则直接利用其拟合 $(t_i, R(t_i))$，否则还需确定产品的寿命分布模型。可使用多个寿命分布模型拟合 $(t_i, R(t_i))$，将拟合效果最好的定为产品的寿命分布模型。

假设已掌握产品的寿命分布模型为两参数 Weibull 分布，则 $\xi \sim \mathrm{Weibull}(\eta, m)$，可靠度函数为

$$R(t) = \exp\left[-(t / \eta)^m\right] \tag{3-42}$$

式中，η 为尺度参数，m 为形状参数。对式(3-42)取两次对数，可得

$$\ln(-\ln R) = m \cdot \ln t - m \cdot \ln \eta \tag{3-43}$$

式中，(R,t) 可由式(3-40)得到，设 $y = \ln(-\ln R)$，$x = \ln t$，$b = m \cdot \ln \eta$，则

$$y = m \cdot x - b \tag{3-44}$$

将 y, x 代入式(3-44)，可获得参数的最小二乘估计 $(\hat{\eta}, \hat{m})$。特征寿命为 $\xi_R = \hat{\eta}(-\ln R)^{1/\hat{m}}$，平均寿命为 $\overline{\xi} = \hat{\eta}[\Gamma(1 + \hat{m}^{-1})]$。

3.3.6　案例应用

接触电阻增大是各型电连接器的主要失效原因，接触电阻的主要来源为电连接器接触对表面的膜层电阻。高温可促使接触对表面氧化物加速生成，导致膜层电阻不断增大最终造成电连接器的失效[13]。加速退化试验选取温度作为加速应力，并采用恒定应力加速试验方式对某型电连接器进行性能退化研究。

试验中随机抽取 24 个产品，选择在 3 个加速应力 $T_1 = 80℃$，$T_2 = 100℃$，$T_3 = 125℃$ 下进行退化试验，每个应力下投放 8 个产品。T_1 下进行 30 次测量，测量间隔为 48h；T_2 下进行 25 次测量，测量间隔为 36h；T_3 下进行 20 次测量，测量间隔为 24 小时。$T_0 = 40℃$ 为常应力水平，失效阈值为 5mΩ。

1. 退化量分布建模

将 Normal 分布、Weibull 分布和 Lognormal 分布作为备选退化量分布模型，使用 Anderson-Darling 统计量确定 3 个加速应力下各组退化量的最优拟合分布模型。结果如表 3-5 所示。

表 3-5　各组退化量数据的最优拟合分布

加速应力	测量次数	分布模型		
		Normal	Lognormal	Weibull
T_1	30	25	2	3
T_2	25	22	1	2
T_3	20	16	2	2

在 3 个加速应力下总共 75 组退化量中有 63 组最优服从 Normal 分布，故选用 Normal 分布模型对各组退化量建模。为了掌握模型参数的变化规律，首先通过式(3-18)计算出 75 组 $(\hat{\mu}_{jk}, \hat{\sigma}_{jk}^2)$，然后根据式(3-19)对 $(\hat{\mu}_{jk}, \hat{\sigma}_{jk})$ 进行拟合，解得拟合函数的系数估计值如表 3-6 所示。图 3-7～图 3-9 分别展示了 $\hat{\mu}_{jk}, \hat{\sigma}_{jk}^2$ 在 3 个加速应力下的分布情况及相应的拟合曲线。

表 3-6　拟合函数的系数估计值

加速应力	系数估计值			
	$\hat{a}_k$	$\hat{b}_k$	$\hat{c}_k$	$\hat{d}_k$
T_1	2.374×10^{-2}	0.502	6.433×10^{-3}	0.488
T_2	4.227×10^{-2}	0.489	1.037×10^{-2}	0.505
T_3	6.851×10^{-2}	0.505	1.398×10^{-2}	0.510

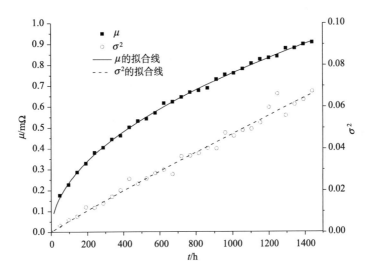

图 3-7　80℃下各测量时刻的退化量平均值和方差

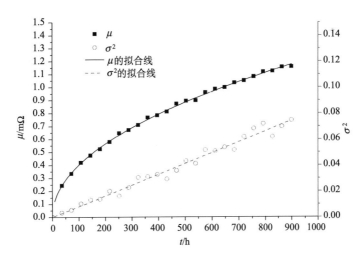

图 3-8　100℃下各测量时刻的退化量平均值和方差

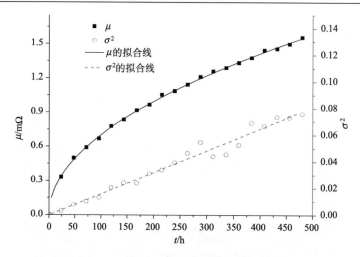

图 3-9　125℃下各测量时刻的退化量平均值和方差

对表 3-6 中的数据进行分析，可得以下 2 点结论。

（1）$\hat{a}_k$ 以及 $\hat{c}_k$ 值随着 T_k 值增大有显著单调增大趋势，其中 $\hat{a}_3$ 相对于 $\hat{a}_1$ 增大了 188.585%，$\hat{c}_3$ 相对于 $\hat{c}_1$ 增大了 117.317%，这说明系数 a,c 都随着应力的改变而变化。

（2）$\hat{b}_k$ 的变化幅度在 3.272% 内，$\hat{d}_k$ 的变化幅度在 4.615% 内。由于 $\hat{b}_k,\hat{d}_k$ 在各加速应力间的浮动范围较小且没有单调性的变化规律，可判断系数 b,d 都不随着应力的改变而变化。

2. 常应力下的寿命预测

将加速试验数据 (x_{ijk},t_{jk},T_k) 代入式（3-37），解得极大似然估计值为 $(\hat{\gamma}_1,\hat{\gamma}_2,\hat{\gamma}_3,\hat{\lambda}_1,\hat{\lambda}_3)=(5.557,3.290\times10^3,0.507,2.757,0.427)$。使用 AIC 评价退化量分布模型与 (x_{ijk},t_{jk},T_k) 拟合的优劣，AIC 的计算公式为

$$\text{AIC} = -2 \cdot \max\left(\ln(L(\cdot))\right) + 2p \tag{3-45}$$

式中，$L(\cdot)$ 为似然函数，p 为似然函数中未知参数的个数，解得 AIC $= -359.217$。将 $\hat{\gamma}_1,\hat{\gamma}_2,\hat{\gamma}_3,\hat{\lambda}_1,\hat{\lambda}_3$，$D=5\text{m}\Omega$ 及 $T_0=313\text{K}$ 代入式（3-40），可得产品在常应力下的可靠度函数为

$$R(t)=1-\Phi\left(\frac{7.054\times10^{-3}\cdot t^{0.507}-5}{7.354\times10^{-4}\cdot t^{0.427}}\right) \tag{3-46}$$

文献[11]假定退化量的均值函数与应力有关而方差函数与应力无关，根据此假定应设均值函数为 $\mu^*(t,T)=\exp(\alpha_1-\alpha_2/T)t^{\alpha_3}$，方差函数为 $\sigma^*(t,T)=\beta_1 t^{\beta_2}$。为

了分析退化量参数的加速模型不准确对寿命预测结果的影响，给出了基于上述假定的寿命预测结果。将 $\mu^*(t,T)$，$\sigma^*(t,T)$ 代入式（3-35）并建立似然函数，解得 $(\hat{\alpha}_1,\hat{\alpha}_2,\hat{\alpha}_3,\hat{\beta}_1,\hat{\beta}_2) = (5.823, 3.377 \times 10^3, 0.501, 2.184 \times 10^{-2}, 0.407)$ 及 AIC $= -339.600$，进一步可得产品在额定应力下的可靠度函数为

$$R^*(t) = 1 - \Phi\left(\frac{6.970 \times 10^{-3} \cdot t^{0.507} - 5}{2.184 \times 10^{-2} \cdot t^{0.357}}\right) \tag{3-47}$$

由具有较小 AIC 值的模型与数据拟合得更好，可知通过加速因子不变原则推导的参数加速模型比文献[11]中假定的参数加速模型可信、准确。产品在常应力下的可靠度曲线如图 3-10 所示，图中两条可靠度曲线明显不一致，可见假定方差与应力无关会导致较大的寿命预测结果误差。

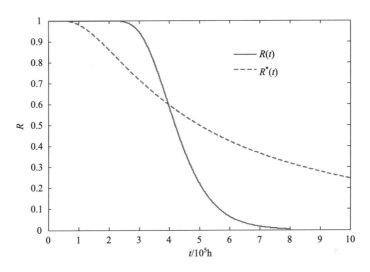

图 3-10　产品在常应力下的可靠度曲线

利用直接计算方法通过 $R(t)$，$R^*(t)$ 可分别求得 $\xi_{0.9} = 318989\text{h}$，$\xi^*_{0.9} = 172296\text{h}$，$\bar{\xi} = 433879\text{h}$，$\bar{\xi}^* = 501329\text{h}$。

3. 讨论与分析

（1）由于测量误差的存在，单个产品的退化量检测值并不严格单调递增。但所有产品的退化量检测平均值反映了产品退化量单调递增的趋势。

（2）在失效机理不变的前提下，各个应力水平下产品退化量的均值和方差变化趋势较为一致。

（3）通过分析退化量分布所得的可靠度曲线和通过假设产品寿命分布得到的

可靠度曲线往往并不一致，可采用拟合较好的寿命分布模型来估计产品的寿命。

3.4　基于随机过程模型的预测方法

3.4.1　建模思路

由于产品的退化过程具有一定的随机性，适合采用随机过程对其进行退化建模，此类方法获得的产品失效时间为一服从某种分布的随机变量。目前已有 Poisson 过程、Wiener 过程、Gamma 过程等随机过程被广泛应用于退化建模，根据它们本身的性质和特点，Poisson 过程适用于描述离散型的退化过程，Wiener 过程适用于描述连续型的退化过程，Gamma 过程适用于描述连续型并且具有单调特性的退化过程。

根据 Pieruschka 假定，产品在不同应力下的退化过程可用同一随机过程进行建模，所以根据产品在加速应力下的随机过程模型和模型参数的加速模型可推导出常应力下的随机过程模型。设定失效阈值后，可由随机过程模型确定产品在常应力下失效时间的分布函数，进而实现产品各寿命特征的预测。

加速退化数据建模的首要问题是要确定出性能退化模型的哪些参数与加速应力相关，即参数值会随着加速应力水平发生改变。然而，目前普遍根据主观判断或工程经验假定出哪些参数与加速应力相关，容易导致可靠性评估结果不准。为了避免此问题，提出利用加速因子不变原则推导出退化模型的哪些参数与加速应力相关的方法。

虽然随机过程模型早已应用于加速退化建模，但如何确定各模型参数与加速应力的关系一直是个难题。为此，学者根据试验数据和各自的经验假定了模型参数与加速应力之间的关系，令人困惑的是对于同一随机过程往往存在多种假定。例如，Wiener 过程，Padgett 等[14]、Park 等[15]、Liao 等[16]、Lim 等[17]等假定漂移参数与加速应力有关而扩散参数与加速应力无关，但 Whitmore 等[18]、Liao 等[19]假定漂移参数和扩散参数都与加速应力有关。对于 Gamma 过程，Park 等[20]、Tseng 等[21]假定形状参数与应力有关但尺度参数与应力无关，Lawless 等[22]、Wang[23]则假定尺度参数与应力相关而形状参数与应力无关。

3.4.2　基于 Wiener 过程模型的预测方法

1. 性能退化建模

Wiener 过程最大的优势是能够对非单调退化数据建模，因此适用于绝大多数退化失效型产品。Wiener 过程 $\{Y(t); t \geqslant 0\}$ 在数学上表示为

$$Y(t) = \mu \cdot \Lambda(t) + \sigma \cdot B\big(\Lambda(t)\big) \tag{3-48}$$

式中，μ 为漂移参数，σ 为扩散参数，$B(\cdot)$ 为标准 Brownian 运动，$\Lambda(t)$ 为时间函数且 $\Lambda(0)=0$。

Wiener 过程具有下列 3 种性质：① $Y(t)$ 在 $t=0$ 处连续，且 $Y(0)=0$ 以概率 1 成立；②对任意 $0 \leqslant t_1 < t_2 \leqslant t_3 < t_4$，$Y(t_2)-Y(t_1)$ 与 $Y(t_4)-Y(t_3)$ 相互独立；③独立增量 $\Delta Y(t)=Y(t+\Delta t)-Y(t)$ 服从正态分布 $\Delta Y(t) \sim N\left(\mu\Delta\Lambda(t),\ \sigma^2\Delta\Lambda(t)\right)$，其中 $\Delta\Lambda(t)=\Lambda(t+\Delta t)-\Lambda(t)$。对独立增量进行累加，容易推导出 $Y(t) \sim N\left(\mu\Lambda(t),\ \sigma^2\Lambda(t)\right)$，可得 $Y(t)$ 的概率密度函数（Probability Density Function，PDF）为

$$f(y)=\frac{1}{\sqrt{2\pi\sigma^2\Lambda(t)}}\exp\left[-\frac{\left(y-\mu\Lambda(t)\right)^2}{2\sigma^2\Lambda(t)}\right] \tag{3-49}$$

设某产品的性能参数服从 Wiener 退化过程 $Y(t)$，D 为性能参数的失效阈值，则产品的寿命 ξ 可被定义为 $Y(t)$ 首达 D 的时间 $\xi=\inf\{t\,|\,Y(t) \geqslant D\}$，文献[18]指出产品的累积分布函数（Cumulative Distribution Function，CDF）为如下逆高斯分布。

$$F(t)=\Phi\left(\frac{\mu\Lambda(t)-D}{\sigma\sqrt{\Lambda(t)}}\right)+\exp\left(\frac{2\mu D}{\sigma^2}\right)\Phi\left(-\frac{\mu\Lambda(t)+D}{\sigma\sqrt{\Lambda(t)}}\right) \tag{3-50}$$

式中，$\Phi(\cdot)$ 为标准正态 CDF。PDF 为

$$f(t)=\frac{D}{\sqrt{2\pi\sigma^2\Lambda^3(t)}}\exp\left[-\frac{\left(D-\mu\Lambda(t)\right)^2}{2\sigma^2\Lambda(t)}\right]\frac{\mathrm{d}\Lambda(t)}{\mathrm{d}t} \tag{3-51}$$

由式 (3-50) 可以求得可靠寿命 ξ_R 和平均寿命 $\bar{\xi}$，平均寿命计算公式为 $\bar{\xi}=\Lambda^{-1}(D/\mu)$。

2. 加速退化建模

设 $F_k(t_k),F_h(t_h)$ 分别为产品在任两个应力水平 S_k,S_h 下的累积分布函数，当

$$F_k(t_k)=F_h(t_h) \tag{3-52}$$

时，可将 S_k 相当于 S_h 的加速因子 $A_{k,h}$ 定义为

$$A_{k,h}=t_h/t_k \tag{3-53}$$

加速因子不变原则是指，$A_{k,h}$ 应该为一个不随 t_h，t_k 变化只由 S_k，S_h 所决定的常数。通常情况下将式 (3-53) 代入式 (3-52) 即可进行模型参数与加速应力关系的推导，然而 $F(t)$ 的表达式（式 (3-50)）有些复杂难以用于推导，所以考虑式 (3-52) 的一个等效关系式

$$f_k(t_k)=A_{k,h}f_h(t_h) \tag{3-54}$$

推导过程如下：

$$f_k(t_k) = \frac{dF_k(t_k)}{dt_k} = A_{k,h}\frac{dF_h(A_{k,h}t_k)}{d(A_{k,h}t_k)} = A_{k,h}\frac{dF_h(t_h)}{d(t_h)} = A_{k,h}f_h(t_h) \tag{3-55}$$

将式(3-51)代入式(3-54)，设 $\Lambda(t) = t$，得到

$$A_{k,h} = f_k(t_k)/f_h(A_{k,h}t_k)$$

$$= \frac{\sigma_h A_{k,h}^{3/2}}{\sigma_k} \cdot \exp\left[\left(\frac{D\mu_h}{\sigma_h^2} - \frac{D\mu_k}{\sigma_k^2}\right) + \frac{1}{t_k}\left(\frac{D^2}{2\sigma_h^2 A_{k,h}} - \frac{D^2}{2\sigma_k^2}\right) + t_k\left(\frac{\mu_h^2 A_{k,h}}{2\sigma_h^2} - \frac{\mu_k^2}{2\sigma_k^2}\right)\right] \tag{3-56}$$

为了保证 $A_{k,h}$ 是一个不随 t_k 变化的常数，要求式(3-56)中 t_k 的系数项为 0，即

$$\begin{cases} \dfrac{D^2}{2\sigma_h^2 A_{k,h}} - \dfrac{D^2}{2\sigma_k^2} = 0 \\[3mm] \dfrac{\mu_h^2 A_{k,h}}{2\sigma_h^2} - \dfrac{\mu_k^2}{2\sigma_k^2} = 0 \end{cases} \tag{3-57}$$

由式(3-57)，以下关系可被推导出：

$$A_{k,h} = \mu_k/\mu_h = \sigma_k^2/\sigma_h^2 \tag{3-58}$$

由 $A_{k,h} \neq 1$（$k \neq h$）可知 μ 和 σ^2 都随着应力的改变而变化，这与文献[18]和[19]中的假定相一致。但式(3-58)还指明 μ 和 σ^2 在任两个应力水平下应有相同的比率，此结论是文献[18]和[19]未能得出的。

设 $\Lambda(t) = t^\Lambda$ 时 Wiener 退化模型可有效拟合凸型、凹型、线性退化轨迹。当 $\Lambda(t) = t^\Lambda$ 时，按照以上思路可推导出[24]：

$$A_{k,h} = (\mu_k/\mu_h)^{1/\Lambda} = (\sigma_k^2/\sigma_h^2)^{1/\Lambda}$$

$$\Lambda_k = \Lambda_h = \Lambda \tag{3-59}$$

可知参数 Λ 应在各应力下保持不变。假定温度 T 为加速应力，相关参数与加速应力之间的变化规律可利用 Arrhenius 模型描述。第 k 个加速温度应力 T_k 下的漂移参数表示为

$$\mu_k = \exp(\gamma_1 - \gamma_2/T_k) \tag{3-60}$$

T_k 下的扩散参数表示为

$$\sigma_k = \exp(\gamma_3 - \gamma_4/T_k) \tag{3-61}$$

式中，$\gamma_1, \gamma_2, \gamma_3, \gamma_4$ 为待定系数。类似地，可将 T_h 下的模型参数表示为

$$\mu_h = \exp(\gamma_1 - \gamma_2/T_h) \tag{3-62}$$

$$\sigma_h = \exp(\gamma_3 - \gamma_4/T_h) \tag{3-63}$$

为了满足式(3-58)中的关系式 $\mu_k/\mu_h = \sigma_k^2/\sigma_h^2$，得到 $\gamma_4 = 0.5\gamma_2$，因此漂移参数 μ 的加速模型为

$$\mu(T) = \exp(\gamma_1 - \gamma_2 / T) \tag{3-64}$$

扩散参数 σ 的加速模型为

$$\sigma(T) = \exp(\gamma_3 - 0.5\gamma_2 / T) \tag{3-65}$$

建立加速退化模型为 $Y(t;T) \sim N\left(\exp(\gamma_1 - \gamma_2 / T)\Lambda(t),\ \exp(2\gamma_3 - \gamma_2 / T)\Lambda(t)\right)$。

3. 模型参数估计

1）极大似然估计法

利用随机过程的独立增量服从特定分布函数的特点，基于分布的概率密度函数构建似然方程。设 T_k 为第 k 个加速温度，t_{ijk} 为 T_k 下第 j 个产品的第 i 次测量时间，y_{ijk} 为对应的退化测量值，$\Delta \Lambda_{ijk} = t_{ijk}^{\Lambda_k} - t_{(i-1)jk}^{\Lambda_k}$ 代表时间增量，$\Delta y_{ijk} = y_{ijk} - y_{(i-1)jk}$ 代表退化增量，其中 $i = 1, 2, \cdots, H_{jk}$；$j = 1, 2, \cdots, N_k$；$k = 1, 2, \cdots, M$。

根据 Wiener 加速退化模型的独立增量特性，建立如下似然函数：

$$L(\gamma_1, \gamma_2, \gamma_3, \Lambda) = \prod_{k=1}^{M} \prod_{j=1}^{N_k} \prod_{i=1}^{H_{jk}} \frac{\exp\left[-\dfrac{\left(\Delta y_{ijk} - \exp(\gamma_1 - \gamma_2 / T_k)\Delta \Lambda_{ijk}\right)^2}{2\exp(2\gamma_3 - \gamma_2 / T_k)\Delta \Lambda_{ijk}} \right]}{\sqrt{2\pi \exp(2\gamma_3 - \gamma_2 / T_k)\Delta \Lambda_{ijk}}} \tag{3-66}$$

传统求解未知参数极大似然估计值的方法为，首先由对数似然函数获取各参数的偏导，然后解出各偏导为 0 时对应的参数值。对于由加速退化模型建立的似然函数，未知参数的偏导表达式普遍烦琐，导致求解未知参数的工作量很大甚至无法解得未知参数值，因此传统方法的适用性不强。为避免传统方法的不足，介绍一种利用 MATLAB 软件中的 fminsearch 函数求解极大似然估计值的方法[25]。

（1）获取式（3-66）的对数似然函数表达式 $\ln L(\gamma_1, \gamma_2, \gamma_3, \Lambda)$。

（2）建立一个 MATLAB 函数（如 $f = \text{MLEfun}(\boldsymbol{x}, \textbf{data})$），令 $\boldsymbol{x} = (x(1), x(2), x(3), x(4))$ 分别对应未知参数 $(\gamma_1, \gamma_2, \gamma_3, \Lambda)$，**data** 为所有样品的加速退化数据 (t_{ijk}, y_{ijk}, T_k)，f 为 MLEfun 的输出。

（3）在函数 MLEfun 内实现对数似然函数求和 $\sum_{k=1}^{M} \sum_{j=1}^{N_k} \sum_{i=1}^{H_{jk}} \ln L(\gamma_1, \gamma_2, \gamma_3, \Lambda)$，令 $f = -\sum_{k=1}^{M} \sum_{j=1}^{N_k} \sum_{i=1}^{H_{jk}} \ln L(\gamma_1, \gamma_2, \gamma_3, \Lambda)$，将求极大值问题转换为求极小值问题。

（4）在求极小值函数 fminsearch 中调用 MLEfun 函数，自动利用非线性优化方法以预设的参数初值为起点迭代寻优，获取 $\hat{\gamma}_1, \hat{\gamma}_2, \hat{\gamma}_3, \hat{\Lambda}$。

相比于传统估计方法，基于 fminsearch 函数的极大似然估计方法不受复杂的似然函数所局限，适用性较强。然而此方法对参数初值选取的要求较高，初值设置不当则无法获取最优解，因此通常需要多次试设参数初值，这在未知参数数量较多时会造成较大工作量，如采用多应力加速模型时。如果遇到因参数初值设置不当无法获取最优解的问题，则可利用以下最小二乘法确定参数初值。

2）最小二乘估计法

利用如下似然函数求取 Wiener 退化模型在各加速应力 T_k（$k=1,2,\cdots,M$）下的参数估计值：

$$L(\mu_k,\sigma_k,\Lambda_k)=\prod_{j=1}^{N_k}\prod_{i=1}^{H_{jk}}\frac{1}{\sqrt{2\pi\sigma_k^2\Delta\Lambda_{ijk}}}\exp\left[-\frac{\left(\Delta y_{ijk}-\mu_k\Delta\Lambda_{ijk}\right)^2}{2\sigma_k^2\Delta\Lambda_{ijk}}\right] \tag{3-67}$$

得到参数估计值向量为 $\hat{\boldsymbol{\mu}}=(\hat{\mu}_1,\hat{\mu}_2,\cdots,\hat{\mu}_M)$，$\hat{\boldsymbol{\sigma}}=(\hat{\sigma}_1,\hat{\sigma}_2,\cdots,\hat{\sigma}_M)$，$\hat{\boldsymbol{\Lambda}}=\left(\hat{\Lambda}_1,\hat{\Lambda}_2,\cdots,\hat{\Lambda}_M\right)$。根据式（3-64）及式（3-65），可得

$$\ln\hat{\mu}_k=\gamma_1-\gamma_2/T_k \tag{3-68}$$

$$\ln\hat{\sigma}_k=\gamma_3-0.5\gamma_2/T_k \tag{3-69}$$

建立如下矩阵方程：

$$\begin{bmatrix}\ln\hat{\mu}_1\\\vdots\\\ln\hat{\mu}_M\\\ln\hat{\sigma}_1\\\vdots\\\ln\hat{\sigma}_M\end{bmatrix}=\begin{bmatrix}1&-1/T_1&0\\\vdots&&\vdots\\1&-1/T_M&0\\0&-0.5/T_1&1\\\vdots&&\vdots\\0&-0.5/T_M&1\end{bmatrix}\begin{bmatrix}\gamma_1\\\gamma_2\\\gamma_3\end{bmatrix} \tag{3-70}$$

解矩阵方程得到最小二乘估计 $\hat{\gamma}_1^*,\hat{\gamma}_2^*,\hat{\gamma}_3^*$，令 $\hat{\Lambda}^*=\sum_{k=1}^{M}\hat{\Lambda}_k/M$，将 $(\hat{\gamma}_1^*,\hat{\gamma}_2^*,\hat{\gamma}_3^*,\hat{\Lambda}^*)$ 作为参数初值，获取极大似然估计值。极大似然法在大样本条件下的估计精度优于最小二乘法，加速退化试验数据通常为大样本，因此采用极大似然法获取的参数估计值更准确。如果加速退化试验数据样本量小或者对参数估计值的准确性要求不高，则可以直接利用 $(\hat{\gamma}_1^*,\hat{\gamma}_2^*,\hat{\gamma}_3^*,\hat{\Lambda}^*)$ 进行可靠度评估或寿命预测。

4. 可靠寿命预测

设产品的常规应力水平为 T_0，利用加速模型外推出 Wiener 退化模型在 T_0 下的参数值为 $\hat{\mu}_0=\exp(\hat{\gamma}_1-\hat{\gamma}_2/T_0)$，$\hat{\sigma}_0=\exp(\hat{\gamma}_3-0.5\hat{\gamma}_2/T_0)$，结合形状参数 $\hat{\Lambda}_0=\hat{\Lambda}$ 确定产品在 T_0 下的可靠度函数为

$$R(t)=\Phi\left(\frac{D-\hat{\mu}_0 t^{\hat{\Lambda}}}{\hat{\sigma}_0 t^{0.5\hat{\Lambda}}}\right)-\exp\left(\frac{2\hat{\mu}_0 D}{\hat{\sigma}_0^2}\right)\Phi\left(-\frac{\hat{\mu}_0 t^{\hat{\Lambda}}+D}{\hat{\sigma}_0 t^{0.5\hat{\Lambda}}}\right) \tag{3-71}$$

产品在 T_0 下的平均寿命 $\overline{\xi}$ 为

$$\bar{\xi} = \left(\frac{D}{\hat{\mu}_0}\right)^{\frac{1}{\hat{A}}} \tag{3-72}$$

可靠寿命通常是实施预防性维修、延寿等措施的重要参考指标，因此工程领域非常重视产品的可靠寿命，然而对于 Wiener 退化模型则无法获取可靠寿命的数学解析式。文献[26]利用式(3-73)近似计算可靠寿命 ξ_R。

$$\xi_R = \left(\frac{\hat{\sigma}_0^2}{4\hat{\mu}_0^2}\left(z_p + \sqrt{z_p^2 + \frac{4D\hat{\mu}_0}{\hat{\sigma}_0^2}}\right)^2\right)^{1/A} \tag{3-73}$$

式中，$R = 1 - p$ 为可靠度，z_p 为标准正态分布函数的 p 分位值。如果想要获取 ξ_R 的精确解，则可利用 MATLAB 软件中的 fzero 函数求解，主要步骤如下所示。

(1) 建立一个 MATLAB 函数(如 $f = \mathrm{Rlife}(t, R)$)，f 为函数 Rlife 的输出，在函数内部令

$$f = \Phi\left(\frac{D - \hat{\mu}_0 t^{\hat{A}}}{\hat{\sigma}_0 t^{0.5\hat{A}}}\right) - \exp\left(\frac{2\hat{\mu}_0 D}{\hat{\sigma}_0^2}\right)\Phi\left(-\frac{\hat{\mu}_0 t^{\hat{A}} + D}{\hat{\sigma}_0 t^{0.5\hat{A}}}\right) - R$$

将求可靠寿命问题转化为求函数零值问题。

(2) 在求零值函数 fzero 中调用 Rlife 函数求取 ξ_R，形式如 $\xi_R = \mathrm{fzero}$ $(@(t)\,\mathrm{Rlife}(t, R), \bar{\xi})$，其中设置为在平均寿命 $\bar{\xi}$ 周围寻找最优解。

5. 仿真验证

通过加速因子不变原则推导出 Wiener 退化模型的各参数值应该满足式(3-59)，本节设计仿真试验检验式(3-59)是否正确。仿真模型为

$$\begin{aligned}
&\omega_j \sim \mathrm{Ga}(a, b), \quad \mu_j \mid \omega_j \sim N(c, d / \omega_j) \\
&\Delta y_{ij} \mid (\mu_j, \omega_j) \sim N\left(\mu_j \Delta\Lambda(t_{ij}), \Delta\Lambda(t_{ij}) / \omega_j\right)
\end{aligned} \tag{3-74}$$

式中，$\omega_j = 1 / \sigma_j^2$ 为服从 Gamma 分布的随机参数；μ_j 为服从条件正态分布的随机参数；a, b, c, d 为超参数。将仿真模型的各参数设置为 $(a, b, c, d) = (3, 2, 3, 2)$；$i = 1, 2, \cdots, 10$；$j = 1, 2, \cdots, 5$；$t_{ij} = 10, 20, \cdots, 100$；$\Lambda(t_{ij}) = t_{ij}^A$；$\Lambda \in (0.5, 1, 2)$。仿真验证步骤如下所示。

(1) 利用仿真模型生成产品在应力 S_k 下的退化增量数据 $\Delta y_{ijk}, \Delta\Lambda(t_{ijk})$。

(2) 建立类似式(3-67)的似然函数，代入 $\Delta y_{ijk}, \Delta\Lambda(t_{ijk})$ 解得 S_k 下的参数估计值 $\hat{\mu}_k, \hat{\sigma}_k, \hat{\Lambda}_k$。

(3) 设加速因子 $A_{k,h} \in [0.2, 5]$，利用 $\Delta y_{ijk}, \Delta\Lambda(t_{ijk})$ 折算出 S_h 下的退化增量数据 $\Delta y_{ijh}, \Delta\Lambda(t_{ijh})$，其中 $\Delta y_{ijh} = \Delta y_{ijk}$，$t_{ijh} = t_{ijk} \cdot A_{k,h}$。

(4) 代入 $\Delta y_{ijh}, \Delta\Lambda(t_{ijh})$ 解得 S_h 下的参数估计值 $\hat{\mu}_h, \hat{\sigma}_h, \hat{\Lambda}_h$。

(5) 计算出 $(\hat{\mu}_k / \hat{\mu}_h)^{1/\Lambda}$，$(\hat{\sigma}_k / \hat{\sigma}_h)^{2/\Lambda}$，$\hat{\Lambda}_k / \hat{\Lambda}_h$。

表 3-7 显示 $\hat{\Lambda}_k / \hat{\Lambda}_h$ 都为 1，并且 $(\hat{\mu}_k / \hat{\mu}_h)^{1/\Lambda}$，$(\hat{\sigma}_k / \hat{\sigma}_h)^{2/\Lambda}$ 几乎等于 $A_{k,h}$，考虑到数据处理过程中不可避免的数据舍入误差，仿真结果能够证明式(3-59)的正确性。

表 3-7　仿真结果

Λ	$A_{k,h}=0.2$			$A_{k,h}=5$		
	$\dfrac{\hat{\Lambda}_k}{\hat{\Lambda}_h}$	$\left(\dfrac{\hat{\mu}_k}{\hat{\mu}_h}\right)^{\frac{1}{\Lambda}}$	$\left(\dfrac{\hat{\sigma}_k}{\hat{\sigma}_h}\right)^{\frac{2}{\Lambda}}$	$\dfrac{\hat{\Lambda}_k}{\hat{\Lambda}_h}$	$\left(\dfrac{\hat{\mu}_k}{\hat{\mu}_h}\right)^{\frac{1}{\Lambda}}$	$\left(\dfrac{\hat{\sigma}_k}{\hat{\sigma}_h}\right)^{\frac{2}{\Lambda}}$
0.5	1.0000	0.2001	0.2001	1.0000	5.0000	5.0001
1	1.0000	0.2000	0.2000	1.0000	5.0000	5.0000
2	1.0000	0.2000	0.2000	1.0000	5.0000	4.9999

3.4.3　案例分析 1

Whitmore 等[18]提供了自适应加热电缆的加速退化数据，15 个产品被平均分配到 $T_1 = 200℃$，$T_2 = 240℃$ 及 $T_3 = 260℃$ 三个温度应力下进行恒定应力试验，产品的额定工作温度为 $T_0 = 175℃$，退化量为电阻百分比增量的对数值，失效阈值定为 $D = \ln 2$。

同文献[18]，采用 Wiener 过程对加速退化数据建模，并设 $\Lambda(t) = t^\Lambda$。设 x_{ijk} 表示第 k 个应力下第 j 个产品第 i 次的测量数据，t_{ijk} 为对应的测量时间，$\Delta x_{ijk} = x_{ijk} - x_{(i-1)jk}$ 为退化增量，$\Delta\Lambda_{ijk} = t_{ijk}^\Lambda - t_{(i-1)jk}^\Lambda$ 为时间增量，其中 $i = 2, \cdots, n_{jk}$，$j = 1, 2, \cdots, 5$，$k = 1, 2, 3$，n_{jk} 为每个产品的测量次数。首先对每个产品的退化过程进行建模，以验证式(3-59)的合理性。建立如下似然函数：

$$L(\mu, \sigma^2, \Lambda) = \prod_{i=2}^{n_{jk}} \frac{1}{\sqrt{2\pi\sigma^2\left(t_{ijk}^\Lambda - t_{(i-1)jk}^\Lambda\right)}} \exp\left[-\frac{\left(\Delta x_{ijk} - \mu\left(t_{ijk}^\Lambda - t_{(i-1)jk}^\Lambda\right)\right)^2}{2\sigma^2\left(t_{ijk}^\Lambda - t_{(i-1)jk}^\Lambda\right)}\right]$$

表 3-8 中给出了每个产品的极大似然估计值 $\hat{\mu}, \hat{\sigma}^2, \hat{\Lambda}$，图 3-11 展示了 $\hat{\mu}, \hat{\sigma}^2, \hat{\Lambda}$ 的分布情况。

表 3-8　参数的极大似然估计值

加速应力	参数	各应力水平下产品序号				
		1	2	3	4	5
T_1	$\hat{\mu}$	0.067029	0.070533	0.070463	0.064605	0.083435
	$\hat{\sigma}^2$	0.000026	0.000039	0.000035	0.000039	0.000120
	$\hat{\Lambda}$	0.770668	0.74692	0.754380	0.776351	0.662973
T_2	$\hat{\mu}$	0.402341	0.425767	0.367615	0.427607	0.369066
	$\hat{\sigma}^2$	0.000442	0.000523	0.000230	0.000753	0.000214
	$\hat{\Lambda}$	0.602857	0.553023	0.662489	0.552906	0.665158
T_3	$\hat{\mu}$	0.788653	0.781201	0.788428	0.791756	0.784433
	$\hat{\sigma}^2$	0.001170	0.001096	0.001283	0.001255	0.001017
	$\hat{\Lambda}$	0.661216	0.664650	0.659024	0.660437	0.666665

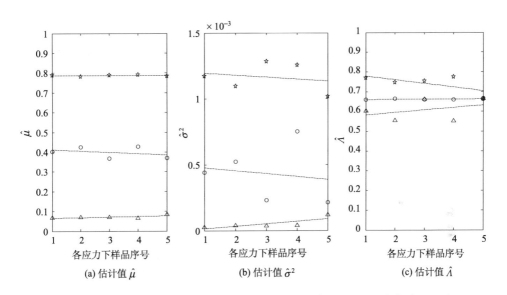

(a) 估计值 $\hat{\mu}$　　　　　(b) 估计值 $\hat{\sigma}^2$　　　　　(c) 估计值 $\hat{\Lambda}$

图 3-11　参数的极大似然估计值（△表示 200℃，○表示 240℃，☆表示 260℃）

由图 3-11(a) 和(b) 可以发现在同一温度应力下，$\hat{\mu}$ 值及 $\hat{\sigma}^2$ 值几乎在同一水平线上，但在不同温度应力之间 $\hat{\mu}$ 值及 $\hat{\sigma}^2$ 值差别明显，并且随着温度的增大 $\hat{\mu}$ 值及 $\hat{\sigma}^2$ 都有单调变大的趋势，这说明 μ 和 σ 都与加速应力有关。通过最小二乘拟合线的位置，可初步判断出 $\hat{\mu}$ 值在各应力下的比率与 $\hat{\sigma}^2$ 值在各应力下的比率较为接近。考虑到加速退化数据不可避免地存在误差，这在一定程度上支持了式(3-59)中 $\hat{\mu}$ 值比率应与 $\hat{\sigma}^2$ 值比率相等的结论。相比之下，图 3-11(c) 显示在不同温度应力下 $\hat{\Lambda}$ 值差别较小，并且随着温度的增大不是单调变化，这说明参数 Λ 与加速应力无关。根据以上分析可知由加速因子不变原则推导出的式(3-59)是合理、可信的。

为了提高未知参数的估计精度，融合所有加速退化数据 (x_{ijk}, t_{ijk}, T_k) 建立似然函数。采用 Arrhenius 方程作为参数的加速模型，将根据式(3-59)建立的模型 $\Delta x_{ijk} \sim N\left(\exp(\gamma_1 - \gamma_2 / T_k)\Delta\Lambda_{ijk}, \exp(\gamma_3 - \gamma_2 / T_k)\Delta\Lambda_{ijk}\right)$ 记为 M1，似然函数为

$$L_{\mathrm{M1}}(\gamma_1, \gamma_2, \gamma_3, \Lambda) = \prod_{i=2}^{n_{jk}}\prod_{j=1}^{5}\prod_{k=1}^{3} \frac{\exp\left[-\dfrac{\left(\Delta x_{ijk} - \exp(\gamma_1 - \gamma_2 / T_k)\left(t_{ijk}^{\Lambda} - t_{(i-1)jk}^{\Lambda}\right)\right)^2}{2\exp(\gamma_3 - \gamma_2 / T_k)\left(t_{ijk}^{\Lambda} - t_{(i-1)jk}^{\Lambda}\right)}\right]}{\sqrt{2\pi\exp(\gamma_3 - \gamma_2 / T)_k\left(t_{ijk}^{\Lambda} - t_{(i-1)jk}^{\Lambda}\right)}}$$

为了分析不合理的参数与应力关系的假定可能对寿命预测结果的影响，采用文献[14]～[17]中的假定建立模型 M2：$\Delta x_{ijk} \sim N\left(\exp(\gamma_1 - \gamma_2 / T_k)\Delta\Lambda_{ijk}, \sigma^2\Delta\Lambda_{ijk}\right)$；根据文献[18]建立模型 M3：$\Delta x_{ijk} \sim N\left(\exp(\gamma_1 - \gamma_2 / T_k)\Delta\Lambda_{ijk}, \exp(\gamma_3 - \gamma_4 / T_k)\Delta\Lambda_{ijk}\right)$，其中 M2，M3 都采用式(3-59)中参数 Λ 与应力无关的推导结论。

由模型 M2 建立似然函数：

$$L_{\mathrm{M2}}(\gamma_1, \gamma_2, \sigma^2, \Lambda) = \prod_{i=2}^{n_{jk}}\prod_{j=1}^{5}\prod_{k=1}^{3} \frac{\exp\left[-\dfrac{\left(\Delta x_{ijk} - \exp(\gamma_1 - \gamma_2 / T_k)\left(t_{ijk}^{\Lambda} - t_{(i-1)jk}^{\Lambda}\right)\right)^2}{2\sigma^2\left(t_{ijk}^{\Lambda} - t_{(i-1)jk}^{\Lambda}\right)}\right]}{\sqrt{2\pi\sigma^2\left(t_{ijk}^{\Lambda} - t_{(i-1)jk}^{\Lambda}\right)}}$$

由模型 M3 建立似然函数：

$$L_{\mathrm{M3}}(\gamma_1, \gamma_2, \gamma_3, \gamma_4, \Lambda) = \prod_{i=2}^{n_{jk}}\prod_{j=1}^{5}\prod_{k=1}^{3} \frac{\exp\left[-\dfrac{\left(\Delta x_{ijk} - \exp(\gamma_1 - \gamma_2 / T_k)\left(t_{ijk}^{\Lambda} - t_{(i-1)jk}^{\Lambda}\right)\right)^2}{2\exp(\gamma_3 - \gamma_4 / T_k)\left(t_{ijk}^{\Lambda} - t_{(i-1)jk}^{\Lambda}\right)}\right]}{\sqrt{2\pi\exp(\gamma_3 - \gamma_4 / T_k)\left(t_{ijk}^{\Lambda} - t_{(i-1)jk}^{\Lambda}\right)}}$$

解以上 3 个似然函数，得系数的极大似然估计值与 AIC 值如表 3-9 所示。求解参数极大似然估计值的关键程序可参考附录 A。

表 3-9　系数的极大似然估计值与 AIC 值

模型	MLE						AIC
	$\hat{\gamma}_1$	$\hat{\gamma}_2$	$\hat{\gamma}_3$	$\hat{\sigma}^2$	$\hat{\gamma}_4$	$\hat{\Lambda}$	
M1	16.950	9158.226	10.317	—	—	0.612	−842.104
M2	18.031	9722.684	—	0.00057	—	0.614	−786.932
M3	16.656	9010.966	16.238	—	12153.949	0.617	−840.542

　　由于 M1 的 AIC 值最小，可知 M1 与加速退化数据拟合得最好，再次验证了加速因子不变原则的推导结论。由表 3-9 中的极大似然估计值可计算出 Wiener 过程在 $T_0 = 175℃$ 下的参数值：M1 对应的参数值为[$\hat{\mu}_0 = 3.065 \times 10^{-2}$, $\hat{\sigma}_0^2 = 4.031 \times 10^{-5}$, $\hat{\Lambda}_0 = 0.612$]，M2 对应的参数值为[$\hat{\mu}_0 = 2.564 \times 10^{-2}$, $\hat{\sigma}_0^2 = 5.679 \times 10^{-4}$, $\hat{\Lambda}_0 = 0.614$]，M3 对应的参数值为[$\hat{\mu}_0 = 3.171 \times 10^{-2}$, $\hat{\sigma}_0^2 = 1.878 \times 10^{-5}$, $\hat{\Lambda}_0 = 0.617$]。将 $\hat{\mu}_0, \hat{\sigma}_0^2, \hat{\Lambda}_0$ 及失效阈值 $D = \ln 2$ 代入式(3-50)及式(3-51)，可得产品在 T_0 下的 $F_0(t)$ 及 $f_0(t)$，概率密度曲线与可靠度曲线如图 3-12 所示。

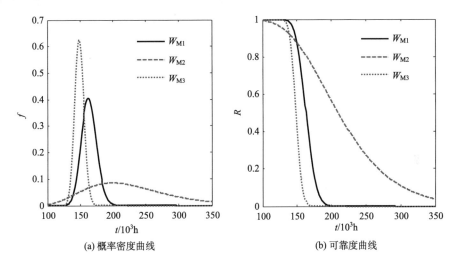

(a) 概率密度曲线　　　　　　　　　　(b) 可靠度曲线

图 3-12　产品在 T_0 下的概率密度曲线与可靠度曲线

　　由 Wiener 退化模型 W_{M2} 得到的概率密度曲线和可靠度曲线与 Wiener 退化模型 W_{M1} 和 W_{M3} 得到的曲线明显不同，可知假定 σ 与加速应力无关会导致寿命预测值存在较大误差。W_{M1} 与 W_{M3} 的概率密度曲线和可靠度曲线较为接近，它们之间的差异是因为模型 M3 没有规定 μ, σ^2 在不同应力之间具有相同的比率。可以猜想在加速退化数据不存在误差的情况下，模型 M3 中的 $\hat{\gamma}_4$ 应该等于模型 M1 中的 $\hat{\gamma}_2$，此时模型 M3 等同于模型 M1。然而由于技术手段的限制，目前所得的加速退化数据不可避免存在一定误差，模型 M3 中关于 μ, σ^2 与加速应力关系的假定并不可取。

　　由 W_{M1} 得到的概率密度函数和可靠度函数求取产品在常应力下的平均寿命和可靠寿命，得 $\bar{\xi} = 163.112 \times 10^3 h$，$\xi_{0.9} = 148.897 \times 10^3 h$，$\xi_{0.5} = 163.112 \times 10^3 h$。

3.4.4　案例分析 2

　　加速度计的功能是测量载体运动时的加速度信息，主要用于各类惯导系统，是惯导系统的关键部件及寿命薄弱环节。加速度计是高精度的机电一体化产品，一般由电路系统、机械结构、基础材料构成，在加速度计工作或长期贮存过程中，某些性能参数不可避免地发生退化，如标度因数稳定性，最终会导致产品性能参数超差。

对于如加速度计类的退化失效型产品，可对其性能退化规律建模从而预测出失效时间，Wiener 过程由于能够描述产品退化的不确定性并且具有良好的统计特性，适合用于产品的性能退化建模。为了提高预测效率，目前已经广泛利用加速退化试验技术快速获取产品的性能退化数据，例如，文献[27]开展步进温度应力加速退化试验获取产品的加速退化数据，文献[28]开展恒定温度应力加速退化试验获取加速退化数据。

利用加速退化试验技术预测产品寿命信息的关键之一是要对加速退化数据进行准确的统计分析，其中主要包括加速退化建模和参数估计两个方面。然而，目前过多依靠主观假定建立加速退化模型，并且对参数估计方法也缺少深入研究，这容易导致寿命预测结果不准确。为此，本书提出了一种较为客观、实用的加速退化数据统计分析方法，其特点是基于加速因子不变原则进行加速退化建模，结合 MATLAB 软件中的相关函数实现参数估计。

为了掌握某型宝石轴承支撑摆式加速度计的寿命信息，文献[28]对其开展了恒定应力加速退化试验。加速应力为温度 T，分别为 $T_1 = 338.16\text{K}$，$T_2 = 348.16\text{K}$，$T_3 = 358.16\text{K}$，每个加速应力水平下的加速度计样本量为 6。性能退化量 y 为一次项标度因素 x 相对于初始值 x_0 的变化，即 $y = x - x_0$，待样品冷却到室温 25℃时测量 y 值，失效阈值为 $D = 0.006$。具体的加速退化数据见文献[7]，图 3-13～图 3-15 中描绘了样品的性能退化轨迹。

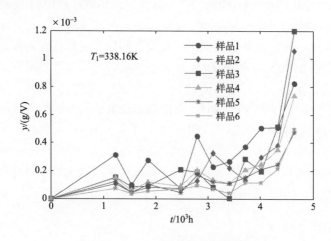

图 3-13 T_1 下样品的退化轨迹

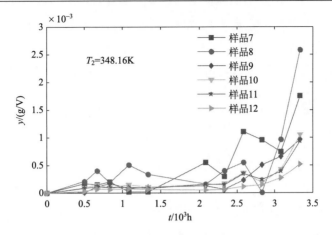

图 3-14　T_2 下样品的退化轨迹

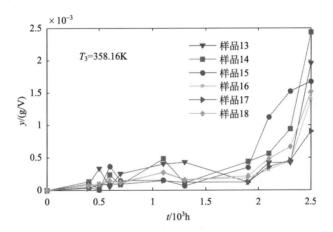

图 3-15　T_3 下样品的退化轨迹

利用加速退化数据求取 Wiener 退化模型在 T_k（$k=1,2,\cdots,M$）下的参数估计值如表 3-10 所示。

表 3-10　Wiener 退化模型在各温度下的参数估计值

温度	参数估计值		
	$\hat{\mu}$	$\hat{\sigma}$	$\hat{\Lambda}$
T_1	2.4314×10^{-5}	9.2858×10^{-5}	2.2730
T_2	5.8110×10^{-5}	2.0584×10^{-4}	2.5800
T_3	1.7281×10^{-4}	3.7117×10^{-4}	2.4614

从表 3-10 中可见，$\hat{\mu}$ 与 $\hat{\sigma}$ 都随着温度应力的提升而明显变大，$\hat{\Lambda}$ 变化范围较小并且没有明显的变化规律，说明 Wiener 退化模型的漂移参数与扩散参数都与加速应力相关，形状参数与加速应力无关，这与文献[5]的结论一致。由于测量仪器及测试技术的限制，目前的加速退化数据不可避免地存在测量误差，因此参数估计值并不严格服从 $\mu_k / \mu_h = \sigma_k^2 / \sigma_h^2$。

采用最小二乘法解得 $\left(\hat{\gamma}_1^*, \hat{\gamma}_2^*, \hat{\gamma}_3^*, \hat{\Lambda}^*\right) = (27.244, 12848.364, 9.905, 2.438)$，将其作为参数初值可得极大似然估计值 $\left(\hat{\gamma}_1, \hat{\gamma}_2, \hat{\gamma}_3, \hat{\Lambda}\right) = (39.314, 17098.802, 16.002, 2.464)$，进而外推出退化模型在常规应力 20℃（$T_0 = 293.16\text{K}$）下的参数估计值为 $\left(\hat{\mu}_0, \hat{\sigma}_0\right) = (5.534 \times 10^{-9}, 1.924 \times 10^{-6})$。图 3-16 展示了参数值的外推效果，可见 μ 及 σ 的加速模型都较好地拟合了加速应力下的参数估计值。

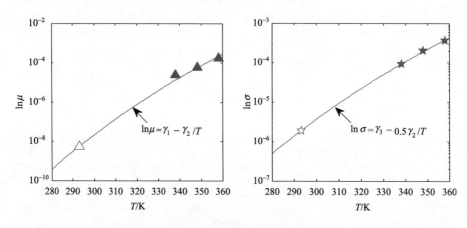

$$\ln\mu = \gamma_1 - \gamma_2 / T$$

$$\ln\sigma = \gamma_3 - 0.5\gamma_2 / T$$

图 3-16　参数值外推效果

将 $(\hat{\mu}_0, \hat{\sigma}_0, \hat{\Lambda}, D)$ 代入式 (3-71) 确定出产品在正常应力下的可靠度函数为

$$R(t) = \Phi\left(\frac{0.006 - 5.534 \times 10^{-9} \cdot t^{2.464}}{1.924 \times 10^{-6} \cdot t^{1.232}}\right) - 6.223 \times 10^7 \cdot \Phi\left(-\frac{0.006 + 5.534 \times 10^{-9} \cdot t^{2.464}}{1.924 \times 10^{-6} \cdot t^{1.232}}\right)$$

可靠度曲线 R^0 如图 3-17 所示，并且利用 Bootstrap 自助抽样法建立了可靠度评估结果的 95%置信区间。

为了展示不同加速退化模型评估出的可靠度之间的差异，另外考虑了 2 种加速退化模型。第一种加速退化模型为 $Y(t;T) \sim N\left(\exp(\delta_1 - \delta_2 / T)t^{\Lambda}, \sigma^2 t^{\Lambda}\right)$，根据漂移参数与加速应力相关而扩散参数与加速应力无关的假定所建立，解得极大似然估计值为 $\left(\hat{\delta}_1, \hat{\delta}_2, \hat{\sigma}, \hat{\Lambda}\right) = (23.607, 11425.960, 2.852 \times 10^{-4}, 2.071)$，可靠度曲线记为 R^1。第二种加速退化模型为 $Y(t;T) \sim N\left(\exp(\delta_1 - \delta_2 / T)t^{\Lambda}, \exp(2\delta_3 - 2\delta_4 / T)t^{\Lambda}\right)$，根据

漂移参数与扩散参数都与加速应力相关的假定所建立，解得极大似然估计值为
$(\hat{\delta}_1, \hat{\delta}_2, \hat{\delta}_3, \hat{\delta}_4, \hat{\Lambda}) = (29.613, 13692.849, 17.946, 9228.290, 2.469)$，可靠度曲线记为 R^2。
R^1 与 R^2 如图 3-17 所示，可见 R^0, R^1, R^2 之间具有明显差异，加速退化建模不准确将造成可靠度评估结果的较大偏差。如果加速退化数据不存在误差，那么 R^0 与 R^1 应该一致，但是受目前的加速退化试验水平限制，获取的加速退化数据不可避免存在误差，这种情况下采用本书的加速退化模型更为稳妥。

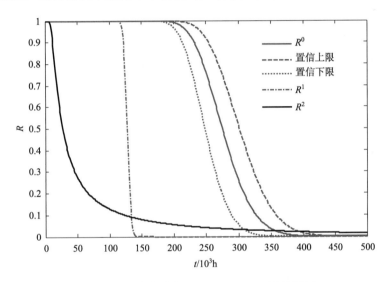

图 3-17　可靠度曲线及 95%Bootstrap 置信区间

　　求取可靠寿命的近似解和精确解，建立精确解的 95%Bootstrap 置信区间[15] 如表 3-11 所示。表中的近似解比精确解偏大约 2%，采用近似解有乐观估计产品可靠寿命的风险。

表 3-11　可靠寿命的近似解与精确解　　　　　（单位：10^3h）

可靠寿命	精确解	置信下限	置信上限	近似解
$\xi_{0.95}$	221.6610	205.3807	242.6758	225.6911
$\xi_{0.90}$	232.2973	214.0999	254.3207	236.7430
$\xi_{0.80}$	246.0673	225.2844	269.3964	251.0494

　　与传统的极大似然估计法相比，基于 fminsearch 函数的估计方法不受复杂的似然函数所局限，配合最小二乘法确定参数初值，使得此方法适用范围广，估计效果好，具备较强的工程使用价值。基于 Wiener 退化模型的可靠度函数容易由逆

高斯分布函数推导出，然而无法获取可靠寿命的解析式，本书利用 fzero 函数精确求取可靠寿命，为解决类似数学问题提供了有益参考。

3.4.5　基于 Gamma 过程模型的预测方法

1. 性能退化建模

设随机过程 $\{Y(t), t \geqslant 0\}$ 为 Gamma 过程，$\Lambda(t)$ 为时间 t 的单调函数并且满足 $\Lambda(0) = 0$，则 $\{Y(t), t \geqslant 0\}$ 有下列性质：

(1) 在任两个不相交的时间区间内具有平稳独立增量 $\Delta Y(t) = Y(t + \Delta t) - Y(t)$；

(2) $\Delta Y(t)$ 服从如下形式的 Gamma 分布

$$\Delta Y(t) \sim \mathrm{Ga}(\alpha \Delta \Lambda(t), \beta) \tag{3-75}$$

式中，α 为形状参数，β 为尺度参数。

(3) $Y(t)$ 在 $t = 0$ 处连续，且 $Y(0) = 0$。

使用 $\{Y(t), t \geqslant 0\}$ 描述产品的老化过程，设 D 为产品的失效阈值，则 $Y(t)$ 首次到达 D 的时间为产品的寿命 $\xi = \inf\{t \mid Y(t) \geqslant D\}$。根据 Gamma 分布的可加性，由式 (3-75) 得 $Y(t) \sim \mathrm{Ga}(\alpha \Lambda(t), \beta)$，$Y(t)$ 的概率密度函数为

$$f(Y) = \frac{\beta^{\alpha \Lambda(t)}}{\Gamma(\alpha \Lambda(t))} Y^{\alpha \Lambda(t)-1} \exp(-Y\beta) \tag{3-76}$$

由上式可推导出产品在时刻 t 的退化均值为 $\alpha \Lambda(t) / \beta$，方差为 $\alpha \Lambda(t) / \beta^2$。产品的可靠度函数 $R(t)$ 可根据如下公式推导得出[29]：

$$
\begin{aligned}
R(t) &= P(Y(t) < D) \\
&= \int_0^D \frac{\beta^{\alpha \Lambda(t)}}{\Gamma(\alpha \Lambda(t))} Y^{\alpha \Lambda(t)-1} \exp(-Y\beta) \mathrm{d}Y \\
&= \frac{1}{\Gamma(\alpha \Lambda(t))} \int_0^{D\beta} y^{\alpha \Lambda(t)-1} \exp(-y) \, \mathrm{d}y
\end{aligned} \tag{3-77}
$$

式中，$\Gamma(\cdot)$ 为 Gamma 函数，$y = Y\beta$。将不完全 Gamma 函数 $\Gamma(a, z) = \int_z^{\infty} y^{a-1} \exp(-y) \mathrm{d}y$ 代入式 (3-77)，则有

$$R(t) = 1 - \frac{\Gamma(\alpha \Lambda(t), D\beta)}{\Gamma(\alpha \Lambda(t))} \tag{3-78}$$

进行时间尺度变换 $\tau = \Lambda(t)$，则 ξ 的累积分布函数为

$$F(\tau) = \frac{\Gamma(\alpha \tau, D\beta)}{\Gamma(\alpha \tau)} \tag{3-79}$$

产品的平均寿命 $\overline{\xi}$ 可由式 (3-80) 计算得出。

$$\bar{\xi} = \int_0^\infty R(t)\mathrm{d}t = \int_0^\infty 1 - \frac{\Gamma(\alpha\Lambda(t), D\beta)}{\Gamma(\alpha\Lambda(t))}\mathrm{d}t \tag{3-80}$$

产品的可靠寿命表达式难以从式(3-78)中推导得出，但可利用 BS (Birnbaum-Saunders)分布拟合 $F(\tau)$，即

$$F(\tau) \approx F_{\mathrm{BS}}(\tau) = \Phi\left[\frac{1}{a}\left(\sqrt{\frac{\tau}{b}} - \sqrt{\frac{b}{\tau}}\right)\right] \tag{3-81}$$

式中，$a = 1/\sqrt{D}$，$b = D/\alpha$。对应的概率密度函数为

$$f_{\mathrm{BS}}(\tau) = \frac{1}{2\sqrt{2}ab}\left[\left(\frac{b}{\tau}\right)^{1/2} + \left(\frac{b}{\tau}\right)^{3/2}\right]\exp\left[-\frac{(b-\tau)^2}{2a^2b\tau}\right] \tag{3-82}$$

平均寿命 $\bar{\xi}_{\mathrm{BS}}$ 的表达式为

$$\bar{\xi}_{\mathrm{BS}} = \Lambda^{-1}\left(\frac{D\beta}{\alpha} + \frac{1}{2\alpha}\right) \tag{3-83}$$

此外，当 $\sqrt{\alpha} \gg 1$ 时可利用 IG 分布拟合失效时间变量 ξ，这种情况下 ξ 的概率密度函数为

$$f_{\mathrm{IG}}(\tau) = \sqrt{\frac{\lambda}{2\pi\tau^3}}\exp\left(-\frac{\lambda(\tau-\mu)}{2\mu^2\tau}\right) \tag{3-84}$$

式中，μ, λ 分别为 IG 分布的均值参数和尺度参数。

平均寿命 $\bar{\xi}_{\mathrm{IG}}$ 的表达式为

$$\bar{\xi}_{\mathrm{IG}} = \Lambda^{-1}(D\beta/\alpha) \tag{3-85}$$

2. 加速退化建模

将式(3-79)代入式(3-52)，则

$$\frac{\Gamma(\alpha_k\tau_k, D\beta_k)}{\Gamma(\alpha_k\tau_k)} = \frac{\Gamma(\alpha_h\tau_h, D\beta_h)}{\Gamma(\alpha_h\tau_h)} \tag{3-86}$$

将式(3-53)代入式(3-86)，得

$$\frac{\Gamma(\alpha_k\tau_k, D\beta_k)}{\Gamma(\alpha_k\tau_k)} = \frac{\Gamma(\alpha_h A_{k,h}\tau_k, D\beta_h)}{\Gamma(\alpha_h A_{k,h}\tau_k)} \tag{3-87}$$

为了保证对任意 τ_k 式(3-87)恒成立，需要满足

$$\begin{cases} D\beta_k = D\beta_h \\ \alpha_k\tau_k = \alpha_h A_{k,h}\tau_k \end{cases} \tag{3-88}$$

因此，可推导出

$$\beta_k = \beta_h$$
$$A_{k,h} = \alpha_k / \alpha_h \tag{3-89}$$

由此可知 Gamma 过程的形成参数 α 与加速应力有关而尺度参数 β 与加速应力无关，此结论与文献[20]和[21]中的假定相一致，也说明文献[22]和[23]中的假定不合理。如果温度 T 为加速应力并采用 Arrhenius 方程为加速模型，则根据式(3-89)可将 α 和 β 表示为

$$\alpha(T_k) = \exp(\gamma_1 - \gamma_2 / T_k)$$
$$\beta(T_k) = \gamma_3 \tag{3-90}$$

式中，$\gamma_1, \gamma_2, \gamma_3$ 为待定系数。

3. 模型参数估计

基于 Gamma 过程增量的概率密度函数，建立融合所有加速退化数据的似然方程为

$$L(\gamma_1, \gamma_2, \Lambda, \beta)$$

$$= \prod_{i=1}^{n_1} \prod_{j=1}^{n_2} \prod_{k=1}^{n_3} \frac{\beta^{\exp(\gamma_1 - \gamma_2/T_k)(t_{ijk}^\Lambda - t_{(i-1)jk}^\Lambda)}}{\Gamma(\exp(\gamma_1 - \gamma_2/T_k)(t_{ijk}^\Lambda - t_{(i-1)jk}^\Lambda))} \Delta y_{ijk}^{\exp(\gamma_1 - \gamma_2/T_k)(t_{ijk}^\Lambda - t_{(i-1)jk}^\Lambda) - 1} \exp\left(-\Delta y_{ijk}\beta\right)$$

利用 MATLAB 程序求解未知参数的极大似然估计值。

3.4.6 案例分析 3

案例采用 Meeker 和 Escobar 提供的碳膜电阻加速退化试验数据[8]（缺失第 10 号样品与第 27 号样品的性能退化数据）。3 组加速温度应力水平分别为83℃，133℃，173℃，产品的工作应力水平为 50℃。试验过程中所有产品同时测量，测量时刻为 452h, 1030h, 4341h, 8084h，退化参量为电阻值的百分比增量。产品的正常工作应力为 50℃，当电阻值的百分比增量达到 5%时产品发生退化失效。采用 Gamma 退化模型拟合每个样品的性能退化数据，分别考虑两种时间函数 $\Lambda(t) = t^\Lambda$ 和 $\Lambda(t) = t$，退化模型的参数估计值如表 3-12 所示。

表 3-12　Gamma 退化模型的参数估计值

温度	样品序号	$\Lambda(t) = t^\Lambda$					$\Lambda(t) = t$			
		α	β	Λ	AIC	BIC	α	β	AIC	BIC
	1	5.868	16.522	0.267	−2.617	−4.458	0.544	7.092	1.290	0.063
83℃	2	6.786	25.598	0.172	−6.986	−8.827	0.357	7.585	−1.733	−2.960
	3	7.923	15.815	0.230	−1.392	−3.233	0.499	4.979	3.796	2.569

续表

温度	样品序号	$\Lambda(t)=t^A$					$\Lambda(t)=t$			
		α	β	Λ	AIC	BIC	α	β	AIC	BIC
83℃	4	6.456	20.732	0.207	−4.468	−6.309	0.405	6.824	0.544	−0.683
	5	7.555	25.578	0.315	−6.394	−8.235	0.737	10.452	−2.345	−3.572
	6	26.255	70.265	0.210	−8.445	−10.29	0.509	7.095	1.513	0.286
	7	19.319	45.158	0.236	−5.818	−7.659	0.565	6.526	2.664	1.436
	8	6.413	21.006	0.282	−3.821	−5.662	0.590	8.673	0.263	−0.964
	9	3.021	6.399	0.281	2.077	0.236	0.423	4.025	4.424	3.197
133℃	11	16.996	34.296	0.359	−3.071	−4.912	0.960	7.394	3.570	2.342
	12	24.769	20.983	0.470	3.813	1.972	1.501	3.852	10.781	9.554
	13	10.005	14.839	0.413	2.002	0.161	1.130	5.709	6.112	4.885
	14	22.522	36.425	0.424	−1.336	−3.177	1.227	6.612	5.848	4.620
	15	14.200	18.808	0.473	2.360	0.519	1.476	5.876	7.145	5.918
	16	9.969	14.185	0.447	2.602	0.760	1.294	5.842	6.327	5.100
	17	14.384	14.482	0.395	3.705	1.864	1.086	3.868	9.377	8.150
	18	12.288	11.000	0.517	6.418	4.577	1.731	4.254	10.175	8.948
	19	17.886	21.869	0.388	1.339	−0.502	1.060	4.659	7.971	6.744
	20	19.338	26.244	0.485	1.097	−0.744	1.589	6.326	6.897	5.670
173℃	21	18.830	15.199	0.611	6.376	4.534	2.791	5.081	10.351	9.124
	22	68.677	38.192	0.511	3.647	1.806	1.781	2.753	14.253	13.025
	23	24.411	6.644	0.530	13.492	11.651	1.948	1.416	19.622	18.394
	24	17.516	13.053	0.570	6.869	5.028	2.312	4.229	11.131	9.904
	25	14.536	6.461	0.480	11.404	9.563	1.459	1.921	16.397	15.169
	26	4.404	1.840	0.496	16.637	14.796	1.113	1.333	17.972	16.744
	28	34.241	25.488	0.490	3.782	1.940	1.647	3.561	11.783	10.556
	29	40.511	27.539	0.497	4.061	2.220	1.668	3.241	12.744	11.516
	30	40.190	25.050	0.496	4.384	2.543	1.720	3.076	12.876	11.648

采用时间函数 $\Lambda(t)=t^A$ 获得的 AIC 值及 BIC 值普遍较采用时间函数 $\Lambda(t)=t$ 获得的 AIC 值及 BIC 值偏小，说明采用非静态 Gamma 退化模型具有更好的拟合效果。利用 Arrhenius 方程描述 Gamma 过程的形状参数随温度应力的变化规律，建立 Gamma-Arrhenius 加速退化模型，模型参数估计值如表 3-13 所示，表中同时列出了 Wiener-Arrhenius 加速退化模型的参数估计值。通过比较 AIC 或 BIC 值可知，Gamma-Arrhenius 加速退化模型对碳膜电阻加速退化数据的拟合效果更优。

表 3-13　加速退化模型的参数估计值

模型	参数					AIC	BIC
	$\hat{\gamma}_1$	$\hat{\gamma}_2$	$\hat{\gamma}_3$	$\hat{\beta}$	$\hat{\lambda}$		
Gamma	10.642	3642.020	—	6.025	0.466	9.782	20.656
Wiener	10.962	4584.951	9.375	—	0.510	45.948	56.822

外推出 Gamma 退化模型在正常温度下的形状参数估计值为 $\hat{\alpha}_0=0.534$ ，由于 $\hat{\alpha}_0<1$ ，不适合采用 $\hat{\xi}_{IG}$ 描述此型碳膜电阻的平均寿命，可采用 $\hat{\xi}_{BS}$ 描述其平均寿命， $\hat{\xi}_{BS}=5.991\times10^6$ h。产品在正常温度下的概率密度函数、可靠度曲线，以及各温度水平下的平均寿命如图 3-18 所示。

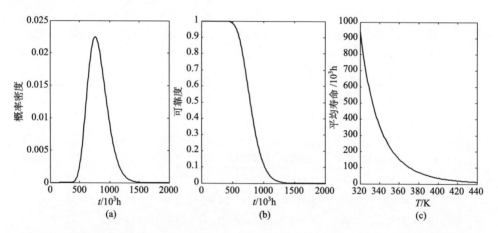

图 3-18　产品在正常温度下的概率密度函数、可靠度曲线及各温度水平下的平均寿命曲线

3.5　本 章 小 结

本章在引入加速因子不变原则推导性能退化模型与加速应力关系的基础上，分别对基于伪寿命分布、基于退化量分布和基于随机过程 3 种总体寿命指标预测方法进行了研究。主要研究结论如下。

（1）传统的基于伪寿命分布的建模方法存在因伪寿命分布误指定造成寿命预测结果不准确的不足。提出的基于性能退化模型参数折算的建模方法有效避免了伪寿命分布误指定，为基于伪寿命分布模型进行寿命预测提供了一种行之有效的方法。

（2）由于一些退化量分布模型具有时变参数，此种情况下很难根据工程经验正确的假定参数与加速应力的关系。案例应用表明当退化量服从 Normal 分布时，其均值和方差都为时变参数而且都与加速应力有关，采用之前的经验假定会造成较大的预测误差。

（3）根据加速因子不变原则的推导结论，对于 Wiener 退化模型，漂移参数 μ 与扩散参数 σ 都与加速应力有关，而且为了保证加速因子不变，应要求 $\mu_k / \mu_h = \sigma_k^2 / \sigma_h^2$；对于 Gamma 退化模型，尺度参数与加速应力无关而形状参数与加速应力有关，这与目前广泛采用的经验假定相一致。

参 考 文 献

[1] 王浩伟, 滕克难, 奚文骏. 非恒定环境下基于载荷谱的导弹部件寿命预测[J]. 兵工学报, 2016, 37(8): 1524-1529.

[2] 王浩伟, 奚文骏, 赵建印, 等. 加速应力下基于退化量分布的可靠性评估方法[J]. 系统工程与电子技术, 2016, 38(1): 239-244.

[3] 王浩伟, 滕克难, 李军亮. 随机环境应力冲击下基于多参数相关退化的导弹部件寿命预测[J]. 航空学报, 2016, 37(11): 3404-3412.

[4] 徐廷学, 王浩伟, 张磊. 恒定应力加速退化试验中避免伪寿命分布误指定的一种建模方法[J]. 兵工学报, 2014, 35(12): 2098-2103.

[5] 周源泉, 翁朝曦, 叶喜涛. 论加速系数与失效机理不变的条件（Ⅰ）——寿命型随机变量的情况[J]. 系统工程与电子技术, 1996, 18(1): 55-67.

[6] 周源泉, 翁朝曦, 叶喜涛. 论加速系数与失效机理不变的条件（Ⅱ）——失效为计数过程的情况[J]. 系统工程与电子技术, 1996, 18(3): 68-75.

[7] 冯静, 周经伦. 基于退化失效数据的环境因子问题研究[J]. 航空动力学报, 2010, 25(7): 1622-1627.

[8] Meeker W Q, Escobar A. Statistical Methods for Reliability Data [M]. New York: John Wiley & Sons, 1998.

[9] 王浩伟, 徐廷学, 张晗. 基于退化量分布的某型电连接器寿命预测方法[J]. 现代防御技术, 2014, 42(5): 134-139.

[10] 王浩伟, 滕克难. 基于加速退化数据的可靠度评估技术综述[J]. 系统工程与电子技术, 2017, 39(12): 2877-2885.

[11] 赵建印, 刘芳. 加速退化失效产品可靠性评估方法[J]. 哈尔滨工业大学学报, 2008, 40(10): 1669-1671.

[12] 张春华, 陈循, 杨拥民. 常见寿命分布下环境因子的研究[J]. 强度与环境, 2001(4): 7-12.

[13] 王浩伟, 徐廷学, 周伟. 综合退化数据与寿命数据的某型电连接器寿命预测方法[J]. 上海交通大学学报, 2014, 48(5): 702-706.

[14] Padgett W J, Tomlinson M A. Inference from accelerated degradation and failure data based on Gaussian process models[J]. Lifetime Data Analysis, 2004, 10: 191-206.

[15] Park C, Padgett W J. Stochastic degradation models with several accelerating variables[J]. IEEE Transactions on Reliability, 2006, 55(2): 379-390.

[16] Liao C M, Tseng S T. Optimal design for step-stress accelerated degradation tests[J]. IEEE Transactions on Reliability, 2006, 55(1): 59-66.

[17] Lim H, Yum B J. Optimal design of accelerated degradation tests based on Wiener process models[J]. Journal of Applied Statistics, 2011, 38(2): 309-325.

[18] Whitmore G A, Schenkelberg F. Modelling accelerated degradation data using Wiener diffusion with a time scale transformation[J]. Lifetime Data Analysis, 1997, 3(1): 27-45.

[19] Liao H T, Elsayed E A. Reliability inference for field conditions from accelerated degradation testing[J]. Naval Research Logistics, 2006, 53(6): 576-587.

[20] Park C, Padgett W J. Accelerated degradation models for failure based on geometric Brownian motion and Gamma processes[J]. Lifetime Data Analysis, 2005, 11(4): 511-527.

[21] Tseng S T, Balakrishnan N, Tsai C C. Optimal step-stress accelerated degradation test plan for Gamma degradation processes[J]. IEEE Transactions on Reliability, 2009, 58(4): 611-618.

[22] Lawless J, Crowder M. Covariates and random effects in a Gamma process model with application to degradation and failure[J]. Lifetime Data Analysis, 2004, 10(3): 213-227.

[23] Wang X. Nonparametric estimation of the shape function in a Gamma process for degradation data[J]. The Canadian Journal of Statistics, 2009, 37(1): 102-118.

[24] Wang H W, Xi W J. Acceleration factor constant principle and the application under ADT[J]. Quality and Reliability Engineering International, 2016, 32(7): 2591-2600.

[25] 滕飞, 王浩伟, 陈瑜, 等. 加速度计加速退化数据统计分析方法[J]. 中国惯性技术学报, 2017, 25(2): 275-280.

[26] Ye Z S, Chen N, Shen Y. A new class of Wiener process model for degradation analysis[J]. Reliability Engineering and System Safety, 2015, 139: 58-67.

[27] 袁宏杰, 李楼德, 段刚, 等. 加速度计贮存寿命与可靠性的步进加速退化试验评估方法[J]. 中国惯性技术学报, 2012, 20(1): 113-116.

[28] 李瑞, 汪立新, 刘刚, 等. 基于加速退化模型的加速度计非线性特征分析及贮存寿命预测[J]. 中国惯性技术学报, 2014, 22(1): 125-130.

[29] Wang H W, Xu T X, Wang W Y. Lifetime prediction based on Gamma processes from accelerated degradation data[J]. Chinese Journal of Aeronautics, 2015, 28(1): 172-179.

第4章　基于加速退化先验信息的个体寿命预测方法

加速退化试验已成为预测产品总体寿命指标的有效途径。对于正常应力下的某产品个体，如果同型号产品已开展过加速退化试验，则可利用 Bayes 方法有效融合现场退化数据和同型号产品的加速退化数据，为高可靠性产品的个体剩余寿命预测提供一种可行方法。为了将加速退化数据作为先验信息预测正常应力下的剩余寿命，本章提出了利用加速因子将加速退化数据折算到正常应力下的处理方法，分别针对采用随机参数的共轭先验分布、非共轭先验分布进行个体剩余寿命 Bayes 统计推断的方法展开了研究。

4.2 节提出了两种加速退化数据折算方法，4.3 节针对 Wiener 过程提出了基于随机参数共轭先验分布和非共轭先验分布的个体剩余寿命预测方法，4.4 节针对 Gamma 过程提出了基于随机参数两类先验分布的个体剩余寿命预测方法，4.5 节给出了本章的主要研究结论。

4.1　引　　言

随着材料科学与制造工艺的进步，航空、航天、军工等领域出现了越来越多的高可靠性产品。对这些产品的个体剩余寿命进行准确预测，是实现视情维修、精确化保障等任务的重要前提。然而，此类高可靠性产品在正常应力下的退化速率很低，短时间内很难收集到足够多有用的性能退化数据，因而准确预测其剩余寿命已成为一个难题。

为了提高可靠性评定的准确性，如何有效融合更多、更真实的可靠性数据进行统计分析成了热点研究方向。目前，Bayes 理论是进行多源信息融合的主要手段，一般步骤为：首先建立随机参数退化模型，然后结合先验信息确定随机参数的先验分布，最后根据 Bayes 公式融合现场信息与先验信息后估计出随机参数的后验分布或后验期望值，进而推断出各可靠性测度[1-4]。Gebraeel 等[5]研究了基于多源信息融合预测滚珠轴承寿命的方法，假定性能退化模型各参数服从无信息先验分布，根据 Bayes 理论融合了个体现场退化数据、总体先验退化数据以及实时负载量和转速等信息估计随机参数的后验期望值，实现了滚珠轴承在变负载条件下的寿命预测。Liao 等[6]提出了动态工作/贮存环境下的产品个体剩余寿命预测方法，假定 Wiener 过程的漂移参数与环境协变量有关，利用 Bayes 方法融合先验加速退化数据、现场性能退化数据、环境信息建立预测模型，采用 MCMC 法解析模型参数。王浩伟等[7, 8]利用随机过程对导弹部件性能退化数据建模，通过 Bayes 方法融合定期测试数据与加速退化数据进行可靠性统计分析，克服因定期测试数据较少导致的可靠性评定结果准确度与置信度不高的缺陷。

对于基于多源数据融合的可靠性评定方法，参数估计难度往往大于可靠性建模难度。当模型中的随机参数设置为共轭先验分布类型时，推导随机参数的后验期望值相对容易，而如何利用先验信息估计出先验分布的超参数值具有难度[9]。已有研究表明采用 EM 算法估计超参数值具有较好的准确性与实用性[10,11]。EM 算法是一种递归迭代的多步逼近算法，将模型中的各随机参数看作隐含参数，每一步迭代过程包含求隐含参数期望值、极大化似然方程组两个步骤，能够一体化估计出所有超参数值[12,13]。当模型中的随机参数设置为非共轭先验分布类型时，随机参数的后验分布类型是未知的，难以获取其后验期望值。随着计算机性能的提升，目前能够较为容易得利用 MCMC 方法拟合出随机参数的后验分布，主要采用的随机抽样方法为 Metropolis-Hastings 法及 Gibbs 法，WinBUGS 和 OpenBUGS 软件是实现以上算法的通用化编程平台[14,15]。

4.2　基于加速因子的先验数据折算

先验数据的主要作用是确定随机参数的先验分布，包括获取随机参数的分布模型以及估计出超参数值。由于产品的现场退化数据是在正常应力下获得的，因此进行剩余寿命预测需要确定性能退化模型随机参数在正常应力下的先验分布。为了利用加速退化数据确定出随机参数在正常应力下的先验分布，首先引入加速因子将加速应力下的先验数据折算到正常应力下，然后确定随机参数的先验分布。

4.2.1　加速因子求解

加速因子是一个具有统计意义的概念，与产品失效时间的统计模型紧密相关，如加速因子 $A_{k,h}$ 的一个表达式为

$$A_{k,h} = t_h / t_k$$
$$\text{s.t. } F_k(t_k) = F_h(t_h)$$

(4-1)

式中，$F_k(t_k)$, $F_h(t_h)$ 分别为产品在加速应力 S_k 和 S_h 下的累积分布函数，t_k, t_h 分别表示在 S_k 和 S_h 下的测量时刻。常用的统计模型还有失效率函数 $\lambda(t)$，概率密度函数 $f(t)$，平均故障前时间(MTTF)或平均故障间隔时间(MTBF)等。文献[16]证明以上统计模型在加速应力 S_k、S_h 下与加速因子 $A_{k,h}$ 有如下关系：

$$A_{k,h} = \frac{t_h}{t_k} = \frac{\lambda_k(t_k)}{\lambda_h(t_h)} = \frac{f_k(t_k)}{f_h(t_h)} = \frac{\mathrm{MTTF}_h}{\mathrm{MTTF}_k} \tag{4-2}$$

$$\mathrm{s.t.}\ F_k(t_k) = F_h(t_h)$$

各统计模型之间满足以下关系式：

$$f(t) = \frac{\mathrm{d}F(t)}{\mathrm{d}t}$$

$$\lambda(t) = \frac{f(x)}{1 - F(t)} \tag{4-3}$$

$$\mathrm{MTTF} = \int_0^{+\infty} \big(1 - F(t)\big)\mathrm{d}t$$

将式(4-3)中的各关系式代入式(4-1)可推导出式(4-2)，因此可使用 $\lambda(t)$、$f(t)$、$F(t)$、MTTF 中任一个统计模型计算 $A_{k,h}$。根据加速因子不变原则，可推导出 $A_{k,h}$ 与统计模型参数之间的关系式。如所用统计模型为 Normal 分布的概率密度函数：

$$f(t) = \frac{1}{\sqrt{2\pi}\sigma} \exp\left(-\frac{(t-\mu)^2}{2\sigma^2}\right) \tag{4-4}$$

式中，μ 为均值，σ 为标准差。将式(4-4)代入式(4-2)，可得

$$A_{k,h} = \frac{f_k(t_k)}{f_h(t_h)} = \frac{f_k(t_k)}{f_h(A_{k,h}t_k)} = \frac{\sigma_h}{\sigma_k} \exp\left[\frac{\left(A_{k,h}t_k - \mu_h\right)^2}{2\sigma_h^2} - \frac{(t_k - \mu_k)^2}{2\sigma_k^2}\right]$$

$$= \frac{\sigma_h}{\sigma_k} \exp\left[t_k^2\left(\frac{A_{k,h}^2}{2\sigma_h^2} - \frac{1}{2\sigma_k^2}\right) - t_k\left(\frac{A_{k,h}\mu_h}{\sigma_h^2} - \frac{\mu_k}{\sigma_k^2}\right) + \left(\frac{\mu_h^2}{2\sigma_h^2} - \frac{\mu_k^2}{2\sigma_k^2}\right)\right] \tag{4-5}$$

若要保证 $A_{k,h}$ 为一个不随 t_k 变化的常数，则需满足：

$$\begin{cases} \dfrac{A_{k,h}^2}{2\sigma_h^2} - \dfrac{1}{2\sigma_k^2} = 0 \\[3mm] \dfrac{A_{k,h}\mu_h}{\sigma_h^2} - \dfrac{\mu_k}{\sigma_k^2} = 0 \end{cases} \tag{4-6}$$

可推导出

$$A_{k,h} = \mu_h / \mu_k = \sigma_h / \sigma_k \tag{4-7}$$

这与文献[16]利用 $F(t)$ 的推导结论一致。当由加速退化数据估计出式(4-7)中的 $\hat{\mu}_k, \hat{\sigma}_k, \hat{\mu}_h, \hat{\sigma}_h$，$A_{k,h}$ 值随之确定。但为了实现先验数据的折算，需要计算出加速应力 S_k 相对于正常应力 S_0 的加速因子 $A_{k,0}$，因此必须获得 S_0 下的参数值 $\hat{\mu}_0, \hat{\sigma}_0$。为此引入参数的加速模型计算 $\hat{\mu}_0, \hat{\sigma}_0$，假定加速应力为温度 T，加速模型为

Arrhenius 方程，则参数 μ, σ 可表示为

$$\mu_k(T_k) = \exp(\gamma_1 + \gamma_2 / T_k)$$
$$\sigma_k(T_k) = \exp(\gamma_3 + \gamma_2 / T_k) \tag{4-8}$$

式中，$\gamma_1, \gamma_2, \gamma_3$ 为待定系数，γ_2 非负，可通过建立融合所有加速退化数据的似然函数直接估计出 $\hat{\gamma}_1, \hat{\gamma}_2, \hat{\gamma}_3$。当已获得各加速应力下的参数值 $\hat{\mu}_k, \hat{\sigma}_k$（$k = 1, 2, \cdots, m$，其中 m 为加速应力的总数）时，亦可利用最小二乘法估计出 $\hat{\gamma}_1, \hat{\gamma}_2, \hat{\gamma}_3$。对式 (4-8) 取对数，可得

$$\ln \mu_k = \gamma_1 + \gamma_2 / T_k$$
$$\ln \sigma_k = \gamma_3 + \gamma_2 / T_k \tag{4-9}$$

将 $\hat{\mu}_k, \hat{\sigma}_k, T_k$ 代入式 (4-9)，建立矩阵方程

$$\begin{bmatrix} \ln \hat{\mu}_1 \\ \vdots \\ \ln \hat{\mu}_m \\ \ln \hat{\sigma}_1 \\ \vdots \\ \ln \hat{\sigma}_m \end{bmatrix} = \begin{bmatrix} 1 & 1/T_1 & 0 \\ \vdots & & \vdots \\ 1 & 1/T_m & 0 \\ 0 & 1/T_1 & 1 \\ \vdots & & \vdots \\ 0 & 1/T_m & 1 \end{bmatrix} \begin{bmatrix} \gamma_1 \\ \gamma_2 \\ \gamma_3 \end{bmatrix} \tag{4-10}$$

由式 (4-10) 可获得最小二乘估计 $\hat{\gamma}_1, \hat{\gamma}_2, \hat{\gamma}_3$，则 $\hat{\mu}_0 = \exp(\hat{\gamma}_1 + \hat{\gamma}_2 / T_0)$，$\hat{\sigma}_0 = \exp(\hat{\gamma}_3 + \hat{\gamma}_2 / T_0)$。将 $\hat{\mu}_k, \hat{\sigma}_k, \hat{\mu}_0, \hat{\sigma}_0$ 代入式 (4-7) 可得

$$A_{k,0} = \exp\left(\hat{\gamma}_2 \left(\frac{1}{T_0} - \frac{1}{T_k} \right) \right) \tag{4-11}$$

$A_{k,0}$ 的解析式是和加速模型紧密相关的，如果加速退化试验为多应力综合试验，那么加速模型会变得复杂，确定 $A_{k,0}$ 的解析式也变得困难，主要挑战是如何正确建立参数与加速应力的关系式。假定退化试验中施加了温度 T 和相对湿度 RH 两个加速应力，并采用如下温、湿度双应力加速模型，则

$$\xi = \frac{\gamma_1}{(\mathrm{RH})^{\gamma_2}} \exp\left(\frac{E_a}{k \cdot T} \right) \tag{4-12}$$

式中，γ_1, γ_2 为待定系数，E_a 表示产品激活能，k 为玻尔兹曼常量。建立 μ, σ 与 T, RH 的关系式时需要根据式 (4-7) 设置待定系数，如

$$\mu_k(T_k, \mathrm{RH}_k) = \frac{\delta_1}{(\mathrm{RH}_k)^{\delta_3}} \exp\left(\frac{\delta_2}{T_k} \right)$$

$$\sigma_k(T_k, \mathrm{RH}_k) = \frac{\delta_4}{(\mathrm{RH}_k)^{\delta_3}} \exp\left(\frac{\delta_2}{T_k} \right) \tag{4-13}$$

以保证 μ, σ 在各加速应力下具有相同的比率。

$$\frac{\mu_0(T_0,\mathrm{RH}_0)}{\sigma_0(T_0,\mathrm{RH}_0)} = \frac{\mu_k(T_k,\mathrm{RH}_k)}{\sigma_k(T_k,\mathrm{RH}_k)} = \frac{\delta_1}{\delta_4} \tag{4-14}$$

$$A_{k,0} = \frac{\mu_0(T_0,\mathrm{RH}_0)}{\mu_k(T_k,\mathrm{RH}_k)} = \frac{\sigma_0(T_0,\mathrm{RH}_0)}{\sigma_k(T_k,\mathrm{RH}_k)} = \left(\frac{\mathrm{RH}_k}{\mathrm{RH}_0}\right)^{\delta_3} \exp\left(\delta_2\left(\frac{1}{T_0} - \frac{1}{T_k}\right)\right) \tag{4-15}$$

式中，$\delta_1,\delta_2,\delta_3,\delta_4$ 为非负系数，建立类似式(4-10)的矩阵方程，可通过最小二乘法解得 $\hat{\delta}_1,\hat{\delta}_2,\hat{\delta}_3,\hat{\delta}_4$。

4.2.2 先验数据折算

设 x_{ijk} 表示加速应力 S_k 下第 j 个产品第 i 次测量时得到的退化数据，t_{ijk} 表示对应的测量时间，μ_{jk} 和 σ_{jk} 分别为 S_k 下第 j 个产品的均值和标准差，$t_{ij(k0)}$ 为 t_{ijk} 折算到 S_0 下的测量时间，$y_{ij(k0)}$ 为 y_{ijk} 折算到 S_0 下的退化数据，$\mu_{j(k0)}$ 与 $\sigma_{j(k0)}$ 分别为 μ_{jk}、σ_{jk} 在 S_0 下的折算值，其中 $i=1,2,\cdots,n_{jk}$；$j=1,2,\cdots,q_k$；$k=1,2,\cdots,m$。n_{jk} 为每个产品的测量总数，q_k 为每个加速应力下的产品总数，m 为加速应力总数。

先验数据折算有两种方案：其一是在保持退化测量值不变的前提下，将加速应力下的测量时间折算到正常应力下；其二是将加速应力下的统计模型参数值折算到正常应力下。

(1)测量时间折算。

根据式(4-1)进行测量时间折算，折算时应满足 $F_k(t_{ijk}) = F_0(t_{ij(k0)})$，折算关系为

$$\begin{aligned} t_{ij(k0)} &= t_{ijk} \cdot A_{k,0} \\ x_{ij(k0)} &= x_{ijk} \end{aligned} \tag{4-16}$$

为了表示方便，用 t_{iz} 代替 $t_{ij(k0)}$，x_{iz} 代替 $x_{ij(k0)}$，其中 $z=1,2,\cdots,N$，N 为产品总数，$N = \sum_{k=1}^{m} q_k$。

(2)参数值折算。

根据式(4-7)进行参数值折算，折算关系如下：

$$\begin{aligned} \mu_{j(k0)} &= \mu_{jk} \cdot A_{k,0} \\ \sigma_{j(k0)} &= \sigma_{jk} \cdot A_{k,0} \end{aligned} \tag{4-17}$$

为了表示方便，用 μ_z 代替 $\mu_{j(k0)}$，σ_z 代替 $\sigma_{j(k0)}$。

4.2.3 折算方法验证

测量时间折算方法是将加速退化数据折算到正常应力下，而参数值折算方法首先由加速退化数据估计出参数值，然后将参数值折算到正常应力下。通过两种

折算方法得出的加速退化数据在正常应力下的参数值应该一致。下面通过仿真模型对两种折算方法得出的参数值是否一致进行验证。

假定产品退化服从 Wiener 过程，根据 Wiener 过程增量服从 Normal 分布的特性，建立以下仿真模型生成产品在应力 S_k 下的退化数据 (x_{ik}, t_{ik})：

$$t_{ik} - t_{(i-1)k} \,|\, (a,b) \sim \text{Ga}(a,b)$$
$$x_{ik} - x_{(i-1)k} \,|\, (\mu,\sigma) \sim N\left(\mu\left(t_{ik} - t_{(i-1)k}\right), \sigma^2\left(t_{ik} - t_{(i-1)k}\right)\right) \tag{4-18}$$

式中，$x_{0k} = 0$，$t_{0k} = 0$，$i = 1,2,\cdots,n$。仿真模型参数设置为：$n = 20$，$(a,b) = (2,2)$，$(\mu,\sigma) = (10,5)$。折算方法的验证程序设计如下：

(1) 使用仿真模型生成退化数据 (x_{ik}, t_{ik})，并解得 S_k 下的参数估计值 $(\hat{\mu}_k, \hat{\sigma}_k^2)$；

(2) 设产品在应力 S_k 下相对于 S_h 下的加速因子 $A_{k,h}$ 为一个随机常数；

(3) 利用参数值折算方法根据式 (4-17) 将 $(\hat{\mu}_k, \hat{\sigma}_k^2)$ 折算为 S_h 下的 $(\hat{\mu}_h, \hat{\sigma}_h^2)$；

(4) 利用测量时间折算方法根据式 (4-16) 将 (x_{ik}, t_{ik}) 折算为 S_h 下的 (x_{ih}, t_{ih})；

(5) 由 (x_{ih}, t_{ih}) 获得 S_h 下的参数估计值，表示为 $(\hat{\mu}_h^*, \hat{\sigma}_h^{2(*)})$；

(6) 分别比较估计值 $\hat{\mu}_h$ 与 $\hat{\mu}_h^*$，$\hat{\sigma}_h^2$ 与 $\hat{\sigma}_h^{2(*)}$ 是否一致。

执行以上验证程序 8 次，计算得 $\hat{\mu}_h / \hat{\mu}_h^*$ 及 $\hat{\sigma}_h^2 / \hat{\sigma}_h^{2(*)}$ 如表 4-1 所示。考虑到计算过程中由于数据四舍五入引入的误差，计算结果表明 $\hat{\mu}_h$ 与 $\hat{\mu}_h^*$，$\hat{\sigma}_h^2$ 与 $\hat{\sigma}_h^{2(*)}$ 是一致的，从而验证了两种折算方法的有效性，同时也表明对 Wiener 过程参数与加速应力关系的推导结论是正确的。

表 4-1　$\hat{\mu}_h / \hat{\mu}_h^*$ 及 $\hat{\sigma}_h^2 / \hat{\sigma}_h^{2(*)}$

参数	验证程序执行次数							
	1	2	3	4	5	6	7	8
$\hat{\mu}_h / \hat{\mu}_h^*$	1.0000	1.0000	1.0000	1.0000	1.0000	1.0000	1.0000	1.0000
$\hat{\sigma}_h^2 / \hat{\sigma}_h^{2(*)}$	1.0001	1.0002	0.9998	1.00001	0.9999	0.9998	1.0000	1.0001

按照以上给出的验证思路，利用任何性能退化模型不仅能验证两种折算方法的有效性，还可以检验根据加速因子不变原则推导的模型参数与加速应力之间的关系是否正确。例如，当产品退化服从 Gamma 过程时，可根据 Gamma 过程增量服从 Gamma 分布的特性，建立以下仿真模型生成产品在应力 S_k 下的退化数据 (x_{ik}, t_{ik})：

$$t_{ik} - t_{(i-1)k} \,|\, (c,d) \sim \text{Ga}(c,d)$$
$$x_{ik} - x_{(i-1)k} \,|\, (\alpha,\beta) \sim \text{Ga}\left(\alpha\left(t_{ik} - t_{(i-1)k}\right), \beta\right) \tag{4-19}$$

从而验证 Gamma 过程参数与加速应力关系的推导结论是正确的。此外，通过以上的验证思路还可以对其他折算方法是否正确进行验证。例如，另一种折算思路是在保证测量时间不变的前提下对退化测量值进行折算，折算公式如下：

$$x_{ih} = x_{ik} / A_{k,0}$$

$$t_{ih} = t_{ik}$$

(4-20)

式中，(x_{ik}, t_{ik})，(x_{ih}, t_{ih}) 分别为 S_k，S_h 下的性能退化数据。利用式(4-18)建立的仿真模型并设置相同的模型参数生成退化数据，验证程序如下：

(1) 由生成的 S_k 下的退化数据 (x_{ik}, t_{ik}) 解得参数估计值 $(\hat{\mu}_k, \hat{\sigma}_k^2)$；

(2) 分别设加速因子 $A_{k,h}$ 为一常数值；

(3) 利用测量值折算方法根据式(4-20)将 (x_{ik}, t_{ik}) 折算为 S_h 下的 (x_{ih}, t_{ih})；

(4) 由 (x_{ih}, t_{ih}) 获得 S_h 下的参数估计值，表示为 $(\hat{\mu}_h^*, \hat{\sigma}_h^{2(*)})$；

(5) 分别比较 $\hat{\mu}_k / \hat{\mu}_h^*$，$\hat{\sigma}_k^2 / \hat{\sigma}_h^{2(*)}$ 是否与 $A_{k,h}$ 相等。

表 4-2 列出了当 $A_{k,h}$ 分别设为 0.2, 0.5, 2, 5 时的 $\hat{\mu}_k / \hat{\mu}_h^*$ 与 $\hat{\sigma}_k^2 / \hat{\sigma}_h^{2(*)}$。考虑到计算过程中由于数据四舍五入引入的误差，计算结果表明 $\hat{\mu}_k / \hat{\mu}_h^*$ 与 $A_{k,h}$ 相等，而 $\hat{\sigma}_k^2 / \hat{\sigma}_h^{2(*)}$ 与 $A_{k,h}$ 不相等，这说明式(4-20)给出的折算关系并不正确。

表 4-2　$\hat{\mu}_k / \hat{\mu}_h^*$ 及 $\hat{\sigma}_k^2 / \hat{\sigma}_h^{2(*)}$

参数	$A_{k,h} = 0.2$	$A_{k,h} = 0.5$	$A_{k,h} = 2$	$A_{k,h} = 5$
$\hat{\mu}_k / \hat{\mu}_h^*$	0.2000	0.5000	2.0001	5.0002
$\hat{\sigma}_k^2 / \hat{\sigma}_h^{2(*)}$	0.0400	0.2500	4.0008	24.9986

4.3　基于 Wiener 过程的 Bayes 方法

4.3.1　个体剩余寿命预测模型

为了实现装备的故障预测及健康管理，需要对产品在正常应力下的剩余寿命做出预测。假定产品退化服从 Wiener 随机过程 $\{X(t) = \mu \cdot \Lambda(t) + \sigma \cdot B(\Lambda(t))\}$，其中 μ 为漂移参数，$\sigma(\sigma > 0)$ 为扩散参数，$\Lambda(t)$ 是单调递增的时间函数，$B(\cdot)$ 为标准布朗运动。则退化增量 $\Delta X(t)$ 服从如式(4-21)所示的 Normal 分布：

$$\Delta X(t) \sim N\left(\mu \Delta \Lambda(t), \sigma^2 \Delta \Lambda(t)\right)$$

(4-21)

式中，$\Delta X(t) = X(t + \Delta t) - X(t)$，$\Delta \Lambda(t) = \Lambda(t + \Delta t) - \Lambda(t)$。

当 $X(t)$ 首次达到失效阈值 D 时定义为产品失效，失效时间 $\xi = \inf\{t \mid X(t) \geqslant D\}$ 服从如下参数的 IG 分布 $\xi \sim \mathrm{IG}(D / \mu, D^2 / \sigma^2)$。则 ξ 的概率密度函数和累积分布函数为

$$f_\xi(t; \mu, \sigma, D) = \frac{D}{\sqrt{2\pi\sigma^2 \Lambda^3(t)}} \exp\left[-\frac{(D - \mu\Lambda(t))^2}{2\sigma^2\Lambda(t)}\right] \frac{\mathrm{d}\Lambda(t)}{\mathrm{d}t} \qquad (4\text{-}22)$$

$$F_\xi(t; \mu, \sigma, D) = \Phi\left(\frac{\mu\Lambda(t) - D}{\sigma\sqrt{\Lambda(t)}}\right) + \exp\left(\frac{2\mu D}{\sigma^2}\right)\Phi\left(-\frac{\mu\Lambda(t) + D}{\sigma\sqrt{\Lambda(t)}}\right) \qquad (4\text{-}23)$$

当产品退化量 $X(t) < D$ 时，设 $D' = D - X(t)$，则剩余寿命 RL 的概率密度函数可写为

$$f_{\mathrm{RL}}(t; \mu, \sigma, D') = \frac{D'}{\sqrt{2\pi\sigma^2\Lambda^3(t)}}\exp\left[-\frac{(D' - \mu\Lambda(t))^2}{2\sigma^2\Lambda(t)}\right] \qquad (4\text{-}24)$$

将 RL 的期望值作为预测值 $\widehat{\mathrm{RL}}$，则 $\widehat{\mathrm{RL}}$ 可由下式计算得到。

$$\widehat{\mathrm{RL}} = E(\mathrm{RL}) = \int_0^\infty t \cdot f_{\mathrm{RL}}(t; \mu, \sigma, D')\mathrm{d}t = \Lambda^{-1}(D'/\mu) \qquad (4\text{-}25)$$

4.3.2　共轭先验分布下的 Bayes 统计推断

不同产品个体的退化过程不可能完全一致，为了描述这种异质性，可将 μ 和 σ 设为服从某种分布的随机参数。参数的共轭先验分布在 Bayes 统计推断中具有优良的统计特性，对于 Wiener 过程，可假设 μ 和 $\omega(\omega = 1/\sigma^2)$ 服从如下共轭先验分布[12, 17]：

$$\begin{aligned} &\omega = \sigma^{-2} \sim \mathrm{Ga}(a, b) \\ &\mu \mid \omega \sim N(c, d/\omega) \end{aligned} \qquad (4\text{-}26)$$

式中，$\mathrm{Ga}(\cdot)$ 表示 Gamma 分布，$N(\cdot)$ 表示 Normal 分布，a, b, c, d 为超参数。

1. EM 算法估计超参数值

Bayes 统计推断的重要一步是由先验数据确定随机参数的先验分布，下面引入 EM 算法获取超参数先验估计值。设 (x_{iz}, t_{iz}) 为采用测量时间折算方法折算到正常应力下的先验数据，其中 $i = 1, \cdots, n_z$，$z = 1, 2, \cdots, N$，N 为产品总数，n_z 为第 z 个产品的测量次数。利用所有 (x_{iz}, t_{iz}) 建立一个如下包含参数 μ_z, ω_z 和超参数 a, b, c, d 的完全似然函数：

$$\begin{aligned} L(\mu_z, \omega_z, a, b, c, d) &= \prod_{i=1}^{n_z}\prod_{z=1}^{N}\frac{\omega_z^{0.5}}{\sqrt{2\pi\Delta\Lambda(t_{iz})}}\exp\left(\frac{-\omega_z(\Delta x_{iz} - \mu_z\Delta\Lambda(t_{iz}))^2}{2\Delta\Lambda(t_{iz})}\right) \\ &\cdot \prod_{z=1}^{N}\frac{\omega_z^{0.5}}{\sqrt{2\pi d}}\exp\left(\frac{-\omega_z(\mu_z - c)^2}{2d}\right)\frac{b^a}{\Gamma(a)}\omega_z^{a-1}\exp(-b\omega_z) \end{aligned} \qquad (4\text{-}27)$$

通过式 (4-27) 可获得 $\hat{a}, \hat{b}, \hat{c}, \hat{d}$ 的解析式，其中 $\hat{a}$ 可根据下式求得：

$$\psi(\hat{a}) - \ln \hat{a} = \frac{1}{N} \sum_{z=1}^{N} \ln \omega_z + \ln N - \ln \sum_{z=1}^{N} \omega_z \tag{4-28}$$

式中，$\psi(\cdot)$ 为 digamma 分布函数。$\hat{b}, \hat{c}, \hat{d}$ 的解析式分别为

$$\hat{b} = N \cdot \hat{a} \bigg/ \sum_{z=1}^{N} \omega_z \tag{4-29}$$

$$\hat{c} = \sum_{z=1}^{N} \omega_z \mu_z \bigg/ \sum_{z=1}^{N} \omega_z \tag{4-30}$$

$$\hat{d} = \frac{1}{N} \sum_{z=1}^{N} \left(\omega_z \mu_z^2 - 2\hat{c}\omega_z \mu_z + \hat{c}^2 \omega_z \right) \tag{4-31}$$

因为参数 μ_z, ω_z 为隐含数据，$\hat{a}, \hat{b}, \hat{c}, \hat{d}$ 没办法直接解出，故利用 EM 算法迭代求解。EM 算法的每一轮递归迭代过程由 E 步和 M 步组成，在 E 步中需要求出包含隐含数据项 $\omega_z, \ln \omega_z, \omega_z \mu_z, \omega_z \mu_z^2$ 的期望值。根据 ω_z 服从 Gamma 分布而 $\mu_z | \omega_z$ 服从 Normal 分布，可推出 μ_z 服从非中心 t 分布[17]，各项的期望值可根据以上分布函数的统计特性推导得出。假设 $\hat{a}_k, \hat{b}_k, \hat{c}_k, \hat{d}_k$ 为经过 k 次迭代得到的估计值，那么在第 $k+1$ 次迭代过程中，隐含数据项的期望值为

$$E(\omega_z) = \left(\hat{a}_k + \frac{n_z}{2} \right) \bigg/ \left(\hat{b}_k + \frac{\hat{c}_k^2}{2\hat{d}_k} - \frac{(\hat{d}_k \sum_{i=1}^{n_z-1} \Delta y_{iz} + \hat{c}_k)^2}{2(\hat{d}_k^2 \sum_{i=1}^{n_z-1} \Delta \Lambda(t_{iz}) + \hat{d}_k)} + \sum_{i=1}^{n_z-1} \frac{\Delta y_{iz}^2}{2\Delta \Lambda(t_{iz})} \right) \tag{4-32}$$

$$E(\ln \omega_z) = \psi \left(\hat{a}_k + \frac{n_z}{2} \right) - \ln \left(\hat{b}_k + \frac{\hat{c}_k^2}{2\hat{d}_k} - \frac{(\hat{d}_k \sum_{i=1}^{n_z-1} \Delta y_{iz} + \hat{c}_k)^2}{2(\hat{d}_k^2 \sum_{i=1}^{n_z-1} \Delta \Lambda(t_{iz}) + \hat{d}_k)} + \sum_{i=1}^{n_z} \frac{\Delta y_{iz}^2}{2\Delta \Lambda(t_{iz})} \right) \tag{4-33}$$

$$E(\omega_z \mu_z) = E(\omega_z E(\mu_z | \omega_z)) = E(\omega_z) \frac{\hat{d}_k \sum_{i=1}^{n_z-1} \Delta y_{iz} + \hat{c}_k}{\hat{d}_k \sum_{i=1}^{n_z-1} \Delta \Lambda(t_{iz}) + 1} \tag{4-34}$$

$$E(\omega_z \mu_z^2) = E(\omega_z E(\mu_z^2 | \omega_z)) = E(\omega_z) \left(\frac{\hat{d}_k \sum_{i=1}^{n_z-1} \Delta y_{iz} + \hat{c}_k}{\hat{d}_k \sum_{i=1}^{n_z-1} \Delta \Lambda(t_{iz}) + 1} \right)^2 + \frac{\hat{d}_k}{\hat{d}_k \sum_{i=1}^{n_z-1} \Delta \Lambda(t_{iz}) + 1} \tag{4-35}$$

M 步中将 E 步中求得的期望值作为隐藏数据项的估计值，代入式(4-28)～式(4-31)中，即可得到经过 $k+1$ 步迭代的超参数估计值 $\hat{a}_{k+1}, \hat{b}_{k+1}, \hat{c}_{k+1}, \hat{d}_{k+1}$，其解析式分别为

$$\psi(\hat{a}_{k+1}) - \ln \hat{a}_{k+1} = \frac{1}{N} \sum_{z=1}^{N} E(\ln \omega_z) + \ln N - \ln \sum_{z=1}^{N} E(\omega_z) \tag{4-36}$$

$$\hat{b}_{k+1} = \frac{N \cdot \hat{a}_{k+1}}{\sum_{z=1}^{N} E(\omega_z)} \tag{4-37}$$

$$\hat{c}_{k+1} = \frac{\sum_{z=1}^{N} E(\omega_z \mu_z)}{\sum_{z=1}^{N} E(\omega_z)} \tag{4-38}$$

$$\hat{d}_{k+1} = \frac{1}{N} \sum_{z=1}^{N} \left(E(\omega_z \mu_z^2) - 2\hat{c}_{k+1} E(\omega_z \mu_z) + \hat{c}_{k+1}^2 E(\omega_z) \right) \tag{4-39}$$

经过若干次递归迭代，直到 4 个超参数值都收敛到给定的精度，所得的超参数值即为最终估计值。求解 Wiener 过程超参数的 EM 算法的 MATLAB 程序参考附录 B。

2. 算法的收敛性检验

EM 算法用于估计超参数值必须保证具有良好的收敛性，首先，采用不同的超参数初值都会得到相同的估计结果；其次，应具有较短的收敛时间。采用 10 台 GaAs 激光器在 80℃的退化试验数据[18](经检验，其他几台产品的性能退化不符合 Wiener 过程)对 EM 算法的收敛性进行检验。退化数据为激光器工作电流相对于初始值增量的百分比，测量间隔为 250h，详细数据如表 4-3 所示。

表 4-3　10 台 GaAs 激光器在 80℃下的退化数据

t /h	产品序号									
	1	2	3	4	5	6	7	8	9	10
250	0.47	0.71	0.71	0.27	0.36	0.46	0.51	0.41	0.44	0.51
500	0.93	1.22	1.17	0.61	1.39	1.07	0.93	1.49	1.00	0.83
750	2.11	1.90	1.73	1.11	1.95	1.42	1.57	2.38	1.57	1.29
1000	2.72	2.30	1.99	1.77	2.86	1.77	1.96	3.00	1.96	1.52
1250	3.51	2.87	2.53	2.06	3.46	2.11	2.59	3.84	2.51	1.91
1500	4.34	3.75	2.97	2.58	3.81	2.40	3.29	4.50	2.84	2.27
1750	4.91	4.42	3.30	2.99	4.53	2.78	3.61	5.25	3.47	2.78
2000	5.48	4.99	3.94	3.38	5.35	3.02	4.11	6.26	4.01	3.42
2250	5.99	5.51	4.16	4.05	5.92	3.29	4.60	7.05	4.51	3.78
2500	6.72	6.07	4.45	4.63	6.71	3.75	4.91	7.80	4.80	4.11
2750	7.13	6.64	4.89	5.24	7.70	4.16	5.34	8.32	5.20	4.38

续表

t /h	产品序号									
	1	2	3	4	5	6	7	8	9	10
3000	8.00	7.16	5.27	5.62	8.61	4.76	5.84	8.93	5.66	4.63
3250	8.92	7.78	5.69	6.04	9.15	5.16	6.40	9.55	6.20	5.38
3500	9.49	8.42	6.02	6.32	9.95	5.46	6.84	10.45	6.54	5.84
3750	9.87	8.91	6.45	7.10	10.49	5.81	7.20	11.28	6.96	6.16
4000	10.94	9.28	6.88	7.59	11.01	6.24	7.88	12.21	7.42	6.62

通过 MATLAB 编程实现所提 EM 算法，精度阈值设置为两次相邻迭代超参数估计值的相对误差，其值都不大于 10^{-6}，表示为

$$\text{Max}\left(\frac{|\hat{a}_{k+1} - \hat{a}_k|}{\hat{a}_k}, \frac{|\hat{b}_{k+1} - \hat{b}_k|}{\hat{b}_k}, \frac{|\hat{c}_{k+1} - \hat{c}_k|}{\hat{c}_k}, \frac{|\hat{d}_{k+1} - \hat{d}_k|}{\hat{d}_k} \right) \leqslant 1 \times 10^{-6} \tag{4-40}$$

首先设超参数的初值为 $(1,1,1,1)$，经 84 次迭代求得超参数估计值为 $\hat{a} = 5.121$，$\hat{b} = 4.144 \times 10^{-4}$，$\hat{c} = 2.025 \times 10^{-3}$，$\hat{d} = 2.127 \times 10^{-3}$，迭代过程如图 4-1 所示。

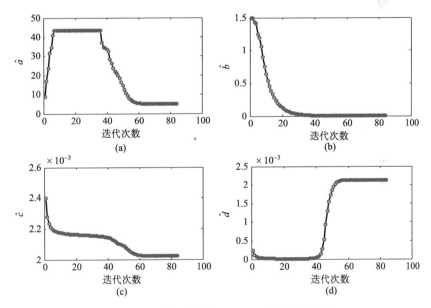

图 4-1　超参数初值为 $(1,1,1,1)$ 时的迭代过程

然后设超参数的初值为 $(0.001, 0.001, 0.001, 0.001)$，经过 35 步迭代求得超参数估计值亦为 $\hat{a} = 5.121$，$\hat{b} = 4.144 \times 10^{-4}$，$\hat{c} = 2.025 \times 10^{-3}$，$\hat{d} = 2.127 \times 10^{-3}$，迭代过程如图 4-2 所示。

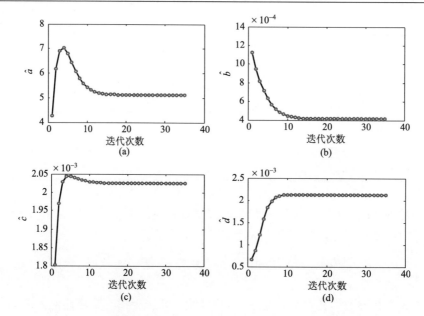

图 4-2 超参数初值为 $(0.001, 0.001, 0.001, 0.001)$ 时的迭代过程

超参数初值设为其他值也可得到相同的估计结果，并且收敛时间为秒级，证明了此 EM 算法具有很好的收敛性。

3. 算法的精度检验

文献[19]曾用二步法估计超参数值 $\hat{a}, \hat{b}, \hat{c}, \hat{d}$，二步法的优点是算法相对简单，容易编程实现，然而通过若干个实例求解发现二步法与 EM 算法估计出的超参数值并不一致。为了比较两种算法的精度，设计了仿真试验对两种算法进行估计精度检验。仿真数据 $\Delta x, \Delta t$ 由如下模型生成

$$\omega_z \sim \mathrm{Ga}(a, b) \tag{4-41}$$

$$\mu_z \mid \omega_z \sim N(c, d / \omega_z) \tag{4-42}$$

$$\Delta x_{iz} \mid (\mu_z, \omega_z) \sim N\left(\mu_z \Delta t_{iz}, \omega_z^{-1} \Delta t_{iz}\right) \tag{4-43}$$

首先设置超参数 a, b, c, d 一组真值，生成 N 个服从 Gamma 分布的随机参数 ω_z 和服从 Normal 分布的随机参数 μ_z，然后设置 Δt_{iz} 并结合 μ_z, ω_z 生成服从 Normal 分布的随机数 Δx_{iz}，其中 $i = 1, 2, \cdots, n$，$z = 1, 2, \cdots, N$，n 代表每个产品的测量次数，N 代表产品总数。生成的仿真数据 $\Delta x, \Delta t$ 具有如下形式：

$$\Delta x = \begin{bmatrix} \Delta x_{11}, \Delta x_{21}, \cdots, \Delta x_{n1} \\ \Delta x_{12}, \Delta x_{22}, \cdots, \Delta x_{n2} \\ \vdots \quad \vdots \quad \quad \vdots \\ \Delta x_{1N}, \Delta x_{2N}, \cdots, \Delta x_{nN} \end{bmatrix}, \quad \Delta t = \begin{bmatrix} \Delta t_{11}, \Delta t_{21}, \cdots, \Delta t_{n1} \\ \Delta t_{12}, \Delta t_{22}, \cdots, \Delta t_{n2} \\ \vdots \quad \vdots \quad \quad \vdots \\ \Delta t_{1N}, \Delta t_{2N}, \cdots, \Delta t_{nN} \end{bmatrix} \qquad (4\text{-}44)$$

设超参数值 (a,b,c,d) 为 $(4,2,3,1)$，为了便于数据处理设 $\Delta t_{iz}=1$。另外为了检验 n, N 的取值对算法精度的影响，设 N 分别为 100、500、1000，n 分别为 10、50、100。使用 EM 算法时，将超参数初值全设为 1，设精度阈值为两次相邻迭代得到的超参数估计值之间的相对误差，且都不大于 10^{-6}。

顾名思义，二步法通过两个步骤估计出超参数值。第一步估计出 $\hat{\mu}_z, \hat{\omega}_z$，第二步根据式(4-41)建立如下似然函数估计出超参数值。

$$L(\hat{\omega}_z; a,b) = \prod_{z=1}^{N} \frac{b^a}{\Gamma(a)} \hat{\omega}_z^{a-1} \exp(-b\hat{\omega}_z) \qquad (4\text{-}45)$$

$$L(\hat{\mu}_z \mid \hat{\omega}_z; c,d) = \prod_{z=1}^{N} \frac{\hat{\omega}_z^{0.5}}{\sqrt{2\pi d}} \exp\left(-\frac{\hat{\omega}_z(\hat{\mu}_z - c)^2}{2d}\right) \qquad (4\text{-}46)$$

使用 4 个超参数估计值的相对误差之和描述估计结果的优劣：

$$\mathrm{Err} = \frac{|\hat{a} - a|}{a} + \frac{|\hat{b} - b|}{b} + \frac{|\hat{c} - c|}{c} + \frac{|\hat{d} - d|}{d} \qquad (4\text{-}47)$$

各仿真条件下的 Err 值如表 4-4 所示。

表 4-4　各仿真条件下的 Err 值

N	n（EM 算法）			n（二步法）		
	10	50	100	10	50	100
100	0.1401	0.0949	0.0406	0.3124	0.1322	0.0729
500	0.0492	0.0278	0.0207	0.2699	0.1080	0.0451
1000	0.0202	0.0152	0.0139	0.2083	0.0799	0.0253

通过分析 Err 值可知，EM 算法与二步法的估计精度都随着 n, N 的增大而提高，所以取 n, N 为某一较大值时，两种算法都会达到可接受的估计精度。对同一组仿真数据，EM 算法的估计精度高于二步法，尤其在 n, N 较小时(工程应用中通常 n, N 值较小)，EM 算法显示了比二步法明显的精度优势，例如，当 $N=100$，$n=10$ 时，EM 算法的 Err 值为二步法的 44.8%。

4. 个体剩余寿命的后验预测值

获得超参数的先验估计值 $\hat{a}, \hat{b}, \hat{c}, \hat{d}$ 并得到同型号某个体的现场退化数据

$X = [X_1(t_1), X_2(t_2), \cdots, X_{m+1}(t_{m+1})]$ 后，超参数的后验估计可由 Bayes 公式推导出

$$f(\mu, \omega \,|\, \Delta X) = \frac{L(\Delta X \,|\, \mu, \omega) \cdot f(\mu, \omega)}{\int_0^{+\infty} \int_{-\infty}^{+\infty} L(\Delta X \,|\, \mu, \omega) \cdot f(\mu, \omega) \mathrm{d}\mu \mathrm{d}\omega} \tag{4-48}$$

式中，$L(\Delta X \,|\, \mu, \omega)$ 为似然函数，$f(\mu, \omega)$ 为 μ, ω 的联合先验密度函数，可表示为 $f(\mu, \omega) = f(\mu \,|\, \omega) \cdot f(\omega)$，$f(\mu, \omega \,|\, \Delta X)$ 为联合后验密度函数。将

$$f(\mu, \omega) = \frac{\omega^{1/2}}{\sqrt{2\pi\hat{d}}} \exp\left(\frac{-\omega(\mu - \hat{c})^2}{2\hat{d}}\right) \cdot \frac{\hat{b}^{\hat{a}}}{\Gamma(\hat{a})} \omega^{\hat{a}-1} \exp\left(-\hat{b}\omega\right) \tag{4-49}$$

与

$$L(\Delta X \,|\, \mu, \omega) = \prod_{j=1}^m \frac{\omega^{1/2}}{\sqrt{2\pi\Delta\Lambda(t_j)}} \exp\left(\frac{-\omega(\Delta X_j - \mu \cdot \Delta\Lambda(t_j))^2}{2\Delta\Lambda(t_j)}\right) \tag{4-50}$$

代入式(4-48)，则

$f(\mu, \omega \,|\, \Delta X)$

$\propto L(\Delta X \,|\, \mu, \omega) \cdot f(\mu, \omega)$

$\propto \omega^{(m+1)/2+\hat{a}-1} \exp\left[-\frac{\omega}{2}\left(\mu^2 \sum_{j=1}^m \Delta\Lambda(t_j) - 2\mu \sum_{j=1}^m \Delta X_j + \sum_{j=1}^m \frac{\Delta X_j^2}{\Delta\Lambda(t_j)}\right) - \frac{\omega}{2}\left(\frac{(\mu - \hat{c})^2}{\hat{d}}\right) - \hat{b}\omega\right]$

$\propto \omega^{m/2+\hat{a}-1} \exp\left[-\omega\left(\hat{b} + \frac{\hat{c}^2}{2\hat{d}} - \frac{\left(\hat{d}\sum_{j=1}^m \Delta X_j + \hat{c}\right)^2}{2\left(\hat{d}^2 \sum_{j=1}^m \Delta\Lambda(t_j) + \hat{d}\right)} + \sum_{j=1}^m \frac{\Delta X_j^2}{2\Delta\Lambda(t_j)}\right)\right] \omega^{1/2}$

$\cdot \exp\left[-\frac{\omega}{2} \frac{\left(\mu - \dfrac{\hat{d}\sum_{j=1}^m \Delta X_j + \hat{c}}{\hat{d}\sum_{j=1}^m \Delta\Lambda(t_j) + 1}\right)^2}{\dfrac{\hat{d}}{\hat{d}\sum_{j=1}^m \Delta\Lambda(t_j) + 1}}\right]$

$$\tag{4-51}$$

因为随机参数的共轭先验分布与其后验分布具有相同的形式，所以，可从式(4-51)推导出超参数的后验估计值为

$$\hat{a} \,|\, \Delta X = \frac{m}{2} + \hat{a}$$

$$\hat{b} \,|\, \Delta X = \hat{b} + \frac{\hat{c}^2}{2\hat{d}} - \frac{\left(\hat{d}\sum_{j=1}^m \Delta X_j + \hat{c}\right)^2}{2\left(\hat{d}^2 \sum_{j=1}^m \Delta\Lambda(t_j) + \hat{d}\right)} + \sum_{j=1}^m \frac{\Delta X_j^2}{2\Delta\Lambda(t_j)}$$

$$\hat{c} \mid \Delta \boldsymbol{X} = \frac{\hat{d} \sum_{j=1}^{m} \Delta X_j + \hat{c}}{\hat{d} \sum_{j=1}^{m} \Delta \Lambda(t_j) + 1}$$

$$\hat{d} \mid \Delta \boldsymbol{X} = \frac{\hat{d}}{\hat{d} \sum_{j=1}^{m} \Delta \Lambda(t_j) + 1}$$

$$(4\text{-}52)$$

进一步可推导出随机参数 μ, ω 的后验期望值 $E(\mu \mid \Delta \boldsymbol{X})$，$E(\omega \mid \Delta \boldsymbol{X})$，代入式 (4-24) 及式 (4-25) 可得个体剩余寿命的后验概率密度函数和后验预测值 $\widehat{\mathrm{RL}} \mid \Delta \boldsymbol{X}$。

5. 后验预测值的置信区间

使用 Bootstrap 方法计算 $\widehat{\mathrm{RL}} \mid \Delta \boldsymbol{X}$ 的 $100(1-\alpha)\%$ 置信区间，具体步骤如下所示。

(1) 由超参数后验估计值 $\hat{a} \mid \Delta \boldsymbol{X}$，$\hat{b} \mid \Delta \boldsymbol{X}$，$\hat{c} \mid \Delta \boldsymbol{X}$，$\hat{d} \mid \Delta \boldsymbol{X}$，利用参数分布模型 $\omega_j^* \sim \mathrm{Ga}\left(\hat{a} \mid \Delta \boldsymbol{X}, \hat{b} \mid \Delta \boldsymbol{X}\right)$，$\mu_j^* \mid \omega_j^* \sim N\left(\hat{c} \mid \Delta \boldsymbol{X}, (\hat{d} \mid \Delta \boldsymbol{X}) / \omega_j^*\right)$ 生成 m 个 ω_j^*, μ_j^*，其中 $j = 1, 2, \cdots, m$。

(2) 由 m 个 ω_i^*, μ_i^*，利用 $\Delta Y_j^*(t_{ij}) \mid \mu_j^*, \omega_j^* \sim N\left(\mu_j^* \Delta \Lambda^*(t_{ij}), \Delta \Lambda^*(t_{ij}) / \omega_j^*\right)$ 生成 m 组 $\left(\Delta Y_j^*(t_{ij}), \Delta \Lambda^*(t_{ij})\right)$，其中 $\Lambda^*(\cdot)$ 由先验信息的估计得到，$t_{ij} = 1, 2, \cdots, 10$。

(3) 由 $\Delta Y_j^*(t_{ij}) \sim N\left(\mu^* \Delta \Lambda^*(t_{ij}), \Delta \Lambda^*(t_{ij}) / \omega^*\right)$ 建立似然函数，代入 $\left(\Delta Y_j^*(t_{ij}), \Delta \Lambda^*(t_{ij})\right)$ 求得极大似然估计值 $\hat{\mu}^*, \omega^*, \hat{\Lambda}^*$。

(4) 将 $\hat{\mu}^*, \hat{\Lambda}^*$ 代入式 (4-25) 求得 $\widehat{\mathrm{RL}}^*$。

(5) 执行步骤 (1) ~ (4) $B(B \geqslant 2000)$ 次，获取 B 个 Bootstrap 样本 $\widehat{\mathrm{RL}}_1^*, \widehat{\mathrm{RL}}_2^*, \cdots, \widehat{\mathrm{RL}}_B^*$。

(6) 按照升序排列 $\widehat{\mathrm{RL}}_1^*, \widehat{\mathrm{RL}}_2^*, \cdots, \widehat{\mathrm{RL}}_B^*$，表示为 $\widehat{\mathrm{RL}}_{(1)}^*, \widehat{\mathrm{RL}}_{(2)}^*, \cdots, \widehat{\mathrm{RL}}_{(B)}^*$。

(7) 计算 $\widehat{\mathrm{RL}} \mid \Delta \boldsymbol{X}$ 的 $100(1-\alpha)\%$ 置信区间。置信区间下边界 $\hat{\xi}_{(l)}^*$ 由 $l = B \cdot \Phi\left(2\Phi^{-1}(p) + \Phi^{-1}(\alpha / 2)\right)$ 确定，上边界 $\hat{\xi}_{(u)}^*$ 由 $u = B \cdot \Phi\left(2\Phi^{-1}(p) + \Phi^{-1}(1 - \alpha / 2)\right)$ 确定，其中 p 为 $\widehat{\mathrm{RL}}_{(1)}^*, \widehat{\mathrm{RL}}_{(2)}^*, \cdots, \widehat{\mathrm{RL}}_{(B)}^*$ 中小于 $\widehat{\mathrm{RL}} \mid \Delta \boldsymbol{X}$ 的比例。

4.3.3　非共轭先验分布下的 Bayes 统计推断

随机参数 μ, σ 的共轭先验分布需要假定其分布函数 (式 (4-26))，不可避免会出现 μ, σ 与其共轭先验分布拟合不理想的情况，此时应采用随机参数的非共轭先验分布。此外，当考虑其他参数的随机效果时，如时间函数 $\Lambda(t) = t^{\Lambda}$ 的参数 Λ，使用参数的非共轭先验分布也是恰当的选择。

制约非共轭先验分布应用的一个主要问题是由于随机参数的后验分布模型

不确定导致参数的后验期望难以获取。由于近些年计算机性能的提高，可通过基于 Gibbs 抽样或 Metropolis 抽样的 MCMC 方法有效拟合参数的后验分布，解决后验期望值不容易获取的难题。

1. 随机参数先验分布的确定

具有时间函数 $\Lambda(t) = t^\Lambda$ 的 Wiener 过程包含 3 个参数 μ, σ, Λ，将这 3 个参数都作为随机参数，并假定它们之间互不相关。设 $\hat{\mu}_{jk}, \hat{\sigma}^2_{jk}, \hat{\Lambda}_{jk}$ 为第 k 个加速应力下第 j 个产品的参数估计值，$\hat{\mu}_{j(k0)}, \hat{\sigma}^2_{j(k0)}, \hat{\Lambda}_{j(k0)}$ 分别为 $\hat{\mu}_{jk}, \hat{\sigma}^2_{jk}, \hat{\Lambda}_{jk}$ 在正常应力下的折算值。根据加速因子不变原则，可得如下折算公式：

$$\hat{\mu}_{j(k0)} = \hat{\mu}_{jk} / A_{k,0}$$
$$\hat{\sigma}^2_{j(k0)} = \hat{\sigma}^2_{jk} / A_{k,0} \tag{4-53}$$
$$\hat{\Lambda}_{j(k0)} = \hat{\Lambda}_{jk}$$

为了表示方便，使用 $\hat{\mu}_z, \hat{\sigma}^2_z, \hat{\Lambda}_z$ 分别代表 $\hat{\mu}_{j(k0)}, \hat{\sigma}^2_{j(k0)}, \hat{\Lambda}_{j(k0)}$，其中 $z = 1, 2, \cdots, N$，N 为产品总数。

利用 Anderson-Darling 统计量分别确定 $\hat{\mu}_z, \hat{\sigma}^2_z, \hat{\Lambda}_z$ 的分布模型，Anderson-Darling 统计量的 AD 值越小说明测试数据与备选分布拟合得越好。因为 Exponential 分布、Normal 分布、Lognormal 分布、Weibull 分布和 Gamma 分布涵盖了绝大多数参数分布情况，故将这 5 种分布作为 $\hat{\mu}_z, \hat{\sigma}^2_z$ 和 $\hat{\Lambda}_z$ 的备选分布模型。

假定 $\hat{\mu}_z$ 最优服从 Weibull 分布 $\hat{\mu}_z \sim \text{Weibull}(\eta, \delta)$，$\hat{\sigma}^2_z$ 最优服从 Gamma 分布 $\hat{\sigma}^2_z \sim \text{Ga}(\alpha, \beta)$，$\hat{\Lambda}_z$ 最优服从 Normal 分布 $\hat{\Lambda}_z \sim N(mu, va)$，其中 η, δ 为 Weibull 分布的尺度参数和形状参数，α, β 为 Gamma 分布的形状参数和尺度参数，mu, va 为 Normal 分布的均值和方差。建立似然方程估计以上超参数值，基于 Weibull 分布的似然方程为

$$L(\hat{\mu}_z; \eta, \delta) = \prod_{z=1}^{N} \delta \cdot \eta^{-\delta} \left(\hat{\mu}_z\right)^{\delta-1} \exp\left[-\left(\frac{\hat{\mu}_z}{\eta}\right)^\delta\right] \tag{4-54}$$

基于 Gamma 分布的似然方程为

$$L(\hat{\sigma}^2_z; \alpha, \beta) = \prod_{z=1}^{N} \frac{\beta^\alpha}{\Gamma(\alpha)} \left(\hat{\sigma}^2_z\right)^{\alpha-1} \exp\left(-\beta\hat{\sigma}^2_z\right) \tag{4-55}$$

基于 Normal 分布的似然方程为

$$L(\hat{\Lambda}_z; mu, va) = \prod_{z=1}^{N} \frac{1}{\sqrt{2\pi va}} \exp\left(-\frac{\left(\hat{\Lambda}_z - mu\right)^2}{2va}\right) \tag{4-56}$$

获得超参数估计值 $\hat{\eta}, \hat{\delta}, \hat{\alpha}, \hat{\beta}, \widehat{mu}, \widehat{va}$ 后，即可确定随机参数 μ, σ^2, Λ 的先验分布为 $\mu \sim \text{Weibull}(\hat{\eta}, \hat{\delta})$，$\sigma^2 \sim \text{Ga}(\hat{\alpha}, \hat{\beta})$，$\Lambda \sim N(\widehat{mu}, \widehat{va})$。

2. 个体剩余寿命后验预测值

设 $X = [X_1(t_1), X_2(t_2), \cdots, X_{m+1}(t_{m+1})]$ 为同型号某个体在正常应力下 $m+1$ 个现场退化数据，$L(\Delta X | \mu, \sigma^2, \Lambda)$ 为似然函数，$f(\mu, \sigma^2, \Lambda)$ 为联合先验概率密度函数，可表示为 $f(\mu, \sigma^2, \Lambda) = f(\mu) \cdot f(\sigma^2) \cdot f(\Lambda)$，$f(\mu, \sigma^2, \Lambda | \Delta X)$ 为联合后验概率密度函数，建立如下 Bayes 公式：

$$f(\mu, \sigma^2, \Lambda | \Delta X) = \frac{L(\Delta X | \mu, \sigma^2, \Lambda) \cdot f(\mu, \sigma^2, \Lambda)}{\int_{-\infty}^{+\infty} \int_0^{+\infty} \int_{-\infty}^{+\infty} L(\Delta X | \mu, \sigma^2, \Lambda) \cdot f(\mu, \sigma^2, \Lambda) \mathrm{d}\mu \mathrm{d}\sigma^2 \mathrm{d}\Lambda} \tag{4-57}$$

可得 $\mu | \Delta X$，$\sigma^2 | \Delta X$，$\Lambda | \Delta X$ 的边缘密度函数为

$$f(\mu | \Delta X) = \int_{-\infty}^{+\infty} \int_0^{+\infty} f(\mu, \sigma^2, \Lambda | \Delta X) \mathrm{d}\sigma^2 \mathrm{d}\Lambda \tag{4-58}$$

$$f(\sigma^2 | \Delta X) = \int_{-\infty}^{+\infty} \int_{-\infty}^{+\infty} f(\mu, \sigma^2, \Lambda | \Delta X) \mathrm{d}\mu \mathrm{d}\Lambda \tag{4-59}$$

$$f(\Lambda | \Delta X) = \int_0^{+\infty} \int_{-\infty}^{+\infty} f(\mu, \sigma^2, \Lambda | \Delta X) \mathrm{d}\mu \mathrm{d}\sigma^2 \tag{4-60}$$

进一步可得 $\mu | \Delta X$，$\sigma^2 | \Delta X$，$\Lambda | \Delta X$ 的期望值

$$E(\mu | \Delta X) = \int_{-\infty}^{+\infty} \mu \cdot f(\mu | \Delta X) \ \mathrm{d}\mu \tag{4-61}$$

$$E(\sigma^2 | \Delta X) = \int_0^{+\infty} \sigma^2 f(\sigma^2 | \Delta X) \mathrm{d}\sigma^2 \tag{4-62}$$

$$E(\Lambda | \Delta X) = \int_{-\infty}^{+\infty} \Lambda \cdot f(\Lambda | \Delta X) \mathrm{d}\Lambda \tag{4-63}$$

通常情况下，$E(\mu | \Delta X)$，$E(\sigma^2 | \Delta X)$ 和 $E(\Lambda | \Delta X)$ 无法通过数学解析方法求出，故采用 MCMC 方法进行求解（WinBUGS 软件编程实现）。将 $E(\mu | \Delta X)$，$E(\sigma^2 | \Delta X)$ 和 $E(\Lambda | \Delta X)$ 代入式(4-24)和式(4-25)可得剩余寿命的后验概率密度函数和后验预测值。随着产品的运行，可得到更多的现场性能退化数据，$E(\mu | \Delta X)$，$E(\sigma^2 | \Delta X)$ 和 $E(\Lambda | \Delta X)$ 可被实时更新，从而实现个体剩余寿命值的实时预测。

3. 后验预测值的置信区间

当 Wiener 过程的随机参数 μ, σ^2, Λ 服从某一非共轭先验分布时，由于其后验分布难以确定，难以获取个体剩余寿命后验预测值的 Bootstrap 置信区间。然而，可利用 WinBUGS 软件在求解 $E(\mu | \Delta X)$，$E(\sigma^2 | \Delta X)$，$E(\Lambda | \Delta X)$ 时，同时拟合出个

体剩余寿命预测值的后验分布。如果求取置信水平为 95%的置信区间，那么可选取个体剩余寿命值后验分布的 2.5%作为置信区间的下限，97.5%作为置信上限。

4.3.4　案例应用与分析

将文献[18]中提供的自适应加热电缆加速退化数据作为先验数据，预测额定温度（$T_0 = 448.16\text{K}$）下同型号某条加热电缆的剩余寿命。利用下面给出的仿真模型模拟现场性能退化数据 $X = [X(t_1), X(t_2), \cdots, X(t_i)]$，仿真数据如表 4-5 所示。

$$\omega \sim \text{Ga}(\hat{a}, \hat{b})$$
$$\mu|\omega \sim N(\hat{c}, \hat{d}/\omega) \tag{4-64}$$
$$X(t_i) - X(t_{i-1})|(\mu, \omega) \sim N\left(\mu \Delta \Lambda(t_i), \omega^{-1} \Delta \Lambda(t_i)\right)$$

式中，超参数值 $\hat{a}, \hat{b}, \hat{c}, \hat{d}$ 由先验数据估计得出，时间函数根据先验信息设为 $\Lambda(t) = t^{0.506}$，测量时间设为 $t_i = 50, 100, \cdots, 250$ 千小时。

表 4-5　某电缆的模拟现场性能退化数据

时间/h	1000	2000	3000	4000	5000	6000	7000	8000	9000
退化量*	−0.2209	−0.1884	−0.1675	−0.1421	−0.1327	−0.1182	−0.1008	−0.0881	−0.0708

注：*表示退化量为电阻值的自然对数

1. 先验数据折算

本节首先计算各加速应力 T_k 相对于正常应力 T_0 的加速因子 $A_{k,0}$，然后进行先验数据折算。$A_{k,0}$ 的表达式为 $A_{k,0} = \exp\left(\hat{\gamma}_2 \left(1/T_0 - 1/T_k\right)\right)$，将 $\hat{\gamma}_2 = 9158.226$ 及 T_0、T_k 代入，解得 $A_{1,0} = 2.944$，$A_{2,0} = 13.311$，$A_{3,0} = 25.999$。需要注意的是所求 $A_{k,0}$ 为时间尺度 τ 下（$\tau = t^{0.612}$）的加速因子，折算到正常应力下的测量时间 τ_{iz} 如表 4-6 所示。

表 4-6　折算到正常应力下的测量时间 τ_{iz}　　　　　（单位：10^3h）

折算过程	测量次数										
	1	2	3	4	5	6	7	8	9	10	11
$T_1 \to T_0$	1.917	2.347	2.677	2.987	3.278	3.554	4.511	5.758	7.348	8.459	—
$T_2 \to T_0$	4.335	6.727	8.665	10.587	12.102	13.505	14.821	16.067	20.396	26.035	33.224
$T_3 \to T_0$	8.467	13.140	16.925	20.679	23.638	26.379	28.950	—	—	—	—

$\hat{\mu}_z, \hat{\sigma}_z^2, \hat{\Lambda}_z$ 为加速应力下的参数估计值折算到正常应力下的估计值，如表4-7所示。

表4-7　折算到正常应力下的参数估计值

折算过程	参数	产品序号				
		1	2	3	4	5
$T_1 \rightarrow T_0$	$\hat{\mu}_z$	2.277×10^{-2}	2.396×10^{-2}	2.393×10^{-2}	2.194×10^{-2}	2.834×10^{-2}
	$\hat{\sigma}_z^2$	8.832×10^{-6}	1.325×10^{-5}	1.189×10^{-5}	1.325×10^{-5}	4.076×10^{-5}
	$\hat{\Lambda}_z$	0.771	0.747	0.754	0.776	0.663
$T_2 \rightarrow T_0$	$\hat{\mu}_z$	3.023×10^{-2}	3.199×10^{-2}	2.762×10^{-2}	3.213×10^{-2}	2.773×10^{-2}
	$\hat{\sigma}_z^2$	3.321×10^{-5}	3.929×10^{-5}	1.728×10^{-5}	5.657×10^{-5}	1.608×10^{-5}
	$\hat{\Lambda}_z$	0.603	0.553	0.662	0.553	0.665
$T_3 \rightarrow T_0$	$\hat{\mu}_z$	3.033×10^{-2}	3.005×10^{-2}	3.033×10^{-2}	3.045×10^{-2}	3.017×10^{-2}
	$\hat{\sigma}_z^2$	4.500×10^{-5}	4.216×10^{-5}	4.935×10^{-5}	4.827×10^{-5}	3.912×10^{-5}
	$\hat{\Lambda}_z$	0.661	0.665	0.659	0.660	0.667

2. 共轭先验分布下的 Bayes 统计推断

由折算到正常应力下的先验数据 (x_{iz}, τ_{iz})，使用 EM 算法求得超参数的先验估计值为 $\hat{a} = 34.128$，$\hat{b} = 1.337 \times 10^{-3}$，$\hat{c} = 3.072 \times 10^{-2}$，$\hat{d} = 5.718 \times 10^{-3}$，迭代求解过程如图4-3所示。

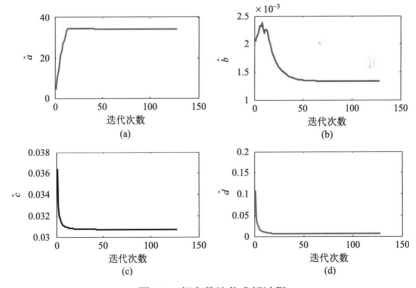

图4-3　超参数迭代求解过程

　　将表 4-5 中的现场退化数据及超参数的先验估计值代入式(4-52)得到超参数的后验估计值，其迭代变化曲线如图 4-4 所示。

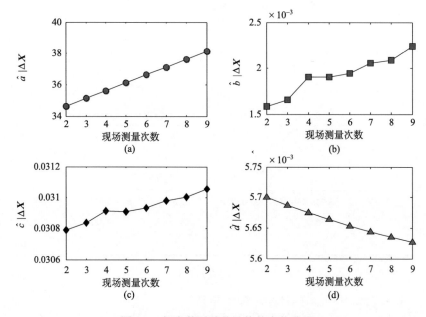

图 4-4　超参数后验估计值的变化曲线

　　设 RL_1 为仅利用现场退化数据获得的个体剩余寿命预测值，RL_2 为利用 4.3.2 节所提方法融合加速退化数据和现场退化数据所得的个体剩余寿命预测值。现场测量时刻 $t = 5000h$ 及之后 4 个测量时刻的 RL_1, RL_2 如表 4-8 所示，其中使用 Bootstrap 抽样法给出了置信水平为 95%的置信区间。当建立 RL_1 的置信区间时，对退化增量 $(\Delta Y(t_1), \Delta \Lambda(t_1)), \cdots, (\Delta Y(t_i), \Delta \Lambda(t_i))$ 执行 2000 次重抽样获得 Bootstrap 样本。RL_1, RL_2 的变化曲线及 RL_2 的概率密度曲线如图 4-5 所示。

表 4-8　个体剩余寿命预测值（RL_1, RL_2）

参数/10^5h	测量时间 t_i/h				
	5000	6000	7000	8000	9000
RL_1	3.089	2.513	1.332	1.341	0.939
置信区间	[1.885, 5.301]	[1.211, 4.018]	[0.978, 3.890]	[1.012, 3.805]	[0.762, 2.981]
RL_2	2.145	2.081	2.004	1.949	1.874
置信区间	[1.421, 2.876]	[1.450, 2.772]	[1.498, 2.624]	[1.519, 2.468]	[1.466, 2.303]

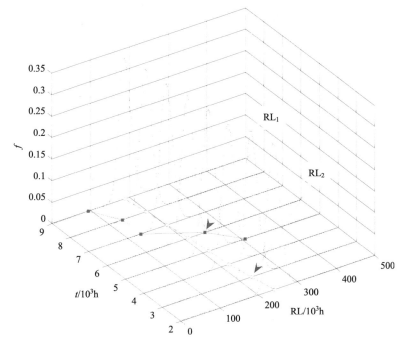

图 4-5　RL_1, RL_2 的变化曲线以及 RL_2 的概率密度曲线

3. 非共轭先验分布下的 Bayes 统计推断

$\hat{\mu}_z, \hat{\sigma}_z^2, \hat{\Lambda}_z$ 为从加速应力下折算到正常应力下的参数估计值，如表 4-7 所示。使用 Anderson-Darling 统计量确定 $\hat{\mu}_z, \hat{\sigma}_z^2, \hat{\Lambda}_z$ 的最优拟合分布模型，AD 值如表 4-9。

表 4-9　$\hat{\mu}_z, \hat{\sigma}_z^2, \hat{\Lambda}_z$ 在各分布模型下的 AD 值

参数	Exponential	Normal	Lognormal	Gamma	Weibull
$\hat{\mu}_z$	5.449	0.905	1.016	1.032	0.806
$\hat{\sigma}_z^2$	1.733	—	0.985	0.980	0.952
$\hat{\Lambda}_z$	5.682	0.883	0.894	0.920	0.987

由于 $\hat{\sigma}_z^2$ 恒大于 0，排除 Normal 分布为其最优拟合分布模型。由表 4-9 可知，$\hat{\mu}_z$ 及 $\hat{\sigma}_z^2$ 都最优拟合于 Weibull 分布，$\hat{\Lambda}_z$ 最优拟合于 Normal 分布。解得超参数的极大似然估计值，参数 μ, σ^2, Λ 的先验分布确定为 $\mu \sim \text{Weibull}(2.952 \times 10^{-2}, 11.464)$，$\sigma^2 \sim \text{Weibull}(3.580 \times 10^{-5}, 2.150)$，$\Lambda \sim N(0.671, 4.774 \times 10^{-3})$。获取现场退化数据之后，利用 WinBUGS 软件对 μ, σ^2, Λ 的后验分布进行 MCMC 抽样拟合。在获得

第 4 组现场退化数据之后，拟合的 μ, σ^2, Λ 的后验分布如图 4-6 所示。图 4-7 显示了迭代过程的收敛性，自相关函数很快趋于 0，证明迭代过程都是收敛的。

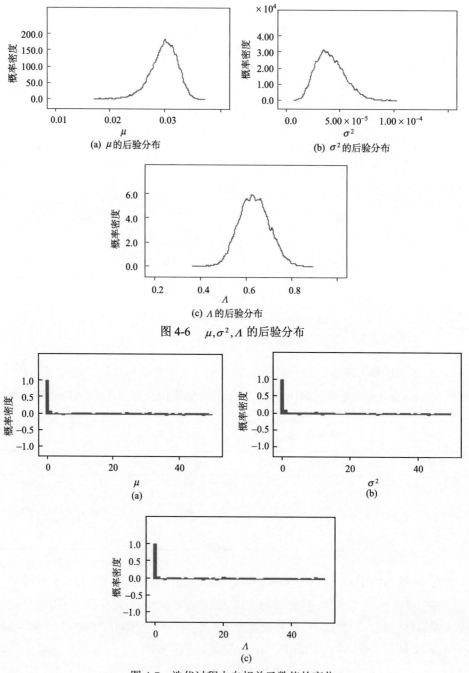

图 4-6　μ, σ^2, Λ 的后验分布

图 4-7　迭代过程中自相关函数值的变化

μ, σ^2, Λ 的后验期望值 $E(\mu \mid \Delta X)$，$E(\sigma^2 \mid \Delta X)$ 及 $E(\Lambda \mid \Delta X)$ 如表 4-10 所示。其中 MC 误差表示 Monte Carlo 误差。

表 4-10　随机参数 μ, σ^2, Λ 的后验期望值

参数	后验期望值	标准差	MC 误差	样本量
μ	0.02930	0.00299	2.86×10^{-5}	9000
σ^2	4.149×10^{-5}	1.568×10^{-5}	1.59×10^{-7}	9000
Λ	0.6124	0.0601	6.391×10^{-4}	9000

进一步可得个体剩余寿命的后验分布函数及预测值 RL_3，现场测量时刻 $t=5000\mathrm{h}$ 及之后 4 个测量时刻的 RL_3 如表 4-11 所示，其中给出了置信水平为 95% 的置信区间。$\mathrm{RL}_1, \mathrm{RL}_2, \mathrm{RL}_3$ 的变化曲线及 RL_3 的概率密度曲线如图 4-8 所示。

表 4-11　个体剩余寿命预测值 (RL_3)

寿命预测值	测量时间/h				
$/10^5\mathrm{h}$	5000	6000	7000	8000	9000
RL_3	2.536	2.116	1.816	1.802	1.518
置信区间	[1.758, 3.212]	[1.449, 2.801]	[1.209, 2.488]	[1.233, 2.317]	[1.087, 1.955]

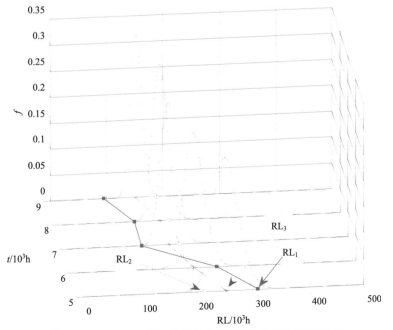

图 4-8　RL_1，RL_2，RL_3 的变化曲线及 RL_3 的概率密度曲线

4. 分析与结论

由表 4-8 和表 4-11 可见，在每一测量时刻 RL_2 及 RL_3 的置信区间都明显比 RL_1 的置信区间小，说明融合加速退化数据与现场退化数据相比，仅利用现场退化数据提高了剩余寿命的预测精度。随着现场退化数据的增多，RL_1，RL_2 及 RL_3 的置信区间都随之变小，反映出预测精度不断提高，图 4-5 及图 4-8 中的概率密度曲线的宽度随着时间不断变窄也同样说明了预测精度在不断改善。

图 4-8 反映出，与 RL_2，RL_3 相比，RL_1 曲线的变化幅度最大且最不平稳。这是因为现场退化数据较少且为非线性变化，每增加一组现场退化数据都会较大改变参数估计值，导致剩余寿命预测值的规律性差。而 RL_2，RL_3 的预测方法由于将大量加速退化数据作为先验信息，降低了现场退化数据突变的影响，提高了预测结果的可信度。与 RL_3 相比，RL_2 的变化幅度更小且变化规律更平稳。主要原因是 RL_2 的预测方法未能考虑时间参数 Λ 的随机效果，所用 $\hat{\Lambda}$ 为利用先验数据所得的估计值，导致 RL_2 较为保守，受先验数据影响较大。而 RL_3 的预测方法考虑了退化模型中所有 3 个参数的随机效果，使得 RL_3 更能反映出现场退化数据的变化。

此外，RL_2 的预测方法要求随机参数服从如下分布 $\hat{\omega}_z = \hat{\sigma}_z^{-2} \sim Ga(\hat{a},\hat{b})$，$\hat{\mu}_z \mid \hat{\omega}_z \sim N(\hat{c},\hat{d}/\hat{\omega}_z)$，其中 $z=1,2,\cdots,15$。使用 Anderson-Darling 统计量以 0.05 的显著性水平分别对原假设 $\hat{\omega}_z = \hat{\sigma}_z^{-2} \sim Ga(\hat{a},\hat{b})$，$\hat{\mu}_z \mid \hat{\omega}_z \sim N(\hat{c},\hat{d}/\hat{\omega}_z)$ 进行检验，根据 Normal 分布的特性将 $\hat{\mu}_z \mid \hat{\omega}_z \sim N(\hat{c},\hat{d}/\hat{\omega}_z)$ 转换为 $(\hat{\mu}_z - \hat{c})/\sqrt{\hat{d}/\hat{\omega}_z} \sim N(0,1)$ 进行检验，拟合优度检验情况如图 4-9 所示。

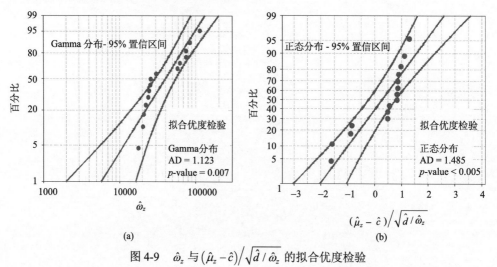

图 4-9　$\hat{\omega}_z$ 与 $(\hat{\mu}_z - \hat{c})/\sqrt{\hat{d}/\hat{\omega}_z}$ 的拟合优度检验

由于拟合优度检验所得的 p-value＜0.05，拒绝原假设，因此在本实例中采用 RL_2 的预测方法会造成随机参数分布模型的误指定，可能影响剩余寿命预测值的准确性。此种情况下，使用 RL_3 的预测方法是较为稳妥、可靠的。

4.4　基于 Gamma 过程的 Bayes 方法

4.4.1　个体剩余寿命预测模型

假设 $Y(t)$ 为 Gamma 过程，则退化增量 $\Delta Y(t)$ 服从如下形式的 Gamma 分布。

$$\Delta Y(t) \sim \text{Ga}\big(\alpha\big(\Lambda(t+\Delta t) - \Lambda(t)\big), \beta\big) \tag{4-65}$$

式中，$\beta(\beta > 0)$ 为尺度参数，$\alpha(\alpha > 0)$ 为形状参数，$\Lambda(t)$ 为时间 t 的单调递增函数并且满足 $\Lambda(0) = 0$。根据 Gamma 分布的可加性，可推得 $Y(t) \sim \text{Ga}(\alpha\Lambda(t), \beta)$，则概率密度函数为

$$f(Y) = \frac{\beta^{\alpha\Lambda(t)}}{\Gamma(\alpha\Lambda(t))} Y^{\alpha\Lambda(t)-1} \exp(-Y\beta) \tag{4-66}$$

设 D 为失效阈值，产品寿命 ξ 为 $Y(t)$ 首次达到 D 的时间 $\xi = \inf\{t \mid Y(t) \geqslant D\}$，则可靠度函数为

$$\begin{aligned}
R_\xi(t) &= P(\xi > t) = P(Y(t) < D) \\
&= \int_0^D \frac{\beta^{\alpha\Lambda(t)}}{\Gamma(\alpha\Lambda(t))} Y^{\alpha\Lambda(t)-1} \exp(-Y\beta) \mathrm{d}Y \\
&= \frac{1}{\Gamma(\alpha\Lambda(t))} \int_0^{D\beta} y^{\alpha\Lambda(t)-1} \exp(-y)\, \mathrm{d}y
\end{aligned} \tag{4-67}$$

将不完全 Gamma 函数 $\Gamma(a,z) = \int_z^\infty y^{a-1} \exp(-y)\mathrm{d}y$ 代入式(4-67)，整理得

$$F_\xi(t) = \frac{\Gamma(\alpha\Lambda(t), D\beta)}{\Gamma(\alpha\Lambda(t))} \tag{4-68}$$

当产品退化量 $Y(t) < D$ 时，设 $D' = D - Y(t)$，将 D' 代入式(4-67)可得剩余寿命 RL 的累积分布函数：

$$F_{\text{RL}}(t) = \frac{\Gamma(\alpha\Lambda(t), D'\beta)}{\Gamma(\alpha\Lambda(t))} \tag{4-69}$$

剩余寿命的预测值可由下式计算得出：

$$\widehat{\text{RL}} = \int_0^{+\infty} R_{\text{RL}}(t)\mathrm{d}t = \int_0^{+\infty} 1 - \frac{\Gamma(\alpha\Lambda(t), D'\beta)}{\Gamma(\alpha\Lambda(t))} \mathrm{d}t \tag{4-70}$$

因为 $F_{\text{RL}}(t)$ 并不属于已知的分布函数，所以式(4-70)并不容易计算，可利用

BS 分布近似拟合 $F_{RL}(t)$，从而求取 $\widehat{RL}$：

$$F_{RL}(t) \approx \Phi\left[\frac{1}{a}\left(\sqrt{\frac{\Lambda(t)}{b}} - \sqrt{\frac{b}{\Lambda(t)}}\right)\right] \tag{4-71}$$

式中，$a = 1/\sqrt{D\beta}$，$b = D\beta/\alpha$。概率密度函数 $f_{RL}(t)$ 近似为

$$f_{RL}(t) \approx \frac{1}{2\sqrt{2}ab}\left[\left(\frac{b}{\Lambda(t)}\right)^{1/2} + \left(\frac{b}{\Lambda(t)}\right)^{3/2}\right]\exp\left[-\frac{(b-\Lambda(t))^2}{2a^2b\Lambda(t)}\right] \tag{4-72}$$

由 BS 分布的统计特性可得 $\widehat{RL}$ 的近似值：

$$\widehat{RL}_{BS} \approx \Lambda^{-1}\left(\frac{D'\beta}{\alpha} + \frac{1}{2\alpha}\right) \tag{4-73}$$

4.4.2 共轭先验分布下的 Bayes 统计推断

对于 Gamma 过程 $Y(t) \sim Ga(\alpha\Lambda(t), \beta)$，共轭先验分布只考虑尺度参数 β 的随机性，假定在形状参数 α 不变的情况下 β 服从 Gamma 分布 $\beta \sim Ga(\theta, \delta)$，其中 θ, δ 为超参数。

1. 先验数据处理

为了对非线性退化过程进行建模，将时间函数设为 $\Lambda(t) = t^\Lambda$。由加速退化数据可得到每个试验产品的参数估计值，设 $\hat{\alpha}_{jk}, \hat{\beta}_{jk}, \hat{\Lambda}_{jk}$ 为第 k 个加速应力下第 j 个产品的参数估计值，$\hat{\alpha}_{j(k0)}, \hat{\beta}_{j(k0)}, \hat{\Lambda}_{j(k0)}$ 分别为 $\hat{\alpha}_{jk}, \hat{\beta}_{jk}, \hat{\Lambda}_{jk}$ 在正常应力下的折算值。根据加速因子不变原则，可得如下折算公式：

$$\begin{aligned} \hat{\alpha}_{j(k0)} &= \hat{\alpha}_{jk} / A_{k,0} \\ \hat{\beta}_{j(k0)} &= \hat{\beta}_{jk} \\ \hat{\Lambda}_{j(k0)} &= \hat{\Lambda}_{jk} \end{aligned} \tag{4-74}$$

为了便于表示，使用 $\hat{\alpha}_z, \hat{\beta}_z, \hat{\Lambda}_z$ 代表 $\hat{\alpha}_{j(k0)}, \hat{\beta}_{j(k0)}, \hat{\Lambda}_{j(k0)}$，其中 $z = 1, 2, \cdots, N$，N 为产品总数。由 $\hat{\beta}_z$ 可确定参数 β 的先验分布，由于 $\beta \sim Ga(\theta, \delta)$，$\hat{\theta}, \hat{\delta}$ 可通过如下似然函数解出：

$$L(\hat{\beta}_z; \theta, \delta) = \prod_{z=1}^{N}\frac{\delta^\theta}{\Gamma(\theta)}\left(\hat{\beta}_z\right)^{\theta-1}\exp\left(-\delta\hat{\beta}_z\right) \tag{4-75}$$

由 $\hat{\alpha}_z, \hat{\Lambda}_z$ 可得到参数 α, Λ 的先验期望值 $E(\alpha), E(\Lambda)$，求解过程如下：首先使用 Anderson-Darling 统计量分别确定与 $\hat{\alpha}_z, \hat{\Lambda}_z$ 最优拟合的分布模型，然后建立似然方程估计出超参数值，最后根据分布函数的统计特性解出 $E(\alpha), E(\Lambda)$。

2. 个体剩余寿命后验预测模型

设 $Y = [Y(t_0), Y(t_1), \cdots, Y(t_n)]$ 为某产品在额定应力下的 $n+1$ 个现场退化数据，ΔY 表示 n 个退化增量，$L(\Delta Y | \alpha, \beta, \Lambda)$ 为似然函数，$f(\beta)$ 为随机参数 β 的先验分布函数，$f(\beta | \Delta Y)$ 为后验分布函数，参数 α, Λ 为一常量。根据 Bayes 公式，$f(\beta | \Delta Y)$ 的推导过程如下：

$$
\begin{aligned}
f(\beta | \Delta Y) &= \frac{L(\Delta Y | \alpha, \beta, \Lambda) \cdot f(\beta)}{\int_0^\infty L(\Delta Y | \alpha, \beta, \Lambda) \cdot f(\beta) \mathrm{d}\beta} \\
&\propto \prod_{i=1}^n \frac{\beta^{\alpha\Delta\Lambda(t_i)} \Delta Y_i^{\alpha\Delta\Lambda(t_i)-1}}{\Gamma(\alpha\Delta\Lambda(t_i))} \exp(-\beta\Delta Y_i) \cdot \frac{\delta^\theta \beta^{\theta-1}}{\Gamma(\theta)} \exp(-\delta\beta) \quad (4\text{-}76) \\
&\propto \beta^{\theta-1+\alpha\sum\Delta\Lambda(t_i)} \cdot \exp\left(-\beta\left(\delta + \sum\Delta Y_i\right)\right) \\
&\propto \beta^{\theta+\alpha(t_n^\Lambda - t_0^\Lambda)-1} \cdot \exp\left(-\beta\left(\delta + Y_n - Y_0\right)\right)
\end{aligned}
$$

可知 β 的后验分布为 $\beta | \Delta Y \sim \mathrm{Ga}\left(\theta + \alpha(t_n^\Lambda - t_0^\Lambda), \delta + Y_n - Y_0\right)$，后验期望值为

$$
E(\beta | \Delta Y) = \frac{\theta + \alpha(t_n^\Lambda - t_0^\Lambda)}{\delta + Y_n - Y_0} \quad (4\text{-}77)
$$

将 $E(\beta | \Delta Y)$ 及 $E(\alpha), E(\Lambda)$ 代入式 (4-70) 可得个体剩余寿命后验预测模型。每当获取新的现场退化数据，通过式 (4-77) 可立即更新 $E(\beta | \Delta Y)$，能够实现个体剩余寿命 $\widehat{\mathrm{RL}} | \Delta Y$ 的实时预测。

4.4.3　非共轭先验分布下的 Bayes 统计推断

Gamma 过程的共轭先验分布只是考虑尺度参数 β 的随机性，为了将形状参数 α 及时间函数参数 Λ 的随机效果融入 Gamma 过程，使用了以上 3 个参数的非共轭先验分布。

为了便于统计推断，假定随机参数 α, β, Λ 互不相关，其联合先验密度函数表示为 $f(\alpha, \beta, \Lambda) = f(\alpha) \cdot f(\beta) \cdot f(\Lambda)$。由 $\hat{\alpha}_z, \hat{\beta}_z, \hat{\Lambda}_z$ 可分别确定随机参数的先验分布 $f(\alpha), f(\beta), f(\Lambda)$，求解过程包含两步：首先使用 Anderson-Darling 统计量分别选择与 $\hat{\alpha}_z, \hat{\beta}_z, \hat{\Lambda}_z$ 最优拟合的分布模型，然后分别建立似然方程估计出超参数值。

设 $Y = [Y_0(t_0), Y_1(t_1), \cdots, Y_n(t_n)]$ 为某产品个体在正常应力下 $n+1$ 个现场退化数据，根据 Bayes 公式，联合后验概率密度函数 $f(\alpha, \beta, \Lambda | \Delta Y)$ 计算公式为

$$
f(\alpha, \beta, \Lambda | \Delta Y) = \frac{L(\Delta Y | \alpha, \beta, \Lambda) \cdot f(\alpha, \beta, \Lambda)}{\int_{-\infty}^{+\infty} \int_0^{+\infty} \int_0^{+\infty} L(\Delta Y | \alpha, \beta, \Lambda) \cdot f(\alpha, \beta, \Lambda) \mathrm{d}\alpha \mathrm{d}\beta \mathrm{d}\Lambda} \quad (4\text{-}78)
$$

可得 $\alpha\,|\,\Delta\boldsymbol{Y}$，$\beta\,|\,\Delta\boldsymbol{Y}$，$\varLambda\,|\,\Delta\boldsymbol{Y}$ 的边缘密度函数为

$$f(\alpha\,|\,\Delta\boldsymbol{Y})=\int_{-\infty}^{+\infty}\int_{0}^{+\infty}f(\alpha,\beta,\varLambda\,|\,\Delta\boldsymbol{Y})\mathrm{d}\beta\mathrm{d}\varLambda \tag{4-79}$$

$$f(\beta\,|\,\Delta\boldsymbol{Y})=\int_{-\infty}^{+\infty}\int_{0}^{+\infty}f(\alpha,\beta,\varLambda\,|\,\Delta\boldsymbol{Y})\mathrm{d}\alpha\mathrm{d}\varLambda \tag{4-80}$$

$$f(\varLambda\,|\,\Delta\boldsymbol{Y})=\int_{0}^{+\infty}\int_{0}^{+\infty}f(\alpha,\beta,\varLambda\,|\,\Delta\boldsymbol{Y})\mathrm{d}\alpha\mathrm{d}\beta \tag{4-81}$$

进一步可得 $\alpha\,|\,\Delta\boldsymbol{Y}$，$\beta\,|\,\Delta\boldsymbol{Y}$，$\varLambda\,|\,\Delta\boldsymbol{Y}$ 的期望值：

$$E(\alpha\,|\,\Delta\boldsymbol{Y})=\int_{0}^{+\infty}\alpha\cdot f(\alpha\,|\,\Delta\boldsymbol{Y})\mathrm{d}\alpha \tag{4-82}$$

$$E(\beta\,|\,\Delta\boldsymbol{Y})=\int_{0}^{+\infty}\beta\cdot f(\beta\,|\,\Delta\boldsymbol{Y})\mathrm{d}\beta \tag{4-83}$$

$$E(\varLambda\,|\,\Delta\boldsymbol{Y})=\int_{-\infty}^{+\infty}\varLambda\cdot f(\varLambda\,|\,\Delta\boldsymbol{Y})\mathrm{d}\varLambda \tag{4-84}$$

利用 WinBUGS 软件可获得 $E(\alpha\,|\,\Delta\boldsymbol{Y})$，$E(\beta\,|\,\Delta\boldsymbol{Y})$ 和 $E(\varLambda\,|\,\Delta\boldsymbol{Y})$，将 $E(\alpha\,|\,\Delta\boldsymbol{Y})$，$E(\beta\,|\,\Delta\boldsymbol{Y})$ 和 $E(\varLambda\,|\,\Delta\boldsymbol{Y})$ 入式 (4-70) 可得个体剩余寿命后验预测值 $\widehat{\mathrm{RL}}\,|\,\Delta\boldsymbol{Y}$。

4.4.4　案例应用与分析

将 Meeker 等[18]提供的某型碳膜电阻的加速退化数据作为先验数据，预测正常温度 $T_0=50℃$ 下同型号某碳膜电阻的剩余寿命。利用下面给出的仿真模型模拟现场性能退化数据 $\boldsymbol{Y}=[Y(t_1),Y(t_2),\cdots,Y(t_i)]$，如表 4-12 所示。

$$\begin{aligned}&\alpha\sim\mathrm{Ga}(\hat{a},\hat{b})\\&X(t_i)-X(t_{i-1})\,|\,(\alpha,\hat{\beta})\sim\mathrm{Ga}\big(\alpha\Delta\varLambda(t_i),\hat{\beta}\big)\end{aligned} \tag{4-85}$$

式中，超参数值 $\hat{a},\hat{b}$、参数值 $\hat{\beta}$ 以及时间函数 $\varLambda(t)$ 由先验数据确定；测量时间设为 $t_i=0,5000,\cdots,30000\mathrm{h}$。电阻初始值设为 217.12Ω，碳膜电阻的失效阈值设为电阻百分比增量达到 5%。

表 4-12　碳膜电阻的模拟现场退化数据

参数	测量时间/h						
	0	5000	10000	15000	20000	25000	30000
电阻值/Ω	217.12	218.13	218.52	218.92	219.32	219.88	220.24
电阻百分比增量/%	0	0.465	0.645	0.829	1.013	1.271	1.437

3. 加速因子求解

碳膜电阻加速退化试验包含 3 组加速温度应力，分别为 $T_1 = 356.16\text{K}$，$T_2 = 406.16\text{K}$ 和 $T_3 = 446.16\text{K}$；试验样本量为 29，所有产品具有相同的测量时刻，依次为 $t_1 = 0.452 \times 10^3\text{h}$，$t_2 = 1.03 \times 10^3\text{h}$，$t_3 = 4.341 \times 10^3\text{h}$，$t_4 = 8.084 \times 10^3\text{h}$。详细的加速退化数据在文献[18]表 C.3 中给出，本案例不包含第 10 及第 27 个产品的试验数据。

设 y_{ijk} 表示第 k 个应力下第 j 个产品第 i 次的测量数据，t_{ijk} 为对应的测量时间，时间函数为 $\Lambda(t) = t^\Lambda$，$\Delta y_{ijk} = y_{ijk} - y_{(i-1)jk}$ 为退化增量，$\Delta \Lambda(t_{ijk}) = t_{ijk}^\Lambda - t_{(i-1)jk}^\Lambda$ 为时间增量，其中 $i = 2, 3, 4$，$j = 1, 2, \cdots, n_k$，$k = 1, 2, 3$，n_k 为第 k 个应力下的产品数量。使用 Gamma 过程对加速退化数据进行建模，由加速因子不变原则可推导出参数 α 与加速应力有关而参数 β, Λ 与加速应力无关，采用 Arrhenius 方程作为参数 α 的加速模型，根据 $\Delta y_{ijk} \sim \text{Ga}(\exp(\eta_1 - \eta_2 / T_k) \Delta \Lambda(t_{ijk}), \beta)$，建立综合所有退化数据的似然函数：

$$L(\eta_1, \eta_2, \Lambda, \beta)$$

$$= \prod_{i=2}^{4} \prod_{j=1}^{n_k} \prod_{k=1}^{3} \frac{\beta^{\exp(\eta_1 - \eta_2 / T_k)(t_{ijk}^\Lambda - t_{(i-1)jk}^\Lambda)}}{\Gamma(\exp(\eta_1 - \eta_2 / T_k)(t_{ijk}^\Lambda - t_{(i-1)jk}^\Lambda))} \cdot \Delta y_{ijk}^{\exp(\eta_1 - \eta_2 / T_k)(t_{ijk}^\Lambda - t_{(i-1)jk}^\Lambda) - 1} \cdot \exp(-\Delta y_{ijk} \beta)$$

解得 $\hat{\eta}_2 = 3642.020$，由式 $A_{k,0} = \exp(\hat{\eta}_2(1 / T_0 - 1 / T_k))$ 可得 $A_{1,0} = 2.841$，$A_{2,0} = 10.006$，$A_{3,0} = 22.357$。

4. 参数估计及参数值折算

使用 Gamma 过程对每个产品的退化数据分别建模，对于第 k 个应力下第 j 个产品，由于 $\Delta y_{ijk} \sim \text{Ga}(\alpha_{jk}(t_{ijk}^{\Lambda_{jk}} - t_{(i-1)jk}^{\Lambda_{jk}}), \beta_{jk})$，建立如下似然函数：

$$L(\alpha_{jk}, \beta_{jk}, \Lambda_{jk}) = \prod_{i=2}^{4} \frac{\beta_{jk}^{\alpha_{jk}(t_{ijk}^{\Lambda_{jk}} - t_{(i-1)jk}^{\Lambda_{jk}})}}{\Gamma(\alpha_{jk}(t_{ijk}^{\Lambda_{jk}} - t_{(i-1)jk}^{\Lambda_{jk}}))} \cdot \exp(-\Delta y_{ijk} \beta_{jk}) \cdot \Delta y_{ijk}^{\alpha_{jk}(t_{ijk}^{\Lambda_{jk}} - t_{(i-1)jk}^{\Lambda_{jk}}) - 1}$$

解得 $\hat{\alpha}_{jk}, \hat{\beta}_{jk}, \hat{\Lambda}_{jk}$ 如表 4-13 所示，根据下式进行参数估计值折算。

$$\hat{\alpha}_{j(k0)} = \hat{\alpha}_{jk} / A_{k,0}, \quad \hat{\beta}_{j(k0)} = \hat{\beta}_{jk}, \quad \hat{\Lambda}_{j(k0)} = \hat{\Lambda}_{jk}$$

折算值亦如表 4-13 所示，为了表示方便，用 $\hat{\alpha}_z, \hat{\beta}_z, \hat{\Lambda}_z$ 分别代替 $\hat{\alpha}_{j(k0)}, \hat{\beta}_{j(k0)}, \hat{\Lambda}_{j(k0)}$。

表 4-13　参数估计值和对应的折算值

温度	样品序号	加速应力下的估计值			正常应力下的折算值		
		$\hat{\alpha}_{jk}$	$\hat{\beta}_{jk}$	$\hat{\Lambda}_{jk}$	$\hat{\alpha}_z$	$\hat{\beta}_z$	$\hat{\Lambda}_z$
T_1	1	5.868	16.522	0.267	2.065	16.522	0.267
	2	6.786	25.598	0.172	2.389	25.598	0.172
	3	7.923	15.815	0.230	2.789	15.815	0.230
	4	6.456	20.732	0.207	2.272	20.732	0.207
	5	7.555	25.578	0.315	2.659	25.578	0.315
	6	26.255	70.265	0.210	9.241	70.265	0.210
	7	19.319	45.158	0.236	6.800	45.158	0.236
	8	6.413	21.006	0.282	2.257	21.006	0.282
	9	3.021	6.399	0.281	1.064	6.399	0.281
T_2	11	16.996	34.296	0.359	1.699	34.296	0.359
	12	24.769	20.983	0.470	2.475	20.983	0.470
	13	10.005	14.839	0.413	1.000	14.839	0.413
	14	22.522	36.425	0.424	2.251	36.425	0.424
	15	14.200	18.808	0.473	1.419	18.808	0.473
	16	9.969	14.185	0.447	0.996	14.185	0.447
	17	14.384	14.482	0.395	1.438	14.482	0.395
	18	12.288	11.000	0.517	1.228	11.000	0.517
	19	17.886	21.869	0.388	1.788	21.869	0.388
	20	19.338	26.244	0.485	1.933	26.244	0.485
T_3	21	18.830	15.199	0.611	0.842	15.199	0.611
	22	68.677	38.192	0.511	3.072	38.192	0.511
	23	24.411	6.644	0.530	1.092	6.644	0.530
	24	17.516	13.053	0.570	0.784	13.053	0.570
	25	14.536	6.461	0.480	0.650	6.461	0.480
	26	4.404	1.840	0.496	0.197	1.840	0.496
	28	34.241	25.488	0.490	1.532	25.488	0.490
	29	40.511	27.539	0.497	1.812	27.539	0.497
	30	40.190	25.050	0.496	1.798	25.050	0.496

5. 确定参数的先验分布

使用 Anderson-Darling 统计量分别选择 $\hat{\alpha}_z, \hat{\beta}_z, \hat{\Lambda}_z$ 的最优拟合分布模型，待选分布模型包含 Exponential 分布、Normal 分布、Lognormal 分布、Gamma 分布和 Weibull 分布 5 种，$\hat{\alpha}_z, \hat{\beta}_z, \hat{\Lambda}_z$ 在这 5 种分布模型下的 AD 值如表 4-14 所示。

表 4-14　$\hat{\alpha}_z, \hat{\beta}_z, \hat{\Lambda}_z$ 在各分布模型下的 AD 值

参数	分布模型				
	Exponential	Normal	Lognormal	Gamma	Weibull
$\hat{\alpha}_z$	2.348	—	0.643	0.894	1.264
$\hat{\beta}_z$	2.484	—	0.730	0.375	0.412
$\hat{\Lambda}_z$	6.183	0.861	1.301	1.178	0.892

可知 $\hat{\alpha}_z$ 最优拟合于 Lognormal 分布，$\hat{\beta}_z$ 最优拟合于 Gamma 分布，$\hat{\Lambda}_z$ 最优拟合于 Normal 分布。参数 α, β, Λ 的先验分布确定为 $\alpha \sim \mathrm{LN}(0.507, 0.719)$，$\beta \sim \mathrm{Ga}(2.605, 0.118)$，$\Lambda \sim N(0.402, 0.124)$。

6. 共轭先验分布下的 Bayes 统计推断

由参数 α, Λ 的先验分布得 $E(\alpha) = 1.660$，$E(\Lambda) = 0.402$；由 β 的先验分布得 θ, δ 的先验估计值为 $\hat{\theta} = 2.605$，$\hat{\delta} = 0.118$。利用 $E(\alpha)$，$E(\Lambda)$，$\hat{\theta}$ 及 $\hat{\delta}$，每当获取新的现场退化数据，超参数的后验估计值 $\theta|\Delta X$，$\delta|\Delta X$ 及 β 的后验期望值 $E(\beta|\Delta X)$ 会得到更新，其迭代变化曲线如图 4-10 所示。

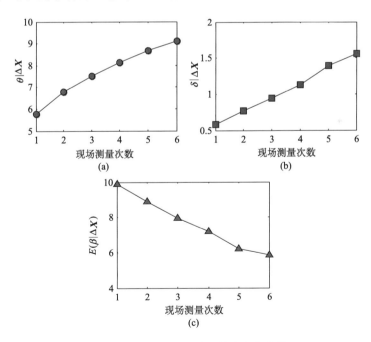

图 4-10　超参数后验估计值的变化曲线

设 RL_1 为利用 4.4.2 节所提方法融合加速退化数据和现场退化数据所得的个体剩余寿命预测值，RL_2 为仅利用现场退化数据获得的个体剩余寿命预测值。现场测量时刻 $t = 10000h$ 及之后 4 个测量时刻的 RL_1，RL_1 如表 4-15 所示，其中使用 Bootstrap 抽样法给出了置信水平为 95% 的预测区间。RL_1，RL_2 的变化曲线及 RL_1 的概率密度曲线如图 4-11 所示。

表 4-15　个体剩余寿命预测值

参数/10^6h	测量时间/h				
	10000	15000	20000	25000	30000
RL_1	2.618	1.787	1.252	0.749	0.558
置信区间	[2.138,3.134]	[1.352, 2.167]	[0.939, 1.525]	[0.582, 0.989]	[0.443, 0.722]
RL_2	—	—	1.023	0.746	0.871
置信区间	—	—	[0.446, 2.231]	[0.378, 1.850]	[0.422, 1.766]

注：一表示预测值无法获取

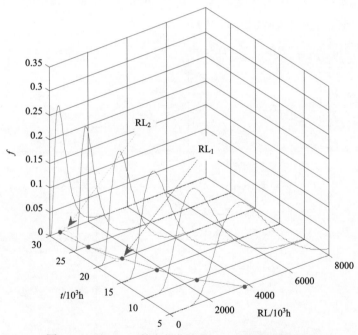

图 4-11　RL_1，RL_2 的变化曲线及 RL_1 的概率密度曲线

表 4-15 中数据显示，RL_1 的置信区间明显比相对应的 RL_2 的置信区间小，说明融合加速退化数据比仅利用现场退化数据提高了剩余寿命的预测精度。并且在

本案例中利用现场退化数据进行寿命预测时，仅在获得第 5 组现场退化数据之后（理论上至少需要获取 3 组），才得以估计出退化模型的参数值，相比之下，4.4.2 节中方法仅需获取 2 组现场退化数据就可实现剩余寿命的预测。

利用非共轭先验分布进行 Bayes 统计推断的过程与 4.3.4 节基本相同，结论也与 4.3.4 节一致，在此不展开重复的论述。

4.5　本章小结

本章提出了基于 Bayes 的个体剩余寿命预测方法，将加速退化数据作为先验信息，根据产品个体在正常应力下的现场退化数据预测其剩余寿命。分别针对 Wiener 过程、Gamma 过程研究了随机参数的共轭先验分布和非共轭先验分布在 Bayes 统计推断中的应用。主要研究成果与结论如下所示。

(1) 提出了两种等效的加速退化数据折算方法：一种依据加速因子的定义，保持退化测量值不变的同时对测量时间进行折算；另一种根据加速因子不变原则的推导结论，对性能退化模型的参数估计值进行折算。设计的仿真试验不但验证了两种折算方法的正确性，而且还证明了加速因子不变原则的推导结论是正确的。

(2) 基于 Bayes 的个体剩余寿命预测方法降低了现场退化数据突变对预测结果的影响，比仅利用现场退化数据的预测方法提高了预测可信度。仿真试验表明，估计 Wiener 过程随机参数共轭先验分布的超参数值时，EM 算法比二步法更具精度优势。

(3) 随机参数的共轭先验分布具有良好的统计特性，可减少个体剩余寿命 Bayes 统计推断的工作量，但是存在两方面的局限：其一，有可能出现随机参数估计值与共轭先验分布拟合不理想的情况；其二，多数情况下共轭先验分布假定不能考虑性能退化模型全部参数的随机性。

(4) 利用 WinBUGS 软件通过 MCMC 方法，解决了采用随机参数的非共轭先验分布时后验期望值难以估计出的问题，实现了非共轭先验分布在个体剩余寿命 Bayes 统计推断中的应用。案例应用表明，非共轭先验分布方法克服了共轭先验分布方法的局限，具有良好的工程应用性。

(5) 虽然本章只是针对 Wiener、Gamma 随机过程研究了基于随机参数非共轭先验分布的个体剩余寿命预测方法，但此方法可容易推广到其他性能退化模型中。

参 考 文 献

[1] Peng C Y. Inverse Gaussian processes with random effects and explanatory variables for degradation data[J]. Technometrics, 2015, 57(1): 100-111.

[2] 王浩伟, 徐廷学, 刘勇. 基于随机参数 Gamma 过程的剩余寿命预测方法[J]. 浙江大学学报（工学版）, 2015, 49(4): 699-704.

[3] Wang H W, Teng K N. Residual life prediction for highly reliable products with prior acceleration degradation data[J]. Eksploatacja i Niezawodnosc-Maintenance and Reliability, 2016, 18(3): 379-389.

[4] Wang H W, Xu T X, Wang W Y. Remaining life prediction based on Wiener processes with ADT prior information[J]. Quality and Reliability Engineering International, 2016, 32(3): 753-765.

[5] Gebraeel N, Pan J. Prognostic degradation models for computing and updating residual life distributions in a time-varying environment[J]. IEEE Transactions on Reliability, 2008, 57(4): 539-550.

[6] Liao H, Tian Z. A framework for predicting the remaining useful life of a single unit under time-varying operating conditions[J]. IIE Transactions, 2013, 45(9): 964-980.

[7] 王浩伟, 徐廷学, 赵建忠. 融合加速退化和现场实测退化数据的剩余寿命预测方法[J]. 航空学报, 2014, 35(12): 3350-3357.

[8] 王浩伟, 奚文骏, 冯玉光. 基于退化失效与突发失效竞争的导弹剩余寿命预测[J]. 航空学报, 2016, 37(4): 1240-1248.

[9] Chen P, Ye Z S. Random effects models for aggregate lifetime data[J]. IEEE Transactions on Reliability, 2017, 66(1): 76-83.

[10] Balakrishnan N, Ling M H. EM algorithm for one-shot device testing under the exponential distribution[J]. Computational Statistics & Data Analysis, 2012, 56(3): 502-509.

[11] Shi Y, Meeker W Q. Bayesian methods for accelerated destructive degradation test planning[J]. IEEE Transactions on Reliability, 2012, 61(1): 245-253.

[12] 徐廷学, 王浩伟, 张鑫. EM 算法在 Wiener 过程随机参数的超参数值估计中的应用[J]. 系统工程与电子技术, 2015, 37(3): 707-712.

[13] 王浩伟, 滕克难, 奚文骏. 基于随机参数逆高斯过程的加速退化建模方法[J]. 北京航空航天大学学报, 2016, 42(9): 1843-1850.

[14] Ntzoufras I. Bayesian Modeling Using WINBUGS[M]. Hoboken: John Wiley & Sons, 2009.

[15] Kelly D, Smith C. Bayesian Inference for Probabilistic Risk Assessment[M]. London: Springer, 2011.

[16] 周源泉, 翁朝曦, 叶喜涛. 论加速系数与失效机理不变的条件（Ⅰ）——寿命型随机变量的情况[J]. 系统工程与电子技术, 1996, 18(1): 55-67.

[17] Wang X. Wiener processes with random effects for degradation data[J]. Journal of Multivariate Analysis, 2010, 101(2): 340-351.

[18] Meeker W Q, Escobar L A. Statistical Methods for Reliability Data[M]. New York: John Wiley & Sons, 1998.

[19] 彭宝华, 周经伦, 冯静, 等. 金属化膜脉冲电容器剩余寿命预测方法研究[J]. 电子学报, 2011, 39(11): 2674-2679.

第5章　加速退化试验中的一致性验证方法

利用产品的加速试验数据外推产品在常应力下的可靠性时，必须保证产品在各加速应力下的失效机理与常应力下的失效机理具有一致性，否则会得到无效的评定结果；与传统可靠性试验相比，加速退化试验无论是在试验操作或是统计模型方面都变得复杂，增加了寿命预测结果的不确定度，因此需要针对加速试验数据开展一致性验证工作。加速退化试验的一致性验证工作包括两个方面：①失效机理一致性验证，用于确保加速退化试验的有效性；②寿命预测结果一致性验证，用于评价加速退化试验的准确性。

5.2 节中研究了基于加速因子不变原则的失效机理一致性验证方法，能够通过对加速退化数据的统计分析有效辨识出产品的失效机理是否发生改变。5.3 节中提出了模型准确性与可靠度评估结果一致性的验证方法。

5.1　基于加速试验数据统计分析的失效机理一致性验证

产品的失效机理与环境应力水平紧密相关，产品在高环境应力水平下很可能出现一些在常应力水平下不存在的退化机理与失效模式。只有保证产品在各应力水平下的失效机理具有一致性，才有可能利用这些应力水平下的试验数据准确外推出产品在常应力下的可靠性测度。产品在各应力水平下的失效机理一致性宏观表现为各应力水平下的退化过程相似性，如果产品在某加速应力水平下的失效机理发生变化，则能够表现为产品在此应力水平下的性能退化过程及参数估计值出现突变[1-3]。依据以上理论，学者围绕以下几个方面开展了失效机理一致性辨识方法的研究工作。

(1)基于寿命分布参数值的一致性验证方法。

此类方法的理论依据为：产品在各应力水平下的失效机理一致表现为产品寿命分布模型在各应力水平下的参数值应满足某等式。

(2)基于加速模型参数值的一致性验证方法。

此类方法的理论依据为：产品在各应力水平下的失效机理一致表现为加速模型在各应力水平下的参数值应满足某等式。目前，此类验证方法限定于使用 Arrhenius 加速模型的情形。

(3)基于性能退化拟合轨迹的一致性验证方法。

此类方法的理论依据为：产品在各应力水平下的失效机理一致性反映为产品

在各应力水平下的性能退化拟合轨迹具有形状一致性。

(4)基于退化模型参数值的一致性验证方法。

此类方法的其理论依据为：产品在各应力水平下的失效机理具有一致性，表现为产品在各应力水平下的退化模型参数值应满足某等式。

5.2 失效机理一致性验证方法

一种产品一般存在多种失效过程，且每种失效过程由特定的失效机理所决定，当产品的失效机理发生改变时其失效过程也随之变化。有效的加速应力试验是在保证产品失效机理不变的前提下提高应力水平，加快产品失效过程，否则外推出的结果无法反映出产品在正常应力下的真实可靠性信息。因此，检验产品在加速应力试验中的失效机理是否发生变化是重要且必需的步骤。

从对研究现状的分析可知，如何针对加速退化数据建模的特点提出一种合理可行且适合工程应用的失效机理一致性检验方法已成为亟待解决的难题。主要困难有两方面：其一是如何建立模型参数与失效机理不变之间的内在联系，其二是建立什么样的检验统计量对失效机理一致性进行假设检验。建立产品的性能退化模型是加速退化建模必不可少的一步，第3章中根据加速因子不变原则推导出了性能退化模型参数与加速应力之间应满足的关系，本节以此为基础研究了失效机理一致性的检验方法。5.2.1 节阐述了失效机理一致性检验的理论依据，建立了模型参数与失效机理不变之间的联系，总结了几种参数一致性检验的关系式。5.2.2 节提出了两种假设检验方法，用于判断模型参数估计值是否满足被检参数关系式。5.2.3 节、5.2.4 节、5.2.5 节分别针对基于随机过程、基于伪寿命分布、基于退化量分布的性能退化建模方法，给出了失效机理一致性检验的实例应用。

5.2.1 参数一致性检验的关系式

加速试验作为快速评估产品寿命的一种有效手段已经被广泛应用。有效的加速试验应保证产品在所有加速应力下的失效机理具有一致性，否则无法正确外推出产品在正常应力下的寿命信息。因此，在利用加速数据进行寿命预测时，必须要判别产品在各加速应力下的失效机理是否具有一致性。

通过加速因子不变原则同样可以推导出性能退化模型参数在不同应力下应满足的关系，由此可建立失效机理不变与性能退化模型参数之间的联系[4]，如图 5-1 所示。

根据图 5-1 中的等效关系可将失效机理一致性检验转换为性能退化模型参数一致性检验问题。对于绝大多数性能退化模型来说，模型参数不止一个并且有的参数随着应力变化，有的参数保持不变，选择被检参数关系式应该遵循既能反映失效机理的变化又有利于构建检验统计量的原则。第 3 章对几种性能退化模型的参数与加速应力之间关系进行了推导，推导结果可归纳为 4 种情况，以下针对 4 种情况介绍了如何构建被检参数关系式。

图 5-1　失效机理不变与性能退化模型参数之间的联系

(1) 一个参数在不同应力下保持不变，另一个参数随着应力变化。

性能退化模型参数与加速应力的这种关系最为普遍。例如，当性能退化模型为幂律型函数 $g(t) = a \cdot t^b$ 时，为保证任两个应力 S_k, S_h 下的 $A_{k,h}$ 不随试验时间 t 变化，应满足 $b_k = b_h$，此时 $a_k / a_h = \left(A_{k,h} \right)^{1/b_k}$。因为 $b_k = b_h$ 是 $A_{k,h}$ 不随 t 变化的充要条件，故 $b_k = b_h$ 为被检参数关系式。当性能退化模型为 Gamma 过程时，$b_k = b_h$ 是加速因子不变的充要条件，故为被检参数关系式。

(2) 两个参数都随着应力变化。

如果模型的两个参数都随着应力发生变化，那么这两个参数之间应该满足某种比例关系。例如，当性能退化模型为 Wiener 过程并且时间函数为 $\Lambda(t) = t$ 时，为保证 $A_{k,h}$ 不随试验时间 t 变化，需满足

$$A_{k,h} = \mu_k / \mu_h = \sigma_k^2 / \sigma_h^2 \tag{5-1}$$

式 (5-1) 可转换为

$$\mu_k / \sigma_k^2 = \mu_h / \sigma_h^2 \tag{5-2}$$

式 (5-2) 是 $A_{k,h}$ 不随试验时间 t 变化的充要条件，为被检参数关系式。

(3) 参数不但随着应力变化而且随着时间变化。

退化量分布模型的某些参数是随着时间变化的，目前的退化量分布模型包括 Lognormal 分布、Weibull 分布和 Normal 分布 3 种。当退化量服从 Lognormal 分布时，对数均值 μ 为时间的函数而对数标准差 σ 与时间无关；当退化量服从 Weibull 分布时，尺度参数 η 为时间的函数而形状参数 m 与时间无关。由加速因子不变原则可推导出 σ，m 还与加速应力无关，$\sigma_k = \sigma_h$ 是退化量服从 Lognormal 分布时 $A_{k,h}$ 不随时间 t 变化的充要条件，$m_k = m_h$ 是退化量服从 Weibull 分布时 $A_{k,h}$ 不随时间 t 变化的充要条件，故 $\sigma_k = \sigma_h$、$m_k = m_h$ 分别为被检参数关系式。

然而当退化量服从 Normal 分布时，其均值和方差都为时间 t 的函数，并且由加速因子不变原则可推导出均值和方差都随着应力变化。

(4)存在两个被检参数关系式。

当在随机过程模型中引入非线性时间函数时可能导致存在两个被检参数关系式。例如，当性能退化模型为 Wiener 过程并且时间函数为 $\Lambda(t) = t^\Lambda$ 时，为保证加速因子 $A_{k,h}$ 不随时间 t 变化，需满足

$$A_{k,h} = \left(\frac{\mu_k}{\mu_h}\right)^{\frac{1}{\Lambda_k}} = \left(\frac{\sigma_k^2}{\sigma_h^2}\right)^{\frac{1}{\Lambda_k}}, \Lambda_k = \Lambda_h \tag{5-3}$$

可得 $A_{k,h}$ 不随时间 t 变化的充要条件为

$$\mu_k / \sigma_k^2 = \mu_h / \sigma_h^2, \Lambda_k = \Lambda_h \tag{5-4}$$

被检参数关系式(5-4)中的任一等式不成立都说明产品在 S_k 与 S_h 下的失效机理不一致。

5.2.2　假设检验方法

建立参数估计值等式成立的原假设，采用 t 检验(t-test)法得出是否拒绝原假设的结论，从而辨识出产品在加速试验中的失效机理是否具有一致性。

设 x_{ijk} $(i = 1, 2, \cdots, n; j = 1, 2, \cdots, m; k = 1, 2, \cdots, q)$ 表示第 k 个应力下第 j 个产品第 i 次测量的退化数据，t_{ijk} 表示对应的测量时刻。假定使用 Gamma 过程对每个产品的退化过程建模，时间函数为 $\Lambda(t) = t$，解得第 k 个应力下的参数估计值 $\hat{\boldsymbol{\alpha}}_k = (\hat{\alpha}_{1k}, \hat{\alpha}_{2k}, \cdots, \hat{\alpha}_{qk})$，$\hat{\boldsymbol{\beta}}_k = (\hat{\beta}_{1k}, \hat{\beta}_{2k}, \cdots, \hat{\beta}_{qk})$。将 $\hat{\boldsymbol{\beta}}_1, \hat{\boldsymbol{\beta}}_2, \cdots, \hat{\boldsymbol{\beta}}_q$ 作为检验样本，每个应力下的样本 $\hat{\boldsymbol{\beta}}_k$ 作为检验样本，则每个应力下的样本 $\hat{\boldsymbol{\beta}}_k$ 可看作出自同一总体，并且不同总体之间相互独立。如果不同总体的样本之间没有显著差异，则认为被检参数关系式成立，失效机理一致。反之，认为被检参数关系式不成立，失效机理发生改变。只要能估计出性能退化模型在各加速应力下的参数估计值，就可利用所提方法进行失效机理一致性检验。对于恒定应力、步进应力、步降应力等试验方式，基于随机过程和退化轨迹拟合的建模方法都可获得各加速应力下的参数估计值，因此本书所提检验方法适用于多种类型的加速退化试验。

由于存在个体差异，每个产品的退化轨迹不尽相同，性能退化模型的参数估计值也并不一致，呈现出在较小范围内围绕一均值上下波动的特点。因此检验样本也具有类似的Normal分布特征,故假设每个应力下的样本分别出自服从Normal分布的总体[5]。

1. 基于 t-test 的假设检验法

对两个 Normal 分布总体的样本是否具有相同的均值进行假设检验，可判断出这两个总体的样本是否有显著差异。据此，可逐一对任何两个总体的样本进行

t-test，任一次检验不通过说明此两个应力下的失效机理不一致，如果所有检验都通过，则说明失效机理在整个加速退化试验中保持不变。

设 $X_1, X_2, \cdots, X_n$ 是来自 $N(\mu_1, \sigma^2)$ 的样本，$Y_1, Y_2, \cdots, Y_m$ 是来自 $N(\mu_2, \sigma^2)$ 的样本，原假设 $H_0 : \mu_1 = \mu_2$，备选假设 $H_1 : \mu_1 \neq \mu_2$，建立如下 *t* 统计量：

$$t = \sqrt{\frac{nm}{n+m}} \frac{\bar{X} - \bar{Y}}{S_w} \tag{5-5}$$

式中

$$\bar{X} = \frac{1}{n} \sum_{i=1}^{n} X_i , \quad \bar{Y} = \frac{1}{m} \sum_{i=1}^{m} Y_i \tag{5-6}$$

$$S_w^2 = \frac{(n-1)S_1^2 + (m-1)S_2^2}{n+m-2} \tag{5-7}$$

$$S_1^2 = \frac{1}{n-1} \sum_{i=1}^{n} \left(X_i - \bar{X} \right)^2 \tag{5-8}$$

$$S_2^2 = \frac{1}{m-1} \sum_{i=1}^{m} \left(Y_i - \bar{Y} \right)^2 \tag{5-9}$$

由于

$$\sqrt{\frac{nm}{n+m}} \frac{\bar{X} - \bar{Y}}{S_w} \sim t(n+m-2) \tag{5-10}$$

当显著性水平为 α 时，原假设的拒绝域为

$$\sqrt{\frac{nm}{n+m}} \frac{\left| \bar{X} - \bar{Y} \right|}{S_w} \geqslant t_{1-\alpha/2}(n+m-2) \tag{5-11}$$

下面以 Gamma 过程为例通过仿真试验对检验方法的有效性进行验证。产品失效机理具有一致性时，其退化轨迹的形状也具有一致性，据此设计仿真试验。首先通过时间函数（$\Lambda(t) = t^\Lambda$）中参数 Λ 的不同取值生成不同形状的退化数据；然后利用基于 *t*-test 的检验方法进行参数一致性检验，以验证所提检验方法的有效性。仿真模型如下：

$$\begin{aligned}
&\alpha_{jk} \sim \mathrm{Ga}(a, b) \\
&A_{k,h} \sim \mathrm{UNI}(0.1, 5) \\
&t_{ijh} = t_{ijk} \cdot A_{k,h} \\
&\Delta y_{ijk} \mid (\alpha_{jk}, \beta) \sim \mathrm{Ga}\left(\alpha_{jk} \Delta \Lambda \left(t_{ijh} \right), \beta \right)
\end{aligned} \tag{5-12}$$

式中，UNI(·) 为均匀分布。加速因子 $A_{k,h}$ 设为一个服从均匀分布的随机变量，则仿真模型生成的 $\Delta y_{ijk}, \Delta \Lambda \left(t_{ijh} \right)$ 分别为折算到随机应力 S_h 下的性能退化增量、时间

增量。仿真模型的参数值设置为：$(a,b)=(2,1)$；$i=1,2,\cdots,10$；$j=1,2,\cdots,20$；$t_{ijk}=10,20,\cdots,100$；$\Lambda(t_{ijk})=t_{ijk}^{\Lambda}$；$\Lambda\in(0.8,\ 0.9,\ 1,\ 1.05,\ 1.1)$。验证步骤如下所示。

（1）取 Λ 值为 0.8 并且设 $A_{k,h}=1$，利用仿真模型生成 S_k 下的退化增量 $\Delta y_{ijk},\Delta\Lambda(t_{ijk};\Lambda_k)$，解出参数估计值 $\hat{\beta}_{jk},\hat{\Lambda}_{jk}$，得估计值向量 $\hat{\boldsymbol{\beta}}_k,\hat{\boldsymbol{\Lambda}}_k$。

（2）分别取 Λ 值为 0.8，0.9，1，1.05，1.1，利用仿真模型生成随机应力 $S_h(h=1,2,3,4,5)$ 下的退化增量 $\Delta y_{ijk},\Delta\Lambda(t_{ij1};\Lambda_1),\cdots,\Delta y_{ijk},\Delta\Lambda(t_{ij5};\Lambda_5)$，解出参数估计值 $\hat{\beta}_{j1},\hat{\Lambda}_{j1},\cdots,\hat{\beta}_{j5},\hat{\Lambda}_{j5}$，得估计值向量 $\hat{\boldsymbol{\beta}}_1,\hat{\boldsymbol{\Lambda}}_1,\cdots,\hat{\boldsymbol{\beta}}_5,\hat{\boldsymbol{\Lambda}}_5$。

（3）设显著性水平为 0.05，将 $\hat{\boldsymbol{\beta}}_k$ 与 $\hat{\boldsymbol{\beta}}_h$ 进行一致性检验，$\hat{\boldsymbol{\Lambda}}_k$ 与 $\hat{\boldsymbol{\Lambda}}_h$ 进行一致性检验，两次检验都通过方能证明产品在 S_k 与 S_h 下的失效机理具有一致性。

（4）将第（1）步中的 Λ 依次取值为 0.9，1，1.05，1.1，重复步骤（1）～（3）。

显著性水平为 0.05 时，t 统计量拒绝域的下边界为 $t_{0.975}(38)=2.024$，检验结果如表 5-1 所示。当步骤（1）与（2）中的参数 Λ 取值相同时，所提检验方法准确检测出其参数估计值具有一致性；当两个步骤中的参数 Λ 分别取值为 0.8，0.9，1 时，所提检验方法能够准确检测出其参数估计值不具有一致性；当两个步骤中参数 Λ 的差值变为 0.05 时（如取值为 1，1.05，1.1），所提检验方法依然能够准确检测出参数估计值，不具有一致性。仿真试验结果说明本节所提的基于 t-test 的参数一致性检验方法是有效的。

表 5-1 基于 t-test 的参数一致性检验

Λ	0.8	0.9	1	1.05	1.1
0.8	**接受**	拒绝	拒绝	拒绝	拒绝
0.9	拒绝	**接受**	拒绝	拒绝	拒绝
1	拒绝	拒绝	**接受**	拒绝	拒绝
1.05	拒绝	拒绝	拒绝	**接受**	拒绝
1.1	拒绝	拒绝	拒绝	拒绝	**接受**

2. 基于 ANOVA 的假设检验法

本节研究一种基于方差分析（ANOVA）的检验方法。设原假设为 H_0：$\hat{\boldsymbol{\beta}}_1,\hat{\boldsymbol{\beta}}_2,\cdots,\hat{\boldsymbol{\beta}}_M$ 之间没有显著不同，备选假设为 H_1：$\hat{\boldsymbol{\beta}}_1,\hat{\boldsymbol{\beta}}_2,\cdots,\hat{\boldsymbol{\beta}}_M$ 之间存在显著不同。利用基于 ANOVA 的假设检验法做出是否拒绝原假设的结论，检验样本为 $\hat{\boldsymbol{\beta}}_k=(\hat{\beta}_{1k},\hat{\beta}_{2k},\cdots,\hat{\beta}_{N_kk})$，构建统计量为

$$F^* = \frac{\left(\sum_{k=1}^{M} N_k - M\right) \text{SST}}{(M-1)\text{SSE}} \tag{5-13}$$

式中

$$\text{SST} = \sum_{k=1}^{M} \frac{\left(\sum_{j=1}^{N_k} \hat{\omega}_{jk}\right)^2}{N_k} - \text{CM} \tag{5-14}$$

$$\text{SSE} = \sum_{k=1}^{M} \sum_{j=1}^{N_k} \hat{\omega}_{jk}^2 - \text{CM} - \text{SST} \tag{5-15}$$

$$\text{CM} = \frac{\left(\sum_{k=1}^{M} \sum_{j=1}^{N_k} \hat{\omega}_{jk}\right)^2}{\sum_{k=1}^{M} N_k} \tag{5-16}$$

F^* 应该服从自由度为 $(M-1, n-1)$ 的 F 分布,如 $F^* \sim F(M-1, n-M)$,其中 $n = \sum_{k=1}^{M} N_k$。在显著性水平为 α 时,如果统计量

$$F_{\alpha/2}(M-1, n-M) \leqslant F^* \leqslant F_{1-\alpha/2}(M-1, n-M) \tag{5-17}$$

则无法拒绝原假设,说明 $\hat{\boldsymbol{\beta}}_1, \hat{\boldsymbol{\beta}}_2, \cdots, \hat{\boldsymbol{\beta}}_M$ 之间没有显著不同,可验证产品在应力 $S_1, S_2, \cdots, S_M$ 下的失效机理具有一致性。当 $F^* > F_{1-\alpha/2}(M-1, n-M)$ 或者 $F^* < F_{\alpha/2}(M-1, n-M)$ 时,应该拒绝原假设,说明产品在应力 $S_1, S_2, \cdots, S_M$ 下的失效机理不一致。

以上所提基于 ANOVA 的验证方法也可利用 MATLAB 软件中的 anova1 命令实现。利用 anova1 命令能够计算出 p-value,如果 p-value $\geqslant \alpha$(α 为显著性水平),则无法拒绝原假设;如果 p-value $< \alpha$,则拒绝原假设。

5.2.3　基于随机过程模型的失效机理一致性检验

本节针对 Wiener 随机过程研究了基于 t-test 进行失效机理一致性检验的方法,并对检验结果进行了验证。

1. 加速退化试验信息

将某型电连接器的接触电阻值 $X(\text{m}\Omega)$ 选为性能退化参数(失效阈值为 5mΩ),进行恒定应力加速退化试验。试验基本信息如下:随机抽取 32 个产品,平均分配到 4 组加速应力 $S_1 < S_2 < S_3 < S_4$ 下。对 S_1 下的产品测量 30 次,测量间隔为 48h;对 S_2 下的产品测量 25 次,测量间隔为 36h;对 S_3 下的产品测量 20 次,测量间隔

为 24h；对 S_4 下的产品测量 10 次，测量间隔为 24h。

产品在各组加速应力下的性能退化轨迹如图 5-2 所示。

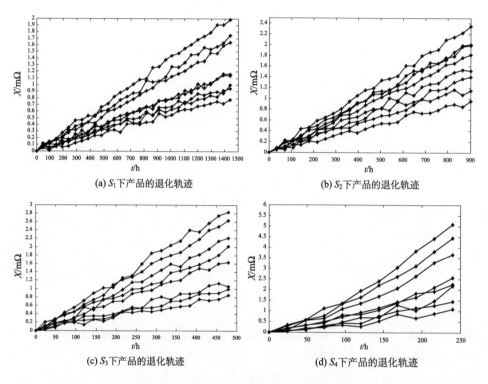

(a) S_1 下产品的退化轨迹　　　　　　　　　(b) S_2 下产品的退化轨迹

(c) S_3 下产品的退化轨迹　　　　　　　　　(d) S_4 下产品的退化轨迹

图 5-2　产品在各组加速应力下的退化轨迹

2. 性能退化建模及参数估计

考虑使用 Wiener 过程进行退化建模。首先对每个产品的退化轨迹是否为 Wiener 过程进行检验。由于试验中进行等时间间隔测量，每组应力下 Δt_i 为一定值，根据 Wiener 过程的特性 $\Delta x_i \sim N(\mu \Delta t_i, \sigma^2 \Delta t_i)$，利用 Anderson-Darling 统计量进行置信水平为 95%的假设检验，验证 Δx_i 服从 Normal 分布，从而确定各产品的退化过程为 Wiener 过程。接下来通过式(5-18)估计每个产品退化模型的参数值 μ, σ^2，设 $\nu = \mu / \sigma^2$，结果如表 5-2 所示。

$$L(\mu, \sigma) = \prod_{i=1}^{n} \frac{1}{\sqrt{2\pi\sigma^2\Delta t_i}} \exp\left[-\frac{(\Delta x_i - \mu\Delta t_i)^2}{2\sigma^2\Delta t_i}\right] \tag{5-18}$$

表 5-2　产品的参数估计值

加速应力	参数	序号							
		1	2	3	4	5	6	7	8
S_1	$\hat{\mu}(10^{-4})$	7.594	5.419	6.242	5.052	3.390	6.237	5.805	5.185
	$\hat{\sigma}^2(10^{-5})$	3.323	4.333	2.592	2.642	3.262	2.772	2.797	2.041
	$\hat{v}$	22.853	12.506	24.082	19.122	10.392	22.500	20.754	25.404
S_2	$\hat{\mu}(10^{-3})$	1.543	2.336	2.246	1.144	1.363	1.720	2.494	1.990
	$\hat{\sigma}^2(10^{-4})$	1.075	1.659	0.545	1.428	0.759	0.524	1.234	1.462
	$\hat{v}$	14.354	14.081	41.211	8.011	17.958	32.824	20.211	13.612
S_3	$\hat{\mu}(10^{-3})$	5.388	7.810	4.742	5.353	8.307	7.608	7.128	6.468
	$\hat{\sigma}^2(10^{-4})$	3.815	3.857	4.161	2.987	3.783	4.295	5.493	5.264
	$\hat{v}$	14.123	20.249	11.396	17.921	21.959	17.714	12.977	12.287
S_4	$\hat{\mu}(10^{-2})$	1.533	0.921	1.864	2.126	1.079	0.940	0.616	0.465
	$\hat{\sigma}^2(10^{-3})$	1.409	2.789	1.343	1.465	0.558	0.863	0.543	1.067
	$\hat{v}$	10.880	3.302	13.879	14.512	19.337	10.892	11.344	4.358

3. 失效机理一致性检验

设检验样本为 $\hat{v} = \hat{\mu} / \hat{\sigma}^2$，4 个加速应力下的检验样本如表 5-2 中所示，利用 Anderson-Darling 统计量检验 $\hat{v}$ 是否服从 Normal 分布。在显著性水平为 0.05 时接受各应力下的样本服从 Normal 分布的原假设，其拟合优度检验情况如图 5-3 所示。

4 个应力下的样本量都为 8，当显著性水平为 0.05 时，查 t 分布表得拒绝域的边界 $t_{0.975}(14) = 2.1448$，逐一对任何两个应力下的样本进行检验，结果如表 5-3 所示。可知 $\hat{v}_1$ 与 $\hat{v}_4$，$\hat{v}_3$ 与 $\hat{v}_4$ 之间有显著差异，产品在应力 S_4 下的失效机理发生了改变，而 S_1, S_2, S_3 下的失效机理具有一致性。

表 5-3　t-test 结果

项目	检验样本					
	$\hat{v}_1, \hat{v}_2$	$\hat{v}_1, \hat{v}_3$	$\hat{v}_1, \hat{v}_4$	$\hat{v}_2, \hat{v}_3$	$\hat{v}_2, \hat{v}_4$	$\hat{v}_3, \hat{v}_4$
S_w	8.7780	4.7594	5.3649	8.3546	8.7138	4.6398
t 统计量值	0.1323	1.5227	3.2204	1.0065	2.1161	2.1617
是否接受 H_0	接受	接受	拒绝	接受	接受	拒绝

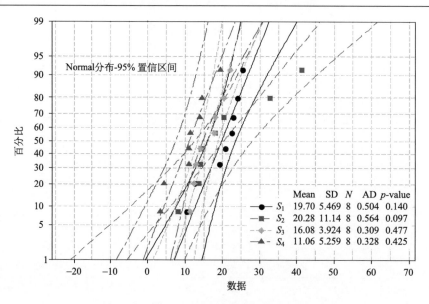

图 5-3　样本值在 Normal 分布下的拟合优度检验

Mean 表示均值，SD 表示标准差，N 表示数量

4. 检验结果验证

将退化量首达失效阈值 D 的时间定义为伪寿命 ξ，对于性能退化服从 Wiener 过程的产品，ξ 为一服从 IG 分布的变量。伪寿命的期望值可由式 (5-19) 求出。

$$E(\xi) = \int_{-\infty}^{+\infty} t \cdot f(t) \mathrm{d}t = \int_{-\infty}^{+\infty} \frac{D \cdot t}{\sqrt{2\pi\sigma^2 t^3}} \exp\left[-\frac{(D-\mu t)^2}{2\sigma^2 t}\right] \mathrm{d}t = D/\mu \quad (5\text{-}19)$$

代入 $D = 5\mathrm{m}\Omega$ 得伪寿命期望值如表 5-4 所示。

表 5-4　伪寿命 ξ 的期望值

期望值	加速应力	产品序号							
		1	2	3	4	5	6	7	8
$E(\xi)$ /h	S_1	6584.145	9226.795	8010.253	9897.07	14749.263	8016.675	8613.264	9643.202
	S_2	3240.441	2140.411	2226.18	4370.629	3668.379	2906.977	2004.812	2512.563
	S_3	927.988	640.205	1054.407	934.056	601.902	657.203	701.459	773.036
	S_4	326.158	542.888	268.240	235.183	463.392	531.915	811.688	1075.269

经拟合优度检验，4 个应力下的伪寿命期望值都较好得服从 Lognormal 分布，表示为 $E(\xi_{hi}) \sim \mathrm{LN}(\mu_i, \sigma_i)$，其中 $h = 1,2,\cdots,8$；$i = 1,2,3,4$。由加速因子不变原则

可推导出被检参数关系式为 $\sigma_i = \sigma_j$，将产品在应力 S_i, S_j 下的失效机理一致性检验转换为 $\sigma_i = \sigma_j$ 是否成立的检验。

原假设 H_0：$\sigma_i = \sigma_j$，备选假设 H_1：$\sigma_i \neq \sigma_j$。σ_i^2 的无偏估计为

$$S_i^2 = (n_i - 1)^{-1} \sum_{h=1}^{n_i} \left(\ln\left(E(\xi_{hi})\right) - \overline{\ln\left(E(\xi_{hi})\right)} \right)^2 \qquad (5\text{-}20)$$

式中，$\overline{\ln\left(E(\xi_{hi})\right)} = \ln\left(\prod_{h=1}^{n_i}\left(E(\xi_{hi})\right)\right)^{1/n_i}$，$n_i$ 表示第 i 个加速应力下的样品数，则有

$$(n_i - 1)S_i^2 / \sigma_i^2 \sim \chi_{n-1}^2 \qquad (5\text{-}21)$$

在 $\sigma_i = \sigma_j$ 时，建立 F 统计量

$$F^* = S_j^2 / S_i^2 \sim F(n_j - 1, n_i - 1) \qquad (5\text{-}22)$$

H_0 接受域为 $F_{\alpha/2}(n_j - 1, n_i - 1) \leqslant F^* \leqslant F_{1-\alpha/2}(n_j - 1, n_i - 1)$，此处 $n_i = n_j = 8$，当显著性水平为 0.05 时，接受域为 [0.200, 4.995]。逐一对任何两个应力下的样本进行 F 检验，结果如表 5-5 所示，检验结论与表 5-3 中的相一致。

表 5-5　F 检验结果

项目	检验样本					
	$\hat{\sigma}_1, \hat{\sigma}_2$	$\hat{\sigma}_1, \hat{\sigma}_3$	$\hat{\sigma}_1, \hat{\sigma}_4$	$\hat{\sigma}_2, \hat{\sigma}_3$	$\hat{\sigma}_2, \hat{\sigma}_4$	$\hat{\sigma}_3, \hat{\sigma}_4$
F^*	0.7085	1.2820	0.1971	1.8095	0.2783	0.1538
是否接受 H_0	接受	接受	拒绝	接受	接受	拒绝

5.2.4　基于伪寿命分布模型的失效机理一致性检验

本节针对伪寿命分布模型研究了失效机理一致性检验方法。

1. 加速退化试验信息

Meeker 和 Escobar 提供了 Device-B 的加速退化数据，产品退化轨迹如图 5-4 所示。

加速应力为温度，分为 3 个等级：$T_1 = 150℃$，$T_2 = 195℃$，$T_3 = 237℃$。性能退化参数为产品能量输出的下降值（相对于初始值，单位为 dB），所有产品的测量间隔都为 $0.125×10^3$h。T_1 下投入 7 个产品，进行了 32 次测量；T_2 下投入 12 个产品，进行了 16 次测量；T_3 下投入 15 个产品，进行了 8 次测量。

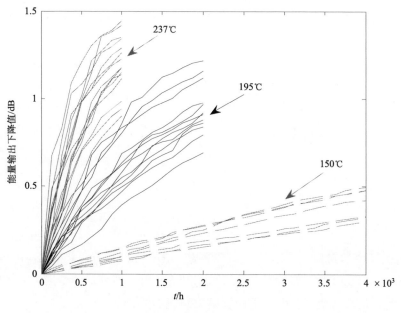

图 5-4　Device-B 退化轨迹

2. 性能退化建模及参数估计

由于退化轨迹呈现幂律型，建立如下退化轨迹函数

$$y(t_{ijk}) = a_{jk} \cdot t_{ijk}^{b_{jk}} + \varepsilon_{jk} \tag{5-23}$$

式中，t_{ijk} 为第 k 个应力下第 j 个产品的第 i 次测量时刻，$y(t_{ijk})$ 为对应的测量值，a_{jk}, b_{jk} 为未知参数，设每个产品所有测量过程引入的误差 ε_{jk} 相等，并服从 $\varepsilon_{jk} \sim N(0, \sigma_{jk}^2)$。由式 (5-23) 可得 $[y(t_{ijk}) - a_{jk}t_{ijk}^{b_{jk}}] \sim N(0, \sigma_{jk}^2)$，建立如下似然函数：

$$l(a_{jk}, b_{jk}, \sigma_{jk}) = \prod_{i=1}^{n_k} \frac{1}{\sqrt{2\pi\sigma_{jk}^2}} \exp\left[-\frac{(y_{ijk} - a_{jk} \cdot t_{ijk}^{b_{jk}})^2}{2\sigma_{jk}^2} \right] \tag{5-24}$$

式中，$n_k = (32, 16, 8)$。解得 $\hat{a}_{jk}, \hat{b}_{jk}, \hat{\sigma}_{jk}$ 如表 5-6 所示。

3. 失效机理一致性检验

根据之前的推导结论，将 $b_k = b_h$ 作为被检等式。设 $\hat{\boldsymbol{b}}_1, \hat{\boldsymbol{b}}_2, \hat{\boldsymbol{b}}_3$ 分别为参数 b 在 T_1, T_2, T_3 下的估计值向量，利用 Anderson-Darling 统计量分别检验 $\hat{\boldsymbol{b}}_1, \hat{\boldsymbol{b}}_2, \hat{\boldsymbol{b}}_3$ 是否服从 Normal 分布。在显著性水平为 0.05 时，$\hat{\boldsymbol{b}}_1, \hat{\boldsymbol{b}}_2, \hat{\boldsymbol{b}}_3$ 服从 Normal 分布，其拟合优度检验情况如图 5-5 所示。

表 5-6 每个产品的参数估计值

产品 序号	T_1			T_2			T_3		
	$\hat{a}_{j1}$	$\hat{b}_{j1}$	$\hat{\sigma}_{j1}$	$\hat{a}_{j2}$	$\hat{b}_{j2}$	$\hat{\sigma}_{j2}$	$\hat{a}_{j3}$	$\hat{b}_{j3}$	$\hat{\sigma}_{j3}$
1	1.360×10^{-1}	0.803	1.854×10^{-2}	6.074×10^{-1}	0.650	3.524×10^{-2}	1.402	0.430	5.852×10^{-2}
2	9.630×10^{-2}	0.817	1.408×10^{-2}	7.786×10^{-1}	0.662	3.416×10^{-2}	1.491	0.366	4.142×10^{-2}
3	9.055×10^{-2}	0.838	9.774×10^{-3}	5.049×10^{-1}	0.757	1.435×10^{-2}	0.996	0.666	4.498×10^{-2}
4	1.421×10^{-1}	0.901	9.997×10^{-3}	5.620×10^{-1}	0.732	1.914×10^{-2}	1.225	0.727	3.955×10^{-2}
5	1.432×10^{-1}	0.902	1.413×10^{-2}	5.122×10^{-1}	0.757	2.497×10^{-2}	0.968	0.871	3.188×10^{-2}
6	1.417×10^{-1}	0.901	6.475×10^{-2}	6.204×10^{-1}	0.725	3.762×10^{-2}	1.345	0.559	3.606×10^{-2}
7	1.065×10^{-1}	0.805	8.090×10^{-3}	5.594×10^{-1}	0.670	1.472×10^{-2}	1.170	0.667	5.233×10^{-2}
8	—	—	—	5.921×10^{-1}	0.773	3.133×10^{-2}	1.220	0.718	5.429×10^{-2}
9	—	—	—	3.689×10^{-1}	0.957	1.575×10^{-2}	1.454	0.578	6.672×10^{-2}
10	—	—	—	8.197×10^{-1}	0.677	4.711×10^{-2}	1.249	0.695	4.744×10^{-2}
11	—	—	—	4.814×10^{-1}	0.703	1.216×10^{-2}	1.164	0.539	2.518×10^{-2}
12	—	—	—	7.745×10^{-1}	0.595	6.170×10^{-2}	1.525	0.657	5.078×10^{-2}
13	—	—	—	—	—	—	1.297	0.489	3.861×10^{-2}
14	—	—	—	—	—	—	1.021	0.581	2.388×10^{-2}
15	—	—	—	—	—	—	1.305	0.520	9.170×10^{-2}

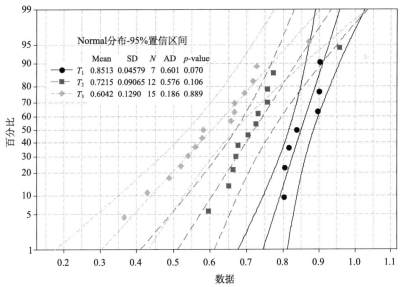

图 5-5 $\hat{b}_1, \hat{b}_2, \hat{b}_3$ 在 Normal 分布下的拟合优度检验

3 个应力下的样本量分别为 $n_1 = 7$，$n_2 = 12$，$n_3 = 15$。当显著性水平为 0.05 时，查 t 分布表得拒绝域的边界，逐一对任何两个应力下的样本进行检验，结果如表 5-7 所示。可知 $\hat{b}_1, \hat{b}_2, \hat{b}_3$ 相互之间有显著差异，产品在应力 T_1, T_2, T_3 下的失效机理不具有一致性。

表 5-7　*t*-test 结果

项目	检验样本		
	$\hat{b}_1, \hat{b}_2$	$\hat{b}_1, \hat{b}_3$	$\hat{b}_2, \hat{b}_3$
拒绝域下边界	2.110	2.086	2.060
t 统计量值	3.528	4.891	2.666
是否接受 H_0	拒绝	拒绝	拒绝

5.2.5　基于退化量分布模型的失效机理一致性检验

Nelson 曾利用基于退化量分布的建模方法研究某绝缘材料的寿命特性，本节研究了基于退化量分布模型进行失效机理一致性检验的方法。

1. 加速退化试验信息

绝缘材料的性能退化参数为击穿电压 V_{break}，失效阈值为 $D = 2\text{kV}$，加速应力为温度 T，分别为 $180℃, 225℃, 250℃, 275℃$。由于退化试验中对绝缘材料进行破坏性测量以获取击穿电压值，每个产品只能获取一个测量值，图 5-6 给出了 128 个产品的击穿电压测量值的分布情况，具体试验数据见文献[6]。

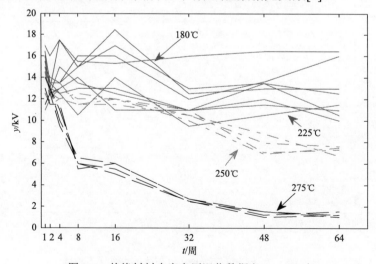

图 5-6　绝缘材料击穿电压退化数据（V_{break} / kV）

2. 退化量分布模型及参数估计

Nelson 使用 Lognormal 分布进行退化量分布建模，并假定对数均值 μ 为时间 t 和应力 T 的函数，如 $\mu(t,T)=\alpha-t\beta\exp(-\gamma/T)$，其中 α,β,γ 为待估系数，对数标准差 σ 为一常数，与 t 和 T 无关。$\mu(t,T)$ 可以转换为 $\mu(t)=\alpha-\lambda t$，其中 $\lambda=\exp(\ln\beta-\gamma/T)$，实际上 $\exp(\ln\beta-\gamma/T)$ 为 Arrhenius 模型，λ 代表老化速率，α 为初始击穿电压的对数值，设所有产品的初始击穿电压相等。

首先，利用加速因子不变原则对 λ,σ 与 T 关系的假定进行验证。设 T_h,T_k 为任两个不相同的温度应力，$F_h(t_h),F_k(t_k)$ 为 T_h,T_k 下的累积失效概率，则

$$F_h(t_h)=F_k(t_k)\Leftrightarrow\Phi\left(\frac{D-\mu_h}{\sigma_h}\right)=\Phi\left(\frac{D-\mu_k}{\sigma_k}\right) \tag{5-25}$$

将 $\mu=\alpha-\lambda t$ 代入式 (5-25)，可得

$$\Phi\left(\frac{D-\alpha_h+\lambda_h t_h}{\sigma_h}\right)=\Phi\left(\frac{D-\alpha_k+\lambda_k t_k}{\sigma_k}\right) \tag{5-26}$$

将 $\alpha_k=\alpha_h$ 及 $A_{k,h}=t_h/t_k$ 代入式 (5-26)，可得

$$\Phi\left(\frac{D-\alpha_h+\lambda_h A_{k,h} t_k}{\sigma_h}\right)=\Phi\left(\frac{D-\alpha_h+\lambda_k t_k}{\sigma_k}\right) \tag{5-27}$$

如要保证对任意 t_k 式 (5-27) 恒成立，需满足

$$\begin{aligned}\sigma_h&=\sigma_k\\A_{k,h}&=\lambda_k/\lambda_h\end{aligned} \tag{5-28}$$

可推导出 σ 与加速应力无关而 λ 与加速应力有关，从而验证 Nelson 关于 λ,σ 与 T 关系的假定是正确的。接下来使用极大似然法估计 $\hat{\sigma}_{jk}$，$\hat{\sigma}_{jk}$ 为利用 T_k 下第 j 次测量数据估计出的对数标准差，估计结果如表 5-8 所示。

表 5-8　极大似然估计值 $\hat{\sigma}_{jk}$

温度	t/周							
	1	2	4	8	16	32	48	64
180℃	0.0533	0.0904	0.1498	0.0309	0.0822	0.1279	0.1072	0.1416
225℃	0.0424	0.0369	0.0866	0.1290	0.1009	0.0733	0.1043	0.0601
250℃	0.1430	0.0340	0.0591	0.0400	0.0213	0.0389	0.1141	0.0566
275℃	0.0928	0.0578	0.0872	0.0682	0.0869	0.0586	0.1361	0.1659

3. 失效机理一致性检验

验证产品在 T_h, T_k 下的失效机理是否一致可转换为验证关系式 $\sigma_h = \sigma_k$ 是否成立。$\hat{\sigma}$ 为检验样本,利用 Anderson-Darling 统计量验证样本的 Normal 分布假定,在显著性水平为 0.05 时接受各应力下的样本服从 Normal 分布的原假设,拟合优度检验情况如图 5-7 所示。

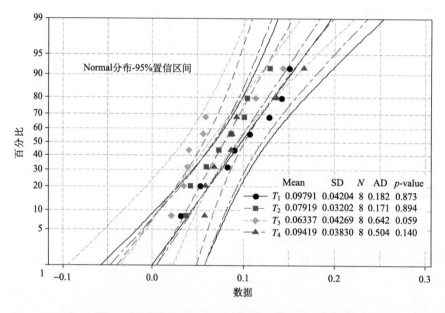

图 5-7　检验样本在 Normal 分布下的拟合优度检验

4 个应力下的样本量都为 8,当显著性水平 $\alpha = 0.05$ 时,拒绝域边界为 $t_{0.975}(14) = 2.145$,逐一对任何两个应力下的样本进行检验,检验结果如表 5-9 所示。可知 $\hat{\sigma}_1, \hat{\sigma}_2, \hat{\sigma}_3, \hat{\sigma}_4$ 之间没有显著差异,产品在 T_1, T_2, T_3, T_4 下的失效机理具有一致性。

表 5-9　t-test 结果

项目	检验样本					
	$\hat{\sigma}_1, \hat{\sigma}_2$	$\hat{\sigma}_1, \hat{\sigma}_3$	$\hat{\sigma}_1, \hat{\sigma}_4$	$\hat{\sigma}_2, \hat{\sigma}_3$	$\hat{\sigma}_2, \hat{\sigma}_4$	$\hat{\sigma}_3, \hat{\sigma}_4$
t 统计量值	1.002	1.631	0.197	0.838	0.795	1.633
是否接受原假设	接受	接受	接受	接受	接受	接受

5.2.6　研究结论

研究了基于性能退化模型参数一致性的失效机理一致性检验方法。首先建立了性能退化模型参数与失效机理不变之间的内在联系，其次通过加速因子不变原则确定被检参数关系式，最后利用 t 统计量对参数估计值是否满足被检参数关系式进行假设检验。本章研究工作的主要贡献与结论如下。

(1)以往基于加速试验数据分析的失效机理一致性检验方法有 3 种：基于寿命分布模型参数一致性的检验方法，基于退化轨迹形状一致性的检验方法，基于加速模型参数一致性的检验方法。本章提出的基于性能退化模型参数一致性的检验方法为第 4 种。

(2)案例应用表明，基于性能退化模型参数一致性的检验方法合理可行且易于工程应用。此方法不局限于特定的性能退化模型和加速试验方式，因此比其他 3 类检验方法具有更广的适用范围。

(3)基于性能退化模型参数一致性的检验方法是在合理假定被检样本服从 Normal 分布的基础上，利用 t-test 进行参数一致性检验。为了保证检验结果的可信性，应用此方法时需要对检验样本的 Normal 分布性进行验证。

(4)绝大多数的性能退化模型都可以得出被检参数关系式。然而一些退化量分布模型由于其具有时变参数，难以推导出被检参数关系式，此时无法应用基于性能退化模型参数一致性的检验方法。

5.3　模型准确性与可靠度评估结果一致性的验证方法

掌握产品的可靠度变化规律对于有效开展预防性维修、避免装备的灾难性故障至关重要，开展可靠性试验是获取产品可靠度变化规律的重要途径。传统的可靠性试验是通过获取产品的失效时间数据推断可靠性指标，这种方式的可靠度评估精度相对较高，然而试验时间较长。当今社会的产品更新换代加快，对可靠性试验的时效性要求很高,传统的可靠性试验在时效性方面难以满足产品研发需求。为了提高可靠性试验的效率，可靠性试验发展了性能退化试验类型，针对某些性能参数缓慢劣化最终导致失效的产品，通过对性能参数退化量的变化规律进行准确建模，无需产品失效即可预测出产品的失效时间。某些性能退化产品的性能退化速率受温度、电压、振动等环境应力的影响，提高环境应力水平可以加速产品的性能退化过程，从而进一步缩短可靠性试验的时间，根据此原理又发展了加速退化试验类型。

目前对加速退化试验的研究主要集中在退化试验方案优化设计和加速退化建模两大方向，但对于加速退化模型与外推结果的验证方法缺少深入研究，尚未形成一套较为科学的验证方法。加速退化试验本质上是牺牲部分可靠度评估精度换取可靠度评估效率，外推到常应力下的可靠度结果通常会与真实值存在一定的偏差，因此需要验证此偏差是否在可接受的范围内。考虑到产品可靠度的真实值无法直接测量得出，可利用常应力下的可靠性数据建立验证标准。Zhang 等[7]在开展某型发光二极管加速退化试验时，利用常应力下的性能退化数据建立了产品平均寿命的验证标准，通过比对加速试验外推的平均寿命值与验证标准值，定性验证了外推结果的准确性。然而，工程实践中往往难以获取常应力下的可靠性数据，这是验证工作经常面临的难题[8]。针对此情况，Yao 等[9]将最低加速应力水平下的退化数据作为验证标准，验证外推到低加速应力下可靠度结果的准确性。另外，一些研究工作将加速退化模型与加速退化数据的拟合优劣作为验证标准，例如，Ling 等[10]基于 Gamma 随机过程建立了 3 种加速退化模型用于预测 LED 的剩余寿命，认为拟合最优的加速退化模型具有最准确的外推结果；Wang 等[11]对碳膜电阻器加速退化数据进行统计分析，通过比较 AIC 值判断各加速退化模型的拟合优劣。以上研究工作实现了预测/评估结果的定性验证，但并没有提出有效的定量验证方法，验证结论缺乏说服力。

Ling 等[12]归纳总结了预测模型的各类定量验证方法，将其分为假设检验法和非假设检验法两大类，具体包括经典假设检验法、Bayesian 假设检验法、可靠性指标法、面积指标法 4 个分支。许丹等[13]提出了一种常应力下性能退化模型的验证方法，结合波动阈值一致性检验与空间形状相似性一致性检验进行验证。然而，以上只是研究了常应力下预测模型与预测准确度的验证方法，不能解决加速退化模型与外推结果的准确度验证问题。为了提供一套较为科学的加速退化模型与可靠度评估结果的验证方法，本章首先根据可靠性建模的步骤设计了验证流程，然后结合 Wiener-Arrhenius 加速退化模型构建了验证技术框架，并通过实例应用展现了技术框架的可行性与有效性。

与传统可靠性试验相比，加速退化试验无论是在试验操作还是统计模型方面都变得复杂，增加了可靠度评定结果的不确定性。加速退化试验实质上是牺牲部分评估精度换取试验效率，外推到常应力下的可靠度结果通常会与真实值存在一定的偏差，因此需要验证此偏差是否在可接受的范围内[14]。为了建立一套较为科学的可靠性模型与评定结果准确度的验证方法，首先设计了先验证模型后验证评定结果的基本流程；然后以 Wiener-Arrhenius 加速退化模型为具体研究对象，提出了验证模型准确性与验证评定结果一致性的有效方法；最后通过实例应用说明了所提验证方法的可行性与有效性。

5.3.1　验证流程

基于加速退化数据的可靠度评定流程包含 4 个步骤，依次为：建立性能退化模型，建立加速退化模型，外推常应力下的可靠度模型，可靠度评定，如图 5-8 所示。根据可靠度评定流程，设计模型准确性与可靠度评定结果一致性的验证流程如图 5-8 所示。

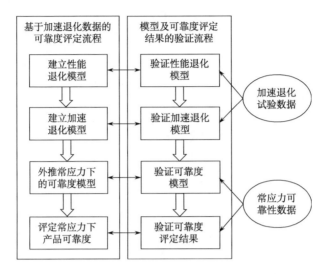

图 5-8　模型准确性与评定结果一致性的验证流程

　　以图 5-8 所示的验证流程为基础建立一套验证模型准确性与可靠度评定结果一致性的技术框架，技术框架主要内容包括：基于假设检验的模型准确性验证方法和基于面积比的可靠度评定结果一致性验证方法。

5.3.2　Wiener-Arrhenius 加速退化模型

　　对于缺乏可靠性信息的新型弹载退化失效型产品来说，由于尚未确切掌握产品的失效物理过程，无法通过失效物理分析的手段推导出产品的性能退化模型或加速退化模型，基于退化数据拟合的建模方法成为一种广泛应用的可行手段[15]。连续时间随机过程不仅能够描述产品退化的不确定性，而且具有较好的统计特性和拟合能力。采用 Wiener 过程建立产品的性能退化模型，假定某产品的性能退化过程 $Y(t)$ 服从 Wiener 过程，则 $Y(t)$ 可被描述为

$$Y(t) = \mu \Lambda(t) + \sigma B\big(\Lambda(t)\big) \tag{5-29}$$

　　产品的退化速率受环境应力水平的影响，严酷的环境应力会加速产品的退化过程，提高退化速率。Wiener 退化模型的 3 个参数 μ, σ, Λ 中，漂移参数 μ 的物理内涵能够表征退化速率，因此 μ 值应该与环境应力相关[16]。为了准确建立产品的加速退化模型，还需要确定 σ, Λ 是否与环境应力相关。采用加速因子不变原则推导出：扩散参数 σ 与环境应力相关，时间参数 Λ 与环境应力无关，具体推导步骤

已经在前面章节中论述。

试验中的加速环境应力为绝对温度 T，可采用 Arrhenius 方程建立 μ, σ 的加速模型[17]：

$$\mu(T) = \exp(\gamma_1 - \gamma_2 / T) \tag{5-30}$$

$$\sigma(T) = \exp(\gamma_3 - 0.5\gamma_2 / T) \tag{5-31}$$

将式(5-30)与式(5-31)代入式(5-29)，得出 Wiener-Arrhenius 加速退化模型为

$$Y(t;T) = \exp(\gamma_1 - \gamma_2 / T)t^\Lambda + \exp(\gamma_3 - 0.5\gamma_2 / T)B(t^\Lambda) \tag{5-32}$$

式中，$\gamma_1, \gamma_2, \gamma_3, \Lambda$ 为加速退化模型中的未知参数。令 D 表示产品的失效阈值，$\xi(T)$ 表示产品在温度 T 下的失效时间数据，推导出 $(\xi(T))^\Lambda$ 应该服从如下形式的 IG 分布：

$$(\xi(T))^\Lambda \sim \mathrm{IG}\left(\frac{D}{\exp(\gamma_1 - \gamma_2 / T)}, \frac{D^2}{\exp(2\gamma_3 - \gamma_2 / T)}\right) \tag{5-33}$$

进而由 IG 分布函数得出可靠性模型为

$$\begin{aligned}
R(t;T) = {} & \Phi\left(\frac{D - \exp(\gamma_1 - \gamma_2 / T)t^\Lambda}{\exp(\gamma_3 - 0.5\gamma_2 / T)t^{0.5\Lambda}}\right) - \exp\big(2D\exp(\gamma_1 - 2\gamma_3)\big) \\
& \cdot \Phi\left(-\frac{\exp(\gamma_1 - \gamma_2 / T)t^\Lambda + D}{\exp(\gamma_3 - 0.5\gamma_2 / T)t^{0.5\Lambda}}\right)
\end{aligned} \tag{5-34}$$

产品的可靠性模型与加速退化模型具有相同的参数向量 $\boldsymbol{\theta} = (\gamma_1, \gamma_2, \gamma_3, \Lambda)$，估计出加速退化模型的参数值也就能够确定出产品的可靠性模型。对于式(5-32)中所示的 Wiener-Arrhenius 加速退化模型，独立增量 $\Delta Y(t;T)$ 服从如下形式的 Normal 分布：

$$\Delta Y(t;T) \sim N\big(\exp(\gamma_1 - \gamma_2 / T)\Delta\Lambda(t), \exp(2\gamma_3 - \gamma_2 / T)\Delta\Lambda(t)\big) \tag{5-35}$$

式中，$\Delta\Lambda(t) = (t + \Delta t)^\Lambda - t^\Lambda$。

设 t_{ijk} 为 T_k 下第 j 个产品的第 i 次测量时刻，y_{ijk} 为相应的性能退化数据，$\Delta y_{ijk} = y_{ijk} - y_{(i-1)jk}$ 表示退化增量，$\Delta\Lambda_{ijk} = t_{ijk}^\Lambda - t_{(i-1)jk}^\Lambda$ 表示时间增量，其中 $i = 1, 2, \cdots, H_k$；$j = 1, 2, \cdots, N$；$k = 1, 2, \cdots, M$。根据式(5-35)建立对数似然函数：

$$L(\boldsymbol{\theta}) = -\frac{1}{2}\sum_{k=1}^{M}\sum_{j=1}^{N}\sum_{i=1}^{H_k}\left(\ln(2\pi) + 2\gamma_3 - \frac{\gamma_2}{T_k} + \ln\Delta\Lambda_{ijk} - 2\frac{\big(\Delta y_{ijk} - \exp(\gamma_1 - \gamma_2 / T_k)\Delta\Lambda_{ijk}\big)^2}{\exp(2\gamma_3 - \gamma_2 / T_k)\Delta\Lambda_{ijk}}\right)$$

$$\tag{5-36}$$

极大化式(5-36)获得模型参数的极大似然估计值 $\hat{\boldsymbol{\theta}} = (\hat{\gamma}_1, \hat{\gamma}_2, \hat{\gamma}_3, \hat{\Lambda})$。

5.3.3　模型的准确性验证

1. 基于加速退化数据验证模型准确性

如果获取不到常应力水平下可靠性数据，则只能基于加速退化数据对模型准确性进行验证。

首先，验证 Wiener 退化模型的准确性。由 $\Delta y_{ijk} \sim N\left(\mu_{jk}\Delta\Lambda_{ijk}, \sigma_{jk}^2\Delta\Lambda_{ijk}\right)$ 的密度函数构建对数似然函数为

$$L\left(\mu_{jk}, \sigma_{jk}^2, \Lambda_{jk}\right) = -\frac{1}{2}\sum_{i=1}^{H_k}\left(\ln(2\pi) + \ln\sigma_{jk}^2 + \ln\Delta\Lambda_{ijk} - 2\frac{\left(\Delta y_{ijk} - \mu_{jk}\Delta\Lambda_{ijk}\right)^2}{\sigma_{jk}^2\Delta\Lambda_{ijk}}\right) \quad (5\text{-}37)$$

式中，$\Delta\Lambda_{ijk} = t_{ijk}^{\Lambda_{jk}} - t_{(i-1)jk}^{\Lambda_{jk}}$。分别将各产品的性能退化数据代入式(5-37)，获得各产品的参数估计值 $\left(\hat{\mu}_{jk}, \hat{\sigma}_{jk}^2, \hat{\Lambda}_{jk}\right)$，如果

$$\frac{\Delta y_{ijk} - \hat{\mu}_{jk}\Delta\Lambda_{ijk}}{\sqrt{\hat{\sigma}_{jk}^2\Delta\Lambda_{ijk}}} \sim N(0,1) \quad (5\text{-}38)$$

成立，那么说明各产品的性能退化服从 Wiener 过程，建立的 Wiener 退化模型是准确的。采用假设检验法验证式(5-38)是否成立。设原假设 H_0：式(5-38)成立；备选假设 H_1：式(5-38)不成立。假设检验可采用 Kolmogorov-Smirnov 法或 Anderson-Darling 法，基于这两种方法的 *p*-value 计算公式见文献[18]和[19]，当 *p*-value 大于设定的显著性水平 α 时不能拒绝原假设，否则拒绝原假设。

然后，验证式(5-32)中的 Wiener-Arrhenius 加速退化模型的准确性。根据 $\Delta y_{ijk} \sim N\left(\exp(\hat{\gamma}_1 - \hat{\gamma}_2 / T_k)\Delta\Lambda_{ijk}, \exp(2\hat{\gamma}_3 - \hat{\gamma}_2 / T_k)\Delta\Lambda_{ijk}\right)$，其中 $\Delta\Lambda_{ijk} = t_{ijk}^{\hat{\lambda}} - t_{(i-1)jk}^{\hat{\lambda}}$，建立统计量：

$$z_{ijk} = \frac{\Delta y_{ijk} - \exp(\hat{\gamma}_1 - \hat{\gamma}_2 / T_k)\Delta\Lambda_{ijk}}{\sqrt{\exp(2\hat{\gamma}_3 - \hat{\gamma}_2 / T_k)\Delta\Lambda_{ijk}}} \quad (5\text{-}39)$$

设原假设 H_0：$z_{ijk} \sim N(0,1)$ 成立；备选假设 H_1：$z_{ijk} \sim N(0,1)$ 不成立。假设检验同样采用 Kolmogorov-Smirnov 法或 Anderson-Darling 法，如果无法拒绝原假设，则说明式(5-32)中的 Wiener-Arrhenius 加速退化模型是准确的；否则，说明此加速退化模型不准确。

2. 基于常应力可靠性数据验证模型准确性

如果能够获取一些产品在常应力水平下的可靠性数据，那么利用这些数据验证模型的准确性将更令人信服。常应力下的可靠性数据包含 3 种情况：①仅有失

效时间数据；②仅有性能退化数据；③同时具有性能退化数据与失效时间数据。分别针对此 3 种情况提出验证方法。

(1)设产品在常应力水平下的失效时间数据为 ξ_j，$j=1,2,\cdots,J$；如果 $\left(\xi_j\right)^{\hat{\lambda}}$ 满足如下 IG 分布：

$$\left(\xi_j\right)^{\hat{\lambda}} \sim \text{IG}\left(\frac{D}{\exp(\hat{\gamma}_1-\hat{\gamma}_2/T_0)},\frac{D^2}{\exp(2\hat{\gamma}_3-\hat{\gamma}_2/T_0)}\right) \tag{5-40}$$

则说明外推出的可靠度模型是准确的，采用 Anderson-Darling 法验证式(5-40)。

(2)设产品在 T_0 下的性能退化数据为 x_{ij},t_{ij}，$i=1,2,\cdots,H$；$j=1,2,\cdots,N$。设

$$z_{ij}=\frac{\Delta x_{ij}-\exp\left(\hat{\gamma}_1-\hat{\gamma}_2/T_0\right)\Delta\Lambda_{ij}}{\sqrt{\exp\left(2\hat{\gamma}_3-\hat{\gamma}_2/T_0\right)\Delta\Lambda_{ij}}}\text{，}\Delta\Lambda_{ij}=t_{ij}^{\hat{\lambda}}-t_{(i-1)j}^{\hat{\lambda}} \tag{5-41}$$

如果 z_{ij} 服从标准 Normal 分布，则说明外推出的可靠度模型是准确的，采用 Anderson-Darling 法验证式(5-41)是否成立。

(3)设产品在 T_0 下同时具有失效时间数据 ξ_j 与性能退化数据 x_{ij},t_{ij}，如果 $\left(\xi_j\right)^{\hat{\lambda}}$ 服从如式(5-40)的 IG 分布并且 z_{ij} 服从标准 Normal 分布，则说明外推出的可靠度模型是准确的，否则说明外推出的可靠度模型不准确。

5.3.4　可靠度评估结果的一致性验证

1. 建立标准可靠度模型

(1)基于产品在常应力下的失效时间数据 ξ_j，$j=1,2,\cdots,J$；确定标准可靠度模型为

$$R^{(1)}\left(t\right)=\varPhi\left(\sqrt{\frac{\hat{\lambda}}{t}}\left(1-\frac{t}{\hat{\delta}}\right)\right)-\exp\left(\frac{2\hat{\lambda}}{\hat{\delta}}\right)\varPhi\left(-\sqrt{\frac{\hat{\lambda}}{t}}\left(1+\frac{t}{\hat{\delta}}\right)\right) \tag{5-42}$$

通过极大化如下似然函数获取参数估计值 $\left(\hat{\delta},\hat{\lambda}\right)$。

$$l(\delta,\lambda)=\prod_{j=1}^{J}\sqrt{\frac{\lambda}{2\pi\xi_j^3}}\exp\left(-\frac{\lambda\left(\xi_j-\delta\right)^2}{2\delta^2\xi_j}\right) \tag{5-43}$$

(2)基于产品在常应力下的性能退化数据为 x_{ij},t_{ij}，$i=1,2,\cdots,H$；$j=1,2,\cdots,N$。确定标准可靠度模型为

$$R^{(2)}\left(t\right)=\varPhi\left(\frac{D-\hat{\mu}t^{\hat{\lambda}}}{\hat{\sigma}t^{0.5\hat{\lambda}}}\right)-\exp\left(\frac{2\hat{\mu}D}{\hat{\sigma}^2}\right)\varPhi\left(-\frac{D+\hat{\mu}t^{\hat{\lambda}}}{\hat{\sigma}t^{0.5\hat{\lambda}}}\right) \tag{5-44}$$

通过建立如下似然函数获取参数估计值 $\left(\hat{\mu},\hat{\sigma},\hat{\Lambda}\right)$。

$$l(\mu,\sigma,\Lambda) = \prod_{j=1}^{N}\prod_{i=1}^{H}\frac{1}{\sqrt{2\pi\sigma^2\Delta\Lambda_{ij}}}\exp\left(-\frac{\left(\Delta x_{ij}-\mu\Delta\Lambda_{ij}\right)^2}{2\sigma^2\Delta\Lambda_{ij}}\right) \tag{5-45}$$

(3) 基于产品在常应力下的失效时间数据 ξ_j 与性能退化数据 x_{ij},t_{ij}，确定标准可靠度模型为

$$R^{(3)}(t) = \Phi\left(\frac{D-\hat{\mu}t^{\hat{\Lambda}}}{\hat{\sigma}t^{0.5\hat{\Lambda}}}\right) - \exp\left(\frac{2\hat{\mu}D}{\hat{\sigma}^2}\right)\Phi\left(-\frac{D+\hat{\mu}t^{\hat{\Lambda}}}{\hat{\sigma}t^{0.5\hat{\Lambda}}}\right) \tag{5-46}$$

通过建立如下似然函数获取参数估计值 $\left(\hat{\mu},\hat{\sigma},\hat{\Lambda}\right)$。

$$\begin{aligned}l(\mu,\sigma,\Lambda) = &\prod_{j=1}^{J}\frac{\Lambda\xi_j^{\Lambda-1}D}{\sqrt{2\pi\sigma^2\xi_j^{3\Lambda}}}\exp\left(-\frac{\left(D-\mu\xi_j^{\Lambda}\right)^2}{2\sigma^2\xi_j^{\Lambda}}\right)\\ &\cdot\prod_{j=1}^{N}\prod_{i=1}^{H}\frac{1}{\sqrt{2\pi\sigma^2\Delta\Lambda_{ij}}}\exp\left(-\frac{\left(\Delta x_{ij}-\mu\Delta\Lambda_{ij}\right)^2}{2\sigma^2\Delta\Lambda_{ij}}\right)\end{aligned} \tag{5-47}$$

2. 基于面积比的定量验证

将加速退化模型的参数估计值 $\hat{\boldsymbol{\theta}}=\left(\hat{\gamma}_1,\hat{\gamma}_2,\hat{\gamma}_3,\hat{\Lambda}\right)$ 代入式 (5-34)，外推出产品在常应力下的可靠度模型为

$$R(t;T_0)$$
$$=\Phi\left(\frac{D-\exp(\hat{\gamma}_1-\hat{\gamma}_2/T_0)t^{\hat{\Lambda}}}{\exp(\hat{\gamma}_3-0.5\hat{\gamma}_2/T_0)t^{0.5\hat{\Lambda}}}\right)-\exp\left(2D\exp(\hat{\gamma}_1-2\hat{\gamma}_3)\right)\cdot\Phi\left(-\frac{\exp(\hat{\gamma}_1-\hat{\gamma}_2/T_0)t^{\hat{\Lambda}}+D}{\exp(\hat{\gamma}_3-0.5\hat{\gamma}_2/T_0)t^{0.5\hat{\Lambda}}}\right)$$
$$\tag{5-48}$$

为了便于论述可靠度评定结果的一致性验证方法，假定外推出的可靠度曲线 $R(t;T_0)$ 与标准可靠度曲线 $R^{(3)}(t)$ 如图 5-9 所示。文献[12]利用两可靠度曲线间的面积大小表征可靠度评定结果的累计误差，如图 5-10 中的斜线区域。累计误差的计算公式为

$$s\left(R(t;T_0),R^{(3)}(t)\right)=\int_0^{+\infty}\left|R(t;T_0)-R^{(3)}(t)\right|\mathrm{d}t \tag{5-49}$$

通过式 (5-49) 虽然能够计算出可靠度评定结果的定量误差，但是难以据此判别出评定结果是否与标准值具有一致性。在文献[12]研究工作的基础上，本章提出了基于面积比的可靠度评定结果一致性验证方法。令 s 表示图 5-10 中斜线区域面积与黑色区域面积之比，s 的计算公式为

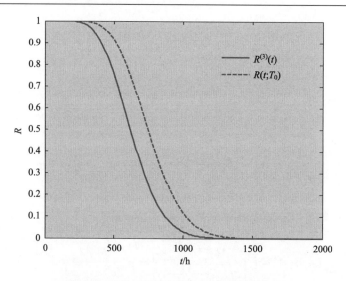

图 5-9　外推可靠度曲线与标准可靠度曲线

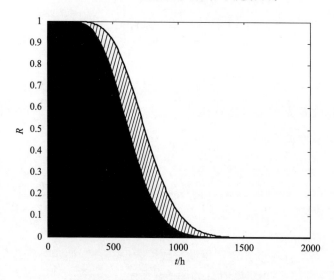

图 5-10　可靠度曲线划分的两个区域

$$s = \frac{s\left(R(t;T_0), R^{(3)}(t)\right)}{s\left(R^{(3)}(t)\right)} = \frac{\int_0^{+\infty} \left| R(t;T_0) - R^{(3)}(t) \right| \mathrm{d}t}{\int_0^{+\infty} R^{(3)}(t) \, \mathrm{d}t} \leqslant \varepsilon \qquad (5\text{-}50)$$

式中，$s\left(R(t;T_0), R^{(3)}(t)\right)$ 表示斜线区域的面积，$s\left(R^{(3)}(t)\right)$ 表示黑色区域的面积。为了能够定量验证出评定结果是否与标准值具有一致性，引入面积比阈值 ε，如果 $s \leqslant \varepsilon$ 说明可靠度评定结果与标准值具有一致性，评定结果准确；否则说明可靠度评定结果不准确。

由于 $R(t;T_0)$ 及 $R^{(3)}(t)$ 的表达式都相对复杂，造成难以通过数学解析方法求取定积分值，对于 $\int_0^{+\infty} \left| R(t;T_0) - R^{(3)}(t) \right| \mathrm{d}t$ 更是如此。本章采用蒙特卡洛模拟思路，将定积分值求取难题转换为概率统计问题解决，主要思路与步骤如下所示。

(1) 选取一个较大的横坐标值，如 $t^* = 2000$，由点 $(0,0),(0,1),(t^*,1),(t^*,0)$ 构成如图 5-9 所示的浅灰色区域。

(2) 令 $t = \mathrm{UNI}(0,t^*)$，$R = \mathrm{UNI}(0,1)$，从而在浅灰色区域内确定一个随机点 (t,R)。

(3) 判断 (t,R) 是落入 $R^{(3)}(t)$ 与横坐标之间（图 5-10 的黑色区域），或是落入 $R(t;T_0)$ 与 $R^{(3)}(t)$ 之间（图 5-10 的斜线区域）。

(4) 执行步骤 (2) 与步骤 (3) N 次，统计 (t,R) 落入黑色区域的次数 K_1 及落入斜线区域的次数 K_2。

当 N 足够大的时候，式 (5-51)～式 (5-53) 成立。

$$\int_0^{+\infty} R^{(3)}(t)\,\mathrm{d}t = \frac{K_1}{N} t^* \tag{5-51}$$

$$\int_0^{+\infty} \left| R(t;T_0) - R^{(3)}(t) \right| \mathrm{d}t = \frac{K_2}{N} t^* \tag{5-52}$$

$$s = \frac{\int_0^{+\infty} \left| R(t;T_0) - R^{(3)}(t) \right| \mathrm{d}t}{\int_0^{+\infty} R^{(3)}(t)\,\mathrm{d}t} = \frac{K_2}{K_1} \tag{5-53}$$

以上方法是基于整条可靠度曲线验证可靠度评定结果的一致性。工程实践中，在很多情况下更看重可靠度评定曲线的上半部分是否准确，以便做出维修决策。根据此需求，可建立如下验证模型：

$$s_{0.5} = \frac{\int_0^{t_{0.5}} \left| R(t;T_0) - R^{(3)}(t) \right| \mathrm{d}t}{\int_0^{t_{0.5}} R^{(3)}(t)\,\mathrm{d}t} \leqslant \varepsilon \tag{5-54}$$

式中，$t_{0.5}$ 由式 $R^{(3)}(t_{0.5}) = 0.5$ 计算得出。

5.3.5　案例分析

某弹载惯导系统的伺服电路为退化失效型产品，伺服电路在长期贮存过程中会产生电路参数漂移、磁性减弱等性能退化现象，外部表现为电路电压的测量值随时间呈递减趋势。根据伺服电路设计规范，当电压测量值 x 与初始值 x_0 的相对

百分比变化 y 达到 10% 时产品发生退化失效，将 y 作为性能退化量研究产品可靠性，失效阈值为 $D=10$。温度是导致伺服电路性能退化的主要环境应力，然而伺服电路在常温 $T_0=298.16\mathrm{K}$ 下的退化速率缓慢，因此开展了加速温度应力可靠性评定试验，试验样本量为 22，加速温度应力水平依次为 $T_1=323.16\mathrm{K}$，$T_2=348.16\mathrm{K}$，$T_3=368.16\mathrm{K}$，各样品的测量时间及性能退化量如表 5-10～表 5-12 所示。

表 5-10　$T_1=323.16\mathrm{K}$ 时各样品的测量时间和性能退化量

样品序号	t/h								
	480	960	1440	1920	2400	2880	3360	3840	4320
1	0.721	1.337	1.533	1.956	2.465	2.641	2.954	3.496	3.812
2	0.873	1.466	1.813	2.374	2.549	2.708	2.752	2.968	3.387
3	0.407	0.665	1.134	1.390	1.561	1.723	1.771	2.236	2.539
4	0.608	1.090	1.709	2.183	2.627	3.311	3.275	3.398	3.486
5	0.459	0.586	1.268	1.665	2.032	2.459	2.650	2.574	2.838
6	0.594	0.942	2.046	2.428	2.680	3.451	3.779	4.328	4.518
7	0.341	1.205	1.566	2.045	2.011	2.767	3.241	3.986	4.274
8	0.694	0.801	1.208	1.383	1.690	1.858	2.210	2.769	3.296

表 5-11　$T_2=348.16\mathrm{K}$ 时各样品的测量时间和性能退化量

样品序号	t/h							
	240	480	720	960	1200	1440	1680	1920
9	0.643	1.543	1.090	1.667	2.408	3.033	4.184	5.138
10	1.536	2.164	2.491	3.208	3.917	4.430	5.353	5.877
11	1.318	2.986	3.675	4.412	4.750	5.462	6.035	6.773
12	1.286	1.792	2.424	3.248	3.435	4.078	4.556	5.069
13	1.011	1.235	1.794	2.760	2.816	3.642	4.762	5.210
14	1.329	1.402	2.428	2.612	3.335	3.825	4.332	5.341
15	1.749	2.711	3.367	3.934	4.601	4.613	5.092	6.271

表 5-12　$T_3=368.16\mathrm{K}$ 时各样品的测量时间和性能退化量

样品序号	t/h							
	120	240	360	480	600	720	840	960
16	0.709	2.213	3.539	4.454	5.125	6.033	7.486	8.118
17	2.111	3.256	4.105	5.455	5.978	6.702	7.475	8.198

续表

样品序号	t/h							
	120	240	360	480	600	720	840	960
18	1.881	3.066	3.850	4.292	4.810	5.852	6.955	7.762
19	1.060	1.720	3.048	3.676	4.866	4.592	5.380	7.163
20	1.279	1.803	2.586	3.563	4.227	5.220	6.166	6.986
21	1.254	1.963	2.591	4.062	4.355	4.771	5.327	6.388
22	1.062	1.636	2.136	3.203	4.282	4.881	5.921	6.592

1. 基于加速退化数据验证模型准确性

首先，验证 Wiener 退化模型的准确性。通过式(5-37)的对数似然方程估计出各产品的模型参数值，在显著性水平为 $\alpha = 0.05$ 的条件下，利用 Kolmogorov-Smirnov 法验证出各产品的性能退化数据都服从 Wiener 退化模型。然后，验证所建 Wiener-Arrhenius 加速退化模型的准确性。通过式(5-36)的对数似然方程获得加速退化模型的参数估计值为 $(\hat{\gamma}_1, \hat{\gamma}_2, \hat{\gamma}_3, \hat{\Lambda}) = (10.707, 5270.838, 4.418, 0.817)$，利用 Kolmogorov-Smirnov 法对 $z_{ijk} \sim N(0,1)$ 是否成立进行验证。z_{ijk} 与标准 Normal 分布的 QQ(Quantile-Quantile) 图如图 5-11 所示，显示出较好的一致性，p-value 为 0.91，大于显著性水平 $\alpha = 0.05$，验证了所建 Wiener-Arrhenius 加速退化模型的准确性。

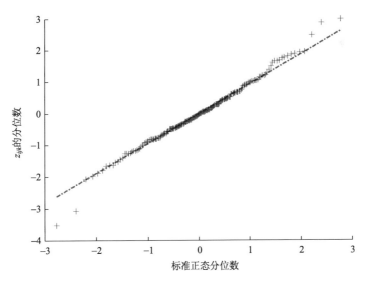

图 5-11　z_{ijk} 相对于标准 Normal 分布的 QQ 图

2. 基于常应力可靠性数据验证模型准确性

收集了惯导系统伺服电路在常温下 4 个失效时间数据，分别为 $\xi_i = 70070\text{h}$，65836h，87609h，80803h；并且测量到了 2 块伺服电路在常温下的性能退化数据，如表 5-13 所示。

表 5-13　常温下两个产品的性能退化数据

产品 1	t/h	5300	7120	9350	12000	15800
	$y/\%$	1.286	1.776	2.228	2.641	2.922
产品 2	t/h	3600	5050	8700	11060	13500
	$y/\%$	0.477	0.599	1.388	1.853	2.234

首先利用 Anderson-Darling 检验方法验证(结合 MATLAB 软件中的 adtest 与 makedist 函数实现) ξ_j 是否满足式(5-40)，计算得 p-value=0.431，在显著性水平 $\alpha = 0.05$ 时不能拒绝式(5-40)成立的原假设。然后利用 Anderson-Darling 检验方法验证表 5-6 中列出的性能退化数据是否满足 $z_{ij} \sim N(0,1)$，与标准 Normal 分布的拟合情况如图 5-12 所示，可见拟合效果很好并且 p-value > 0.25，在显著性水平 $\alpha = 0.05$ 下不能拒绝 $z_{ij} \sim N(0,1)$ 成立的原假设。

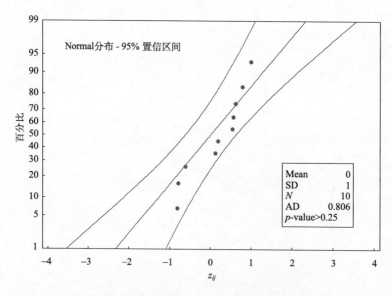

图 5-12　z_{ij} 与标准 Normal 分布的拟合情况

3. 可靠性评定结果的一致性验证

将产品在常应力下的可靠性数据代入式 (5-47)，估计出标准可靠度模型的参数值为 $(\hat{\mu}, \hat{\sigma}^2, \hat{\varLambda}) = (8.520 \times 10^{-4}, 5.733 \times 10^{-5}, 0.834)$，图 5-13 中分别描绘了标准可靠度曲线 $R^{(3)}(t)$ 与外推的可靠度曲线 $R(t; T_0)$。根据工程经验，将面积比阈值设为 $\varepsilon = 0.2$，利用所提出的蒙特卡洛思路计算出两种面积比分别为 $s = 0.114$，$s_{0.5} = 0.099$，均小于阈值 $\varepsilon = 0.2$，说明可靠度评定结果与标准值具有一致性，评定结果准确。

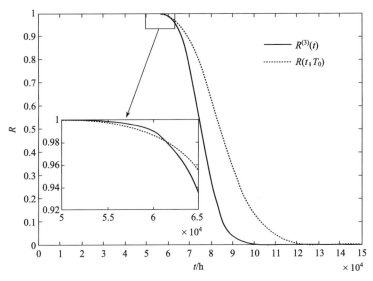

图 5-13　标准可靠度曲线 $R^{(3)}(t)$ 与外推的可靠度曲线 $R(t; T_0)$

4. 对另一种 Wiener-Arrhenius 加速退化模型的验证

由性能退化模型建立加速退化模型，需要获知性能退化模型中的哪些参数与环境应力相关。目前，很多学者假定 Wiener 退化模型中只有漂移参数与环境应力相关 [20]，并据此建立如下形式的 Wiener-Arrhenius 加速退化模型 $Y(t; T) = \exp(\eta_1 - \eta_2 / T)t^r + \sigma B(t^r)$，其中，$\eta_1, \eta_2, \sigma, r$ 为加速退化模型中的待估参数。利用表 5-13 中列出的加速退化数据，获得加速退化模型各参数的极大似然估计值为 $(\hat{\eta}_1, \hat{\eta}_2, \hat{\sigma}^2, \hat{r}) = (10.438, 5118.920, 2.549 \times 10^{-2}, 0.794)$。

首先，基于产品的加速退化数据验证所建加速退化模型的准确性。采用 Kolmogorov-Smirnov 检验法对 $z_{ijk} \sim N(0,1)$ 是否成立进行验证，其中

$$z_{ijk} = \frac{\Delta y_{ijk} - \exp\left(\hat{\eta}_1 - \hat{\eta}_2 / T_k\right)\left(t_{ijk}^{\hat{r}} - t_{(i-1)jk}^{\hat{r}}\right)}{\sqrt{\hat{\sigma}^2\left(t_{ijk}^{\hat{r}} - t_{(i-1)jk}^{\hat{r}}\right)}}$$

　　z_{ijk} 与标准 Normal 分布的 QQ 图如图 5-14 所示，可见拟合效果较差。计算得 p-value < 0.05，在显著性水平 $\alpha = 0.05$ 时拒绝 $z_{ijk} \sim N(0,1)$ 的零假设，验证出产品的加速退化数据不服从此 Wiener-Arrhenius 加速退化模型 $Y(t;T) = \exp(\hat{\eta}_1 - \hat{\eta}_2 / T)t^{\hat{r}} + \hat{\sigma}B\left(t^{\hat{r}}\right)$，此加速退化模型不准确。

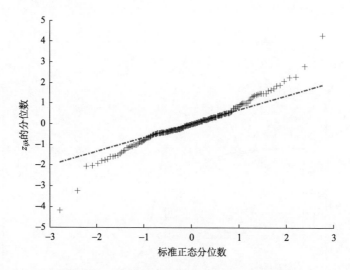

图 5-14　z_{ijk} 相对于标准 Normal 分布的 QQ 图

　　为了阐述所提验证方法的可行性与实用性，继续利用常应力下的可靠性数据验证此加速退化模型的准确性。设

$$z_{ij0} = \frac{\Delta y_{ij0} - \exp\left(\hat{\eta}_1 - \hat{\eta}_2 / T_0\right)\left(t_{ij0}^{\hat{r}} - t_{(i-1)j0}^{\hat{r}}\right)}{\sqrt{\hat{\sigma}^2\left(t_{ij0}^{\hat{r}} - t_{(i-1)j0}^{\hat{r}}\right)}} \tag{5-55}$$

　　将表 5-13 中的各性能退化数据代入式 (5-55)，获得数据向量 $\boldsymbol{Z} = (z_{110}, \cdots, z_{510}, z_{120}, \cdots, z_{520})$，在显著性水平 $\alpha = 0.05$ 下拒绝了 $\boldsymbol{Z} \sim N(0,1)$ 成立的原假设，如图 5-15 显示了 $\boldsymbol{Z}$ 与标准 Normal 分布的拟合情况，再次验证出此加速退化模型不准确。

　　最后，验证可靠度评定结果与标准值的一致性。$R^{(3)}(t)$ 为标准可靠度曲线，$R^*(t;T_0)$ 为依据此加速退化模型外推出的可靠度曲线，图 5-16 描绘了 $R^{(3)}(t)$ 与 $R^*(t;T_0)$ 的分布。

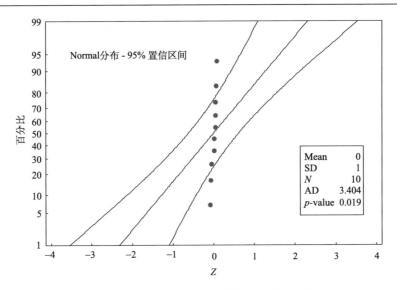

图 5-15　$\boldsymbol{Z}$ 与标准 Normal 分布的拟合情况

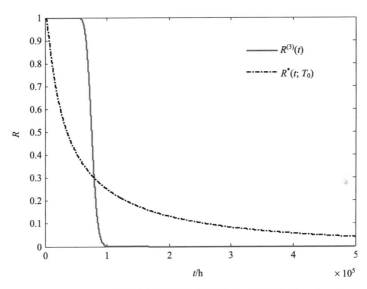

图 5-16　标准可靠度曲线 $R^{(3)}(t)$ 与外推的可靠度曲线 $R^{*}(t;T_0)$

　　计算出面积比 $s > 45.45\%$，远大于阈值 $\varepsilon = 0.2$，说明外推的可靠度评定结果与标准值不一致，评定结果不准确。

5.3.6　研究结论

　　(1) 设计了验证模型准确性及可靠性评定结果一致性的技术流程，结合

Wiener-Arrhenius 加速退化模型构建了具体的验证技术框架。通过实例应用展示了技术框架的可行性，为解决加速退化试验中的验证问题提供了有效手段。

(2) 设计了基于假设检验的模型准确性验证方法，利用 Kolmogorov-Smirnov 检验法，Anderson-Darling 检验法能够客观、科学得验证建立的 Wiener 退化模型，Wiener-Arrhenius 加速退化模型及外推的可靠性模型是否准确。

(3) 提出了基于面积比的评定结果一致性验证方法，利用蒙特卡洛法仿真解决复杂可靠度函数积分问题，用于定量表征可靠度评定结果与标准值的一致性，此验证方法具有较好的工程实用价值。

参 考 文 献

[1] 冯静. 基于秩相关系数的加速贮存退化失效机理一致性检验[J]. 航空动力学报, 2011, 26(11): 2439-2444.

[2] 李晓刚, 王亚辉. 利用非等距灰色理论方法判定失效机理一致性[J]. 北京航空航天大学学报, 2014, 40(7): 899-904.

[3] 王浩伟, 徐廷学, 王伟亚. 基于退化模型的失效机理一致性检验方法[J]. 航空学报, 2015, 36(3): 889-897.

[4] 周源泉, 翁朝曦, 叶喜涛. 论加速系数与失效机理不变的条件 (Ⅰ)——寿命型随机变量的情况[J]. 系统工程与电子技术, 1996, 18(1): 55-67.

[5] 奚文骏, 王浩伟, 王瑞奇. 基于加速系数不变原则的失效机理一致性辨别[J]. 北京航空航天大学学报, 2015, 41(12): 2198-2204.

[6] Nelson W B. Analysis of performance-degradation data from accelerated tests[J]. IEEE Transactions on Reliability, 1981, 30(2): 149-150.

[7] Zhang J P, Li W B, Cheng G L, et al. Life prediction of OLED for constant-stress accelerated degradation tests using luminance decaying model[J]. Journal of Luminescence, 2014, 154: 491-495.

[8] Ao D, Hu Z, Mahadevan S. Design of validation experiments for life prediction models[J]. Reliability Engineering and System Safety, 2017, 165: 22-33.

[9] Yao J, Xu M, Zhong W. Research of step-down stress accelerated degradation data assessment method of a certain type of missile tank[J]. Chinese Journal of Aeronautics, 2012, 25: 917-924.

[10] Ling M H, Tsui K L, Balakrishnan N. Accelerated degradation analysis for the quality of a system based on the Gamma process[J]. IEEE Transactions on Reliability, 2015, 64(1): 1340-1355.

[11] Wang H W, Xu T X, Mi Q L. Lifetime prediction based on Gamma processes from accelerated degradation data[J]. Chinese Journal of Aeronautics, 2015, 28(1): 172-179.

[12] Ling Y, Mahadevan S. Quantitative model validation techniques: New insights[J]. Reliability Engineering and System Safety, 2013, 111: 217-231.

[13] 许丹, 陈志军, 王前程, 等. 基于空间相似性和波动阈值的退化模型一致性检验方法[J]. 系统工程与电子技术, 2015, 37(2): 455-459.

[14] 周源, 王浩伟, 滕飞. 加速退化模型及外推结果准确度的定量验证方法[J]. 航空学报, 2018, 39(9): 221950.

[15] 王浩伟, 滕克难, 李军亮. 随机环境应力冲击下基于多参数相关退化的导弹部件寿命预测 [J]. 航空学报, 2016, 37(11): 3404-3412.

[16] Ye Z S, Chen N, Shen Y. A new class of Wiener process model for degradation analysis[J]. Reliability Engineering and System Safety, 2015, 139: 58-67.

[17] Frank J, Martin K, Bernd B. Selection of acceleration models for test planning and model usage[J]. IEEE Transactions on Reliability, 2017, 66(2): 298-308.

[18] Evans D L, Drew J H, Leemis L M. The distribution of the Kolmogorov-Smirnov, Cramer-von Mises, and Anderson-Darling test statistics for exponential populations with estimated parameters[J]. Communication in Statistics-Simulation and Computation, 2008, 37(7): 1396-1421.

[19] Razali N M, Wah Y B. Power comparisons of Shapiro-Wilk, Kolmogorov-Smirnov, Lilliefors and Anderson-Darling tests[J]. Journal of Statistical Modeling and Analytics, 2011, 2(1): 21-33.

[20] 王浩伟, 滕克难. 基于加速退化数据的可靠度评估技术综述[J]. 系统工程与电子技术, 2017, 39(12): 2877-2885.

第6章 加速退化试验方案优化设计方法

加速试验中样本量大小、试验时间长短、加速应力安排等因素影响着可靠性测度的评定精度。为了提高加速退化试验的效费比，需要研究试验优化设计理论与方法。为了克服现有优化设计方法存在的问题，提出了以加速因子不变原则为核心的优化设计理论与方法。

6.2 节以 Wiener 退化模型及步进温度应力加速退化试验为具体背景，提出了基于加速因子不变原则的加速退化试验优化设计方法。6.3 节以 IG 退化模型及精密电阻可靠性验收试验为具体背景，提出了一种高效的加速应力可靠性验收试验优化设计方法。

6.1 引　　言

加速退化试验已经成为退化失效型产品可靠性评估与寿命预测的高效手段，为了提高加速退化试验的效费比，加速退化试验优化设计理论与方法成了研究热点。加速退化试验优化设计包含三个关键环节：①准确建立产品的加速退化模型；②合理确定优化目标函数及决策变量，构建试验方案优化的数学模型；③提出高效的寻优算法解析数学模型，获取最优试验方案。

准确建立产品的加速退化模型需要确定出性能退化模型的各参数随加速应力的变化规律，然而目前大多数研究都是根据主观判断或工程经验假定出变化规律，并且对于同一种性能退化模型存在多种不同的假定。例如，对于 Wiener 退化模型，存在以下两种不同的假定：①漂移参数与加速应力相关而扩散参数与加速应力无关；②漂移参数与扩散参数都与加速应力相关。对于 Gamma 退化模型，存在 3 种不同的假定：①形状参数与加速应力相关而尺度参数与加速应力无关；②尺度参数与加速应力相关而形状参数与加速应力无关；③尺度参数和形状参数都与加速应力相关。对于同一种性能退化模型至多有一种正确的假定，目前的建模方法容易错误建立加速退化模型。

目前，大部分对加速退化试验优化设计的研究工作都是将产品在正常应力水平下百分位寿命的渐进方差作为优化目标函数，以各加速应力水平下的样本数量、测量频率、测量次数等作为决策变量，在总试验费用的约束下获取具有最小渐进方差的最优试验方案[1]。产品在正常应力水平下百分位寿命渐进方差的大小能够反映出寿命预测结果的准确度与可信度，从这方面考虑适于作为优化目标函数。

然而，对于 Wiener、Gamma、IG 等性能退化模型来说，无法推导出百分位寿命的闭环解析式[2-4]，目前都是利用其近似解析式处理试验方案优化问题，这可能导致获取的试验方案并不是最优方案。

6.2　加速退化试验方案优化设计方法

本节提出了一种新的加速退化试验方案优化设计方法，主要研究工作包含以下 4 部分。

(1)提出了基于 Wiener 过程的性能退化建模方法，引入加速因子不变原则，推导出基于 Wiener 退化模型的加速因子表达式，并确定出退化模型中的哪些参数与加速应力相关，从而建立 Wiener-Arrhenius 加速退化模型。

(2)提出了加速退化模型参数值的极大似然估计方法，在此基础上依据 Delta 理论推导出加速因子估计值的渐进方差，将极小化此渐进方差作为优化准则构建试验方案优化的数学模型。

(3)为了高效获取最优的试验方案，设计了程序化的寻优算法。

(4)将所提方法应用于设计某型电连接器加速退化试验的最优方案。

6.2.1　加速退化建模与参数估计

1. 基于 Wiener 过程的性能退化建模

如果产品的性能退化过程呈现非单调变化趋势，那么适合采用 Wiener 过程进行性能退化建模。Wiener 过程 $Y(t)$ 的通用表达式为

$$Y(t) = \mu \cdot \Lambda(t) + \sigma \cdot B(\Lambda(t)) \tag{6-1}$$

式中，μ 表示漂移参数，$\sigma(\sigma > 0)$ 表示扩散参数，$B(\cdot)$ 表示标准 Brownian 运动，$\Lambda(t)$ 表示时间函数，需满足 $\Lambda(0) = 0$。根据 Wiener 过程的统计特性，$Y(t)$ 的独立增量 $\Delta Y(t) = Y(t + \Delta t) - Y(t)$ 应服从一个均值为 $\mu \Delta \Lambda(t)$，方差为 $\sigma^2 \Delta \Lambda(t)$ 的 Normal 分布，如

$$\Delta Y(t) \sim N\left(\mu \Delta \Lambda(t), \sigma^2 \Delta \Lambda(t)\right) \tag{6-2}$$

式中，$\Delta \Lambda(t) = \Lambda(t + \Delta t) - \Lambda(t)$ 代表时间增量。

如果产品的性能退化过程为 Wiener 过程，那么基于 Wiener 过程建立的性能退化模型可简称为 Wiener 退化模型。设产品性能参数的失效阈值为 D，则当 $Y(t)$ 首次到达 D 时产品发生退化失效，失效时间 ξ 记为 $\xi = \inf\{t \mid Y(t) \geq D\}$。根据 Wiener 过程的统计特性，可知 ξ 应该服从 IG 分布，ξ 的概率密度函数为

$$f_\xi(t) = \frac{D}{\sqrt{2\pi\sigma^2\Lambda(t)^3}}\exp\left[-\frac{(D-\mu\Lambda(t))^2}{2\sigma^2\Lambda(t)}\right]\frac{\mathrm{d}\Lambda(t)}{\mathrm{d}t} \tag{6-3}$$

ξ 的累积分布函数为

$$F_\xi(t) = \Phi\left(\frac{\mu\Lambda(t)-D}{\sigma\sqrt{\Lambda(t)}}\right) + \exp\left(\frac{2\mu D}{\sigma^2}\right)\Phi\left(-\frac{\mu\Lambda(t)+D}{\sigma\sqrt{\Lambda(t)}}\right) \tag{6-4}$$

通过累积分布函数可求出产品的 p 分位寿命 ξ_p 值，但是对于 Wiener 退化模型，ξ_p 的表达式无法由式(6-4)所示的累积分布函数推导得出。为了将 ξ_p 用于构建优化设计数学模型，通常采用 ξ_p 的近似表达式：

$$\xi_p \approx \left(\frac{\sigma^2}{4\mu^2}\left(z_p + \sqrt{z_p^2 + \frac{4D\mu}{\sigma^2}}\right)^2\right)^{1/\Lambda} \tag{6-5}$$

式中，z_p 代表标准 Normal 分布的 p 分位值。

2. 加速因子不变原则

只有确定出 Wiener 退化模型的哪些参数与加速应力相关，才能准确建立加速退化模型。引入加速因子不变原则，推导加速因子表达式，并确定出 Wiener 退化模型中的哪些参数与加速应力相关[5]。

加速因子的通用定义：$F_k(t_k), F_h(t_h)$ 分别表示产品在任意两个不同应力 S_k, S_h 下的累积分布函数，当

$$F_k(t_k) = F_h(t_h) \tag{6-6}$$

时，S_k 相当于 S_h 的加速因子 $A_{k,h}$ 为

$$A_{k,h} = t_h / t_k \tag{6-7}$$

加速因子不变原则是指 $A_{k,h}$ 应该为一个不随时间 t_h, t_k 变化，只由应力水平 S_k, S_h 所决定的常数，否则不具备工程实用价值。

将式(6-7)代入式(6-6)，得到

$$F_k(t_k) = F_h(A_{k,h}t_k) \tag{6-8}$$

由式(6-8)可推导出

$$f_k(t_k) = A_{k,h}f_h(t_h) \tag{6-9}$$

推导过程为

$$f_k(t_k) = \frac{\mathrm{d}F_k(t_k)}{\mathrm{d}t_k} = A_{k,h}\frac{\mathrm{d}F_h(A_{k,h}t_k)}{\mathrm{d}(A_{k,h}t_k)} = A_{k,h}\frac{\mathrm{d}F_h(t_h)}{\mathrm{d}(t_h)} = A_{k,h}f_h(t_h) \tag{6-10}$$

设 $\Lambda(t) = t$，将式(6-3)代入式(6-9)，可得

$$A_{k,h} = \frac{f_k(t_k)}{f_h(A_{k,h}t_k)}$$

$$= \frac{\sigma_h A_{k,h}^{3/2}}{\sigma_k} \cdot \exp\left[\left(\frac{D\mu_h}{\sigma_h^2} - \frac{D\mu_k}{\sigma_k^2}\right) + \frac{1}{t_k}\left(\frac{D^2}{2\sigma_h^2 A_{k,h}} - \frac{D^2}{2\sigma_k^2}\right) + t_k\left(\frac{\mu_h^2 A_{k,h}}{2\sigma_h^2} - \frac{\mu_k^2}{2\sigma_k^2}\right)\right]$$

$$(6\text{-}11)$$

为了保证 $A_{k,h}$ 为一个不随 t_k 变化的常数，应要求式(6-11)中 t_k 的系数项为 0，即

$$\begin{cases} \dfrac{D^2}{2\sigma_h^2 A_{k,h}} - \dfrac{D^2}{2\sigma_k^2} = 0 \\[3mm] \dfrac{\mu_h^2 A_{k,h}}{2\sigma_h^2} - \dfrac{\mu_k^2}{2\sigma_k^2} = 0 \end{cases}$$

$$(6\text{-}12)$$

由式(6-12)推导出基于 Wiener 退化模型的加速因子表达式为

$$A_{k,h} = \frac{\mu_k}{\mu_h} = \left(\frac{\sigma_k}{\sigma_h}\right)^2 \tag{6-13}$$

可知 Wiener 退化模型的漂移参数和扩散参数都与加速应力相关，并且在任意两个应力 S_k, S_h 下的参数值满足比例变化关系 $\mu_k / \mu_h = \sigma_k^2 / \sigma_h^2$。设时间函数为 $\Lambda(t) = t^\Lambda$ 时，Wiener 退化模型可较好拟合非线性退化过程。如果将以上推导过程中的 $\Lambda(t) = t$ 换为 $\Lambda(t) = t^\Lambda$，则可推导出基于 Wiener 退化模型的加速因子表达式为

$$A_{k,h} = \left(\frac{\mu_k}{\mu_h}\right)^{\frac{1}{\Lambda_k}} = \left(\frac{\sigma_k}{\sigma_h}\right)^{\frac{2}{\Lambda_k}} \tag{6-14}$$

$$\Lambda_k = \Lambda_h$$

式(6-14)表明参数 Λ 也与加速应力无关。

3. 加速退化建模

如果加速应力为绝对温度 T 并采用 Arrhenius 加速模型，那么由于漂移参数 μ 和扩散参数 σ 都与加速应力相关，可利用 Arrhenius 加速模型将 Wiener 退化模型在第 k 个加速温度应力 T_k 下的漂移参数、扩散参数分别表示为

$$\mu_k = \exp(\gamma_1 - \gamma_2 / T_k) \tag{6-15}$$

$$\sigma_k = \exp(\gamma_3 - \gamma_4 / T_k) \tag{6-16}$$

式中，$\gamma_1, \gamma_2, \gamma_3, \gamma_4$ 为未知系数。将 T_h 下的模型参数值表示为

$$\mu_h = \exp(\gamma_1 - \gamma_2 / T_h) \tag{6-17}$$

$$\sigma_h = \exp(\gamma_3 - \gamma_4 / T_h) \tag{6-18}$$

为了满足式(6-13)中限定的比例变化关系 $\mu_k / \mu_h = \sigma_k^2 / \sigma_h^2$，须要求 $\gamma_4 = 0.5\gamma_2$，分别建立 μ 与 σ 的加速模型为

$$\mu(T) = \exp(\gamma_1 - \gamma_2 / T) \tag{6-19}$$

$$\sigma(T) = \exp(\gamma_3 - 0.5\gamma_2 / T) \tag{6-20}$$

通过以上工作，最终建立 Wiener-Arrhenius 加速退化模型为 $Y(t;T) \sim N\big(\exp(\gamma_1 - \gamma_2 / T)\Lambda(t),\ \exp(2\gamma_3 - \gamma_2 / T)\Lambda(t)\big)$。

4. 参数估计

Wiener-Arrhenius 加速退化模型的待估参数向量为 $\boldsymbol{\Omega} = (\gamma_1, \gamma_2, \gamma_3, \Lambda)$，以下提出加速退化模型参数的极大似然估计方法。设 t_{ijk} 表示 T_k 下的第 j 个样品进行第 i 次测量的时刻，y_{ijk} 表示测量到的性能退化数据，$\Delta\Lambda_{ijk} = t_{ijk}^{\Lambda_k} - t_{(i-1)jk}^{\Lambda_k}$ 为时间增量，$\Delta y_{ijk} = y_{ijk} - y_{(i-1)jk}$ 为性能退化增量，$i = 1, 2, \cdots, H_k$；$j = 1, 2, \cdots, N$；$k = 1, 2, \cdots, M$。根据 $\Delta y_{ijk} \sim N\big(\exp(\gamma_1 - \gamma_2 / T_k)\Delta\Lambda_{ijk}, \exp(2\gamma_3 - \gamma_2 / T_k)\Delta\Lambda_{ijk}\big)$，建立似然函数为

$$l(\boldsymbol{\Omega})$$
$$= \prod_{k=1}^{M}\prod_{j=1}^{N}\prod_{i=1}^{H_k} \frac{1}{\sqrt{2\pi \exp(2\gamma_3 - \gamma_2 / T_k)\Delta\Lambda_{ijk}}} \exp\left[-\frac{\big(\Delta y_{ijk} - \exp(\gamma_1 - \gamma_2 / T_k)\Delta\Lambda_{ijk}\big)^2}{2\exp(2\gamma_3 - \gamma_2 / T_k)\Delta\Lambda_{ijk}} \right] \tag{6-21}$$

转换为如下对数似然函数：

$$L(\boldsymbol{\Omega})$$
$$= -\frac{1}{2}\sum_{k=1}^{M}\sum_{j=1}^{N}\sum_{i=1}^{H_k}\left(\ln(2\pi) + 2\gamma_3 - \frac{\gamma_2}{T_k} + \ln\Delta\Lambda_{ijk} + \frac{\big(\Delta y_{ijk} - \exp(\gamma_1 - \gamma_2 / T_k)\Delta\Lambda_{ijk}\big)^2}{\exp(2\gamma_3 - \gamma_2 / T_k)\Delta\Lambda_{ijk}} \right) \tag{6-22}$$

参数向量 $\boldsymbol{\Omega}$ 的各偏导方程为

$$\frac{\partial L(\boldsymbol{\Omega})}{\partial \gamma_1} = \sum_{k=1}^{M}\sum_{j=1}^{N}\sum_{i=1}^{H_k}\left(\Delta y_{ijk} - \exp\left(\gamma_1 - \frac{\gamma_2}{T_k}\right)\Delta\Lambda_{ijk} \right)\exp(\gamma_1 - 2\gamma_3) \tag{6-23}$$

$$\frac{\partial L(\boldsymbol{\Omega})}{\partial \gamma_2}$$
$$= \frac{1}{2}\sum_{k=1}^{M}\sum_{j=1}^{N}\sum_{i=1}^{H_k}\left(\frac{1}{T_k} - 2\frac{\Delta y_{ijk} - \exp(\gamma_1 - \gamma_2 / T_k)\Delta\Lambda_{ijk}}{T_k \exp(2\gamma_3 - \gamma_1)} - \frac{\big(\Delta y_{ijk} - \exp(\gamma_1 - \gamma_2 / T_k)\Delta\Lambda_{ijk}\big)^2}{T_k \exp(2\gamma_3 - \gamma_2 / T_k)\Delta\Lambda_{ijk}} \right) \tag{6-24}$$

$$\frac{\partial L(\boldsymbol{\Omega})}{\partial \gamma_3} = \sum_{k=1}^{M}\sum_{j=1}^{N}\sum_{i=1}^{H_k} \frac{\left(\Delta y_{ijk} - \exp(\gamma_1 - \gamma_2/T_k)\Delta\Lambda_{ijk}\right)^2}{\exp(2\gamma_3 - \gamma_2/T_k)\Delta\Lambda_{ijk}} - 1 \tag{6-25}$$

$$\frac{\partial L(\boldsymbol{\Omega})}{\partial \Lambda} = -\frac{1}{2}\sum_{k=1}^{M}\sum_{j=1}^{N}\sum_{i=1}^{H_k} \frac{t_{ijk}^{\Lambda}\ln t_{ijk} - t_{(i-1)jk}^{\Lambda}\ln t_{(i-1)jk}}{t_{ijk}^{\Lambda} - t_{(i-1)jk}^{\Lambda}}$$

$$\cdot\left[1 - \frac{2\left(\Delta y_{ijk} - \exp(\gamma_1 - \gamma_2/T_k)\Delta\Lambda_{ijk}\right)}{\exp(2\gamma_3 - \gamma_1)} - \frac{\left(\Delta y_{ijk} - \exp(\gamma_1 - \gamma_2/T_k)\Delta\Lambda_{ijk}\right)^2}{\exp(2\gamma_3 - \gamma_2/T_k)\Delta\Lambda_{ijk}}\right]$$

$$\tag{6-26}$$

由于 $\boldsymbol{\Omega}$ 的各偏导方程较为复杂，可采用 Newton-Raphson 递归迭代方法求解偏导方程组[6]，获取极大似然估计值 $\hat{\boldsymbol{\Omega}}$。

6.2.2　试验方案优化的数学模型构建

对于加速试验，获取的加速因子估计值越精确说明加速试验中对失效机理一致性控制得越好，从这个角度出发将最小化加速因子估计值的渐进方差设为优化准则[7]，进而构建最高允许试验费用约束下的试验方案优化数学模型。

1. 优化目标函数

假定 T_0 为产品的常应力水平，T_k 为加速退化试验中第 k 个加速应力水平，T_M 为最高应力水平，$k=1,2,\cdots,M$。产品在 T_M 下的失效机理与在 T_0 下的失效机理最可能出现不一致的情况，因此将 $\hat{A}_{M,0}$ 的渐进方差 $\mathrm{AVar}\left(\hat{A}_{M,0}\right)$ 作为优化目标函数。$\hat{A}_{M,0}$ 的估计公式为

$$\hat{A}_{M,0} = \exp\left(\frac{\hat{\gamma}_2}{\hat{\Lambda}}\left(\frac{T_M - T_0}{T_M T_0}\right)\right) \tag{6-27}$$

如果试验数据的样本量较大，那么利用式(6-28)计算出 $\mathrm{AVar}\left(\hat{A}_{M,0}\right)$。

$$\mathrm{AVar}\left(\hat{A}_{M,0}\right) = \left(\nabla A_{M,0}\right)' \boldsymbol{I}^{-1}\left(\hat{\boldsymbol{\Omega}}\right)\left(\nabla A_{M,0}\right) \tag{6-28}$$

式中，$\nabla A_{M,0}$ 表示 $A_{M,0}$ 的一阶偏导，$\left(\nabla A_{M,0}\right)'$ 为 $\nabla A_{M,0}$ 的转置，$\boldsymbol{I}\left(\hat{\boldsymbol{\Omega}}\right)$ 代表 $\hat{\boldsymbol{\Omega}}$ 的 Fisher 信息矩阵，$\boldsymbol{I}^{-1}\left(\hat{\boldsymbol{\Omega}}\right)$ 为 $\boldsymbol{I}\left(\hat{\boldsymbol{\Omega}}\right)$ 的逆矩阵。$\left(\nabla A_{M,0}\right)'$ 的具体形式为

$$\left(\nabla A_{M,0}\right)' = \left(\frac{\partial A_{M,0}}{\partial \gamma_1}, \frac{\partial A_{M,0}}{\partial \gamma_2}, \frac{\partial A_{M,0}}{\partial \gamma_3}, \frac{\partial A_{M,0}}{\partial \Lambda}\right) \tag{6-29}$$

式中，$\dfrac{\partial A_{M,0}}{\partial \gamma_1}=0$，$\dfrac{\partial A_{M,0}}{\partial \gamma_3}=0$，$\dfrac{\partial A_{M,0}}{\partial \gamma_2}=\left(\dfrac{T_M-T_0}{T_MT_0\hat{\Lambda}}\right)\exp\left(\dfrac{\hat{\gamma}_2}{\hat{\Lambda}}\left(\dfrac{T_M-T_0}{T_MT_0}\right)\right)$，$\dfrac{\partial A_{M,0}}{\partial \Lambda}=$

$\dfrac{\hat{\gamma}_2}{\hat{\Lambda}^2}\left(\dfrac{T_0-T_M}{T_MT_0}\right)\exp\left(\dfrac{\hat{\gamma}_2}{\hat{\Lambda}}\left(\dfrac{T_M-T_0}{T_MT_0}\right)\right)$。

$\boldsymbol{I}(\boldsymbol{\Omega})$ 的形式为

$$\boldsymbol{I}(\boldsymbol{\Omega})=\begin{bmatrix} E\left(-\dfrac{\partial^2 L(\boldsymbol{\Omega})}{\partial \gamma_1\partial \gamma_1}\right) & E\left(-\dfrac{\partial^2 L(\boldsymbol{\Omega})}{\partial \gamma_1\partial \gamma_2}\right) & E\left(-\dfrac{\partial^2 L(\boldsymbol{\Omega})}{\partial \gamma_1\partial \gamma_3}\right) & E\left(-\dfrac{\partial^2 L(\boldsymbol{\Omega})}{\partial \gamma_1\partial \Lambda}\right) \\[3mm] E\left(-\dfrac{\partial^2 L(\boldsymbol{\Omega})}{\partial \gamma_2\partial \gamma_1}\right) & E\left(-\dfrac{\partial^2 L(\boldsymbol{\Omega})}{\partial \gamma_2\partial \gamma_2}\right) & E\left(-\dfrac{\partial^2 L(\boldsymbol{\Omega})}{\partial \gamma_2\partial \gamma_3}\right) & E\left(-\dfrac{\partial^2 L(\boldsymbol{\Omega})}{\partial \gamma_2\partial \Lambda}\right) \\[3mm] E\left(-\dfrac{\partial^2 L(\boldsymbol{\Omega})}{\partial \gamma_3\partial \gamma_1}\right) & E\left(-\dfrac{\partial^2 L(\boldsymbol{\Omega})}{\partial \gamma_3\partial \gamma_2}\right) & E\left(-\dfrac{\partial^2 L(\boldsymbol{\Omega})}{\partial \gamma_3\partial \gamma_3}\right) & E\left(-\dfrac{\partial^2 L(\boldsymbol{\Omega})}{\partial \gamma_3\partial \Lambda}\right) \\[3mm] E\left(-\dfrac{\partial^2 L(\boldsymbol{\Omega})}{\partial \Lambda\partial \gamma_1}\right) & E\left(-\dfrac{\partial^2 L(\boldsymbol{\Omega})}{\partial \Lambda\partial \gamma_2}\right) & E\left(-\dfrac{\partial^2 L(\boldsymbol{\Omega})}{\partial \Lambda\partial \gamma_3}\right) & E\left(-\dfrac{\partial^2 L(\boldsymbol{\Omega})}{\partial \Lambda\partial \Lambda}\right) \end{bmatrix}$$

式中，$E(\cdot)$ 表示数学期望。由 $\Delta y_{ijk}\sim N\left(\exp(\gamma_1-\gamma_2/T_k)\Delta\Lambda_{ijk},\exp(2\gamma_3-\gamma_2/T_k)\Delta\Lambda_{ijk}\right)$ 推导出

$$E\left(\Delta y_{ijk}-\exp\left(\gamma_1-\dfrac{\gamma_2}{T_k}\right)\Delta\Lambda_{ijk}\right)=0 \tag{6-30}$$

$$E\left(\left(\Delta y_{ijk}-\exp\left(\gamma_1-\dfrac{\gamma_2}{T_k}\right)\Delta\Lambda_{ijk}\right)^2\right)=\exp\left(2\gamma_3-\dfrac{\gamma_2}{T_k}\right)\Delta\Lambda_{ijk} \tag{6-31}$$

进而确定出 $\boldsymbol{I}(\boldsymbol{\Omega})$ 中的各项为

$$E\left(-\dfrac{\partial^2 L(\boldsymbol{\Omega})}{\partial \gamma_1\partial \gamma_1}\right)=\sum_{k=1}^{M}\sum_{j=1}^{N}\sum_{i=1}^{H_k}\exp\left(2\gamma_1-2\gamma_3-\dfrac{\gamma_2}{T_k}\right)\Delta\Lambda_{ijk}$$

$$E\left(-\dfrac{\partial^2 L(\boldsymbol{\Omega})}{\partial \gamma_1\partial \gamma_2}\right)=E\left(-\dfrac{\partial^2 L(\boldsymbol{\Omega})}{\partial \gamma_2\partial \gamma_1}\right)=\sum_{k=1}^{M}\sum_{j=1}^{N}\sum_{i=1}^{H_k}-\dfrac{\Delta\Lambda_{ijk}}{T_k}\exp\left(2\gamma_1-2\gamma_3-\dfrac{\gamma_2}{T_k}\right)$$

$$E\left(-\dfrac{\partial^2 L(\boldsymbol{\Omega})}{\partial \gamma_1\partial \gamma_3}\right)=E\left(-\dfrac{\partial^2 L(\boldsymbol{\Omega})}{\partial \gamma_3\partial \gamma_1}\right)=0$$

$$E\left(-\dfrac{\partial^2 L(\boldsymbol{\Omega})}{\partial \gamma_1\partial \Lambda}\right)=E\left(-\dfrac{\partial^2 L(\boldsymbol{\Omega})}{\partial \Lambda\partial \gamma_1}\right)=\sum_{k=1}^{M}\sum_{j=1}^{N}\sum_{i=1}^{H_k}\exp\left(2\gamma_1-2\gamma_3-\dfrac{\gamma_2}{T_k}\right)\dfrac{\partial\Delta\Lambda_{ijk}}{\partial \Lambda}$$

$$E\left(-\dfrac{\partial^2 L(\boldsymbol{\Omega})}{\partial \gamma_2\partial \gamma_2}\right)=\sum_{k=1}^{M}\sum_{j=1}^{N}\sum_{i=1}^{H_k}\left(\dfrac{\exp(2\gamma_1-2\gamma_3-\gamma_2/T_k)\Delta\Lambda_{ijk}}{T_k^2}+\dfrac{1}{2T_k^2}\right)$$

$$E\left(-\frac{\partial^2 L(\boldsymbol{\Omega})}{\partial \gamma_2 \partial \gamma_3}\right) = E\left(-\frac{\partial^2 L(\boldsymbol{\Omega})}{\partial \gamma_3 \partial \gamma_2}\right) = \sum_{k=1}^{M}\sum_{j=1}^{N}\sum_{i=1}^{H_k}\frac{1}{T_k}$$

$$E\left(-\frac{\partial^2 L(\boldsymbol{\Omega})}{\partial \gamma_2 \partial \Lambda}\right) = E\left(-\frac{\partial^2 L(\boldsymbol{\Omega})}{\partial \Lambda \partial \gamma_2}\right)$$

$$= -\frac{1}{2}\sum_{k=1}^{M}\sum_{j=1}^{N}\sum_{i=1}^{H_k}\left(\frac{2\exp(2\gamma_1 - 2\gamma_3 - \gamma_2/T_k)}{T_k} + \frac{1}{T_k \Delta \Lambda_{ijk}}\right)\frac{\partial \Delta \Lambda_{ijk}}{\partial \Lambda}$$

$$E\left(-\frac{\partial^2 L(\boldsymbol{\Omega})}{\partial \gamma_3 \partial \gamma_3}\right) = 2$$

$$E\left(-\frac{\partial^2 L(\boldsymbol{\Omega})}{\partial \gamma_3 \partial \Lambda}\right) = E\left(-\frac{\partial^2 L(\boldsymbol{\Omega})}{\partial \Lambda \partial \gamma_3}\right) = \sum_{k=1}^{M}\sum_{j=1}^{N}\sum_{i=1}^{H_k}\frac{1}{\Delta \Lambda_{ijk}}\frac{\partial \Delta \Lambda_{ijk}}{\partial \Lambda}$$

$$E\left(-\frac{\partial^2 L(\boldsymbol{\Omega})}{\partial \Lambda \partial \Lambda}\right) = \frac{1}{2}\sum_{k=1}^{M}\sum_{j=1}^{N}\sum_{i=1}^{H_k}\frac{1}{\Delta \Lambda_{ijk}}\left(\frac{\partial \Delta \Lambda_{ijk}}{\partial \Lambda}\right)^2\left(2\exp\left(2\gamma_1 - 2\gamma_3 - \frac{\gamma_2}{T_k}\right) + \frac{1}{\Delta \Lambda_{ijk}}\right)$$

式中

$$\Delta \Lambda_{ijk} = t_{ijk}^{\Lambda} - t_{(i-1)jk}^{\Lambda}, \quad \frac{\partial \Delta \Lambda_{ijk}}{\partial \Lambda} = t_{ijk}^{\Lambda}\ln t_{ijk} - t_{(i-1)jk}^{\Lambda}\ln t_{(i-1)jk}$$

2. 方案优化的数学模型

试验方案的各相关因素包括：加速应力数量、加速应力大小、试验样本量、各加速应力下的样品数量、测量次数、测量间隔等，这些因素称为方案优化数学模型中的决策变量[8]。为了建立试验的方案优化数学模型，将试验样本量 N^*、测量频率 f^*、各加速应力 T_k（$k=1,2,\cdots,M$）下的测量次数 H_k^* 作为决策变量，试验方案记为 $\mathrm{Plan} = \{N^*, f^*, H_1^*, \cdots, H_M^*\}$，Plan 中各决策变量的取值直接影响加速因子估计值的渐进方差 $\mathrm{AVar}\left(\hat{A}_{M,0}\right)$。

试验总费用 TC 由以下 3 部分费用构成：①试验样品的消耗费 $C_1 N^*$，其中 C_1 为样品单价；②试验测试费用 $C_2 N^* \sum_{k=1}^{M} H_k^*$，其中 C_2 为测量一次性能退化所需的平均费用；③其他费用 $C_3 f^* \sum_{k=1}^{M} H_k^*$，包括加速试验设备折旧费、试验人力费、试验辅助用品消耗费、电力油料消耗费等，其中 C_3 为单位时间内的平均费用，$f^* \sum_{k=1}^{M} H_k^*$ 为总试验时间。基于以上分析，加速应力可靠性评定试验的总费用 TC 为

$$\mathrm{TC}(\mathrm{Plan}) = C_1 N^* + C_2 N^* \sum_{k=1}^{M} H_k^* + C_3 f^* \sum_{k=1}^{M} H_k^* \tag{6-32}$$

在最高允许试验费用 C_b 的约束下构建加速退化试验的方案优化数学模型为

$$\min \text{AVar}\left(\hat{A}_{M,0} \mid \text{Plan}\right)$$

$$\text{s.t.} \begin{cases} \text{TC}(\text{Plan}) \leqslant C_b \\ f^*, N^*, H_k^* \geqslant 1 \end{cases} \tag{6-33}$$

6.2.3　试验方案优化的数学模型解析

为了高效解析方案优化的数学模型并获取最优试验方案，设计了一种程序化的组合算法，如下 3 部分组成：

(1)在不超出最高允许费用的限制下，找出可能为最优方案的决策变量组合；

(2)针对每组决策变量值，分别计算出对应的 $\text{AVar}\left(\hat{A}_{M,0}\right)$；

(3)找出最小 $\text{AVar}\left(\hat{A}_{M,0}\right)$ 对应的决策变量组合，确定出最优试验方案。

采用 MATLAB 软件设计了程序化的组合算法，流程图如图 6-1 所示。

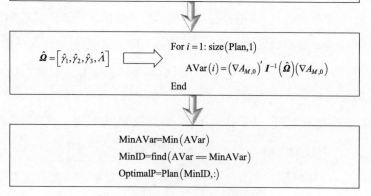

图 6-1　程序化组合算法的流程图

图 6-1 中，函数 ceil(x) 的作用是得出与 x 最接近的最小整数值，函数 size(Plan,1) 用于确定出可能的最优试验方案数量。根据工程经验，总费用 TC 很接近最高允许费用 C_b 的试验方案才可能为最优试验方案，据此加强约束条件为 $0.9C_b \leqslant TC \leqslant C_b$，以缩小最优方案的遴选范围。

6.2.4　案例应用

某型电连接器的主要构成为：接插件、绝缘机构、壳体 3 个组成部分，其中接插件是电连接器的功能核心与薄弱环节。接插件接触电阻增大是导致电连接器发生退化失效的最主要因素，接插件接触电阻增大几毫欧就可能造成传输中断、电路误触发。影响接触电阻退化速率的敏感环境应力为温度，高温有助于接插件表面发生氧化反应，接插件接触电阻值由于氧化物的不断累积而逐渐增大，最终发生退化失效。

1. 加速退化建模与参数估计

为了评定此型电连接器的可靠性，开展了步进温度应力加速退化试验，具体试验信息为：试验前测量出每个样品的接触电阻初始值，将试验中的接触电阻测量值与初始值之差 y 选为性能退化量，当 y 达到 $D = 5m\Omega$ 时发生退化失效；加速温度应力从低到高依次为 $T_1 = 343.16K$，$T_2 = 358.16K$，$T_3 = 373.16K$；试验样本量为 25，对所有样品的接触电阻值每隔 48h 同步测量一次，在 T_1 与 T_2 下分别进行了 5 次测量，在 T_3 下共进行 8 次测量。接触电阻的加速退化数据如图 6-2 所示。

产品的常应力水平为 $T_0 = 313.16K$，利用 Wiener-Arrhenius 加速退化模型拟合接触电阻加速退化数据，通过极大似然法获得加速退化模型各参数的估计值为 $\hat{\Omega} = (13.375, 3998.918, 5.358, 0.526)$。如果接触电阻的加速退化过程服从 Wiener-Arrhenius 加速退化模型，以下关系式应该成立。

$$z_{ijk} = \frac{\Delta y_{ijk} - \exp(\hat{\gamma}_1 - \hat{\gamma}_2 / T_k)\Delta\Lambda_{ijk}}{\sqrt{\exp(2\hat{\gamma}_3 - \hat{\gamma}_2 / T_k)\Delta\Lambda_{ijk}}} \sim N(0,1) \tag{6-34}$$

在显著性水平 $\alpha = 0.05$ 的条件下采用 Kolmogorov-Smirnov 法对式 (6-34) 是否成立进行假设检验，验证出接触电阻的加速退化过程服从 Wiener-Arrhenius 加速退化模型。

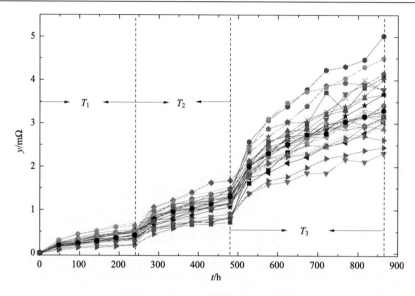

图 6-2　接触电阻的加速退化数据

2. 试验方案优化设计

此型电连接器试验样品的单价为 $C_1 = 200$ 元，测量一次性能退化所需的平均费用为 $C_2 = 100$ 元，单位时间内的加速试验设备折旧费、试验人力费、试验辅助用品消耗费、电力油料消耗费为 $C_3 = 500$ 元，其中单位时间为 24h，根据以上信息计算出试验总费用为 TC = 68000 元。

设试验最高允许费用为 $C_b = 68000$ 元，构建加速应力可靠性试验的方案优化数学模型。利用图 6-1 中所示的程序化组合算法获得最优试验方案的各决策变量值为 $N^* = 28$，$f^* = 4$，$H_1^* = 5$，$H_2^* = 2$，$H_3^* = 6$，此最优方案对应的加速因子估计值渐进方差为 $\mathrm{AVar}\left(\hat{A}_{M,0}\right) = 60.95$。将表 6-1 中列出的传统试验方案各试验因素代入式 (6-28) 计算出对应的加速因子估计值渐进方差为 $\mathrm{AVar}\left(\hat{A}_{M,0}\right) = 69.32$。通过比较两个方案对应的 $\mathrm{AVar}\left(\hat{A}_{M,0}\right)$，得知表 6-1 中所示的最优方案比传统方案提高了效费比。

表 6-1　最优试验方案与传统试验方案对比

方案	决策变量					优化目标
	N^*	f^*	H_1^*	H_2^*	H_3^*	$\mathrm{Avar}(\hat{A}_{M,0})$
传统试验方案	25	2	5	5	8	69.32
最优试验方案	28	4	5	2	6	60.95

　　将试验最高允许费用 C_b 设为表 6-2 中的不同值，其他试验因素不变，分别获取了各最优试验方案。各最优方案对应的决策变量值与 $\mathrm{AVar}\left(\hat{A}_{M,0}\right)$ 如表 6-2 所示。随着 C_b 的减小，$\mathrm{AVar}\left(\hat{A}_{M,0}\right)$ 具有明显的单调递增趋势，但各决策变量值无单调变化趋势。

表 6-2　不同最高允许试验费用约束下的最优试验方案

C_b /元	决策变量					优化目标
	N^*	f^*	H_1^*	H_2^*	H_3^*	$\mathrm{AVar}\left(\hat{A}_{M,0}\right)$
68000	28	4	5	2	6	60.95
60000	30	3	5	2	5	65.87
50000	25	4	4	2	4	73.40
40000	18	3	4	3	4	84.02
30000	15	3	3	2	4	97.27

3. 优化模型对参数值偏差的容错能力

　　理想情况下，应该基于加速退化模型的真实参数值构建试验方案优化的数学模型，但模型参数真实值是无法确定的，只能利用模型参数估计值代替。如果模型参数估计值与真实值存在较小偏差就会导致最优试验方案改变，则说明构建的方案优化数学模型对参数值偏差的容错能力低，不具备工程应用价值。设各参数估计值 $\hat{\gamma}_1, \hat{\gamma}_2, \hat{\gamma}_3, \hat{\Lambda}$ 与真实值的百分比偏差分别为 $\varepsilon_1, \varepsilon_2, \varepsilon_3, \varepsilon_4$，取 $\varepsilon_1, \varepsilon_2, \varepsilon_3, \varepsilon_4$ 值为表 6-3 中的不同组合，在 $C_b = 68000$ 元的约束下获取各最优试验方案如表 6-3 中所示。根据表中数据，参数估计值与真实值的百分比偏差不高于 $\pm5\%$ 时，获得的最优试验方案基本一样，这说明构建的试验优化数学模型对参数估计值偏差具有必要的容错能力，所提优化设计方法具备工程应用价值。

表 6-3　不同参数值偏差下的最优试验方案

百分比偏差/%				最优试验方案				
ε_1	ε_2	ε_3	ε_4	N^*	f^*	H_1^*	H_2^*	H_3^*
5	5	0	0	28	4	5	2	6
5	5	5	0	28	4	5	2	6
5	5	5	5	25	4	5	3	6
0	0	5	5	28	4	5	2	6

续表

百分比偏差/%				最优试验方案				
ε_1	ε_2	ε_3	ε_4	N^*	f^*	H_1^*	H_2^*	H_3^*
0	0	0	5	28	4	5	2	6
0	5	5	5	28	4	5	2	6
−5	−5	−5	−5	29	3	5	3	6
−5	5	5	−5	28	4	5	3	5
−5	−5	5	5	28	4	5	3	5

6.2.5 研究结论

(1)加速因子不变原则不仅为推导加速因子表达式提供了一种有效方法，而且为准确建立加速退化模型提供了一种可行途径，避免了依据假定建立加速退化模型所引入的风险。

(2)将最小化加速因子估计值的渐进方差作为优化准则，具有先进性与可行性，所建立的方案优化数学模型对于参数值偏差具有一定的容错能力，具备工程实用价值。

(3)虽然本节所提的优化设计方法只是基于Wiener-Arrhenius加速退化模型与步进加速退化试验，但是此设计思路同样能够应用于其他加速退化模型及可靠性试验类型。

6.3 加速可靠性验收试验方案优化设计方法

6.3.1 问题描述

装备生产商交付给军方的装备应该满足预先规定的可靠性要求，可靠性验收试验用于检验装备可靠性是否达到预定要求。可靠性验收试验通常由第三方试验机构实施，通过对批次交付的产品进行随机抽样选取试验样品，最终给出军方是否应该接受批次产品的结论[9,10]。

军方从生产商那里订购了某型惯导系统精密电阻，生产商定期向军方交付一批产品。交付产品的质量应符合生产商和军方协商的预先规定的要求，此型精密电阻质量要求是不少于99%的产品能够无故障工作10000h。第三方试验机构开展精密电阻可靠性验收试验的传统做法为：从批次产品中随机抽取一定数量的样品，在常应力水平下试验10000h后终止试验，统计故障样本的比例，从而验证产品可靠度是否不低于99%。在这种传统可靠性验收试验中，样本量应该不小于100，否则当试验中出现零失效情况时，军方接受此批次产品具有一定风险。

目前，基于性能退化数据的可靠性评定方法已经得到了广泛的研究，在此基础上出现了一种基于退化数据分析的可靠性验收试验方法。这种可靠性验收试验方式可看作一种定时截尾的性能退化试验，整个试验过程中需要多次测量样品的性能退化数据，通过对性能退化数据进行统计分析建立产品的可靠性模型并评定出样品在 10000h 的可靠度，如图 6-3 所示。

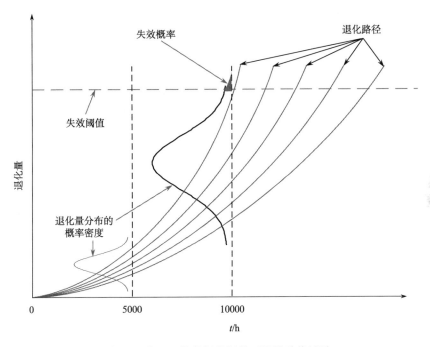

图 6-3　基于退化数据分析的可靠性验收试验

如果评定出的可靠度不低于 99%，则认为该批次产品的符合质量要求。与基于失效时间数据的传统可靠性验收方法相比，这种可靠性验收试验的优势在于可以降低试验样品量，节省试验成本，然而，并没有缩短试验时间。为了进一步缩短试验时间，可考虑提升此种可靠性验收试验的应力水平，因为产品在高应力水平下的退化率远大于常应力水平下的退化率。这种被提升了试验应力水平的可靠性验收试验可称为加速应力可靠性验收试验。虽然它具有高效率优势，但是需要应对传统可靠性验收试验无须考虑的问题：产品在加速应力水平下没有预先规定的质量要求。为解决此问题，需要将产品在常应力下的质量要求等效转换为加速应力下的质量要求。设 T_L 为正常温度应力水平，T_H 是开展加速应力可靠性验收试验的应力水平，产品已有的质量要求为不低于 99% 的批次产品可以在 T_L 下无故障工作 10000h，等效转换的质量要求为不低于 99%的批次产品可以在 T_H 下无故障工作 t_H 小时。t_H 是加速应力可靠性验收试验的试验截止时间，为了确定出 t_H 值，以下引入了加速因子的概念。

设 $F_L(t_L), F_H(t_H)$ 分别为 T_L , T_H 下产品在时刻 t_L , t_H 的累积失效概率，如果 $F_H(t_H) = F_L(t_L)$，则将 T_H 相对于 T_L 的加速因子定义为

$$A_{H,L} = t_L / t_H \tag{6-35}$$

加速应力可靠性验收试验的截止时间估计值 $\hat{t}_H$ 可通过 $\hat{t}_H = t_L / \hat{A}_{H,L}$ 计算得出，其中 $t_L = 10000$。$\hat{t}_H$ 的准确性对于设计一个优良的试验方案尤为重要，根据工程经验，$\hat{t}_H$ 的渐进方差 $\mathrm{AVar}(\hat{t}_H)$ 大小能够表征 $\hat{t}_H$ 的准确性，越小的 $\mathrm{AVar}(\hat{t}_H)$ 意味着越精确的 $\hat{t}_H$。因此，将具有最小 $\mathrm{AVar}(\hat{t}_H)$ 的加速应力可靠性验收试验方案视为最优方案，方案优化设计的任务是找出最优的决策变量组合以得到最小的 $\mathrm{AVar}(\hat{t}_H)$。

6.3.2　加速应力可靠性验收试验的截止时间

本节基于 IG 退化模型与 Arrhenius 加速模型建立一种估计 $\hat{t}_H$ 的方法。

1. IG 退化模型

与 Gamma 过程类似，IG 用于对严格单调退化数据建模。如果产品的退化过程 $\{Y(t), t \geqslant 0\}$ 服从 IG 过程，则 $Y(t)$ 应该满足以下性质[11,12]。

（1）$Y(t)$ 在 $t = 0$ 处连续，并且 $Y(0) = 0$。

（2）对于 $0 \leqslant t_1 < t_2 \leqslant t_3 < t_4$，$Y(t_2) - Y(t_1)$ 与 $Y(t_4) - Y(t_3)$ 互相独立，也就是说 $Y(t)$ 具有独立增量。

（3）性能退化增量 $\Delta Y(t) = Y(t + \Delta t) - Y(t)$ 服从如下形式的 IG 分布 $\Delta Y(t) \sim \mathrm{IG}\big(\mu \Delta \Lambda(t), \lambda \Delta \Lambda^2(t)\big)$，其中 μ 为均值参数，λ 为尺度参数，$\Lambda(t)$ 为时间函数，$\Delta \Lambda(t) = \Lambda(t + \Delta t) - \Lambda(t)$ 表示时间增量。

从 IG 过程的表达式 $Y(t) \sim \mathrm{IG}\big(\mu \Lambda(t), \lambda \Lambda(t)^2\big)$ 可推导得出 $Y(t)$ 的概率密度函数及累积分布函数分别为

$$f(Y) = \sqrt{\frac{\lambda \Lambda(t)^2}{2\pi Y^3}} \exp\left[-\frac{\lambda}{2Y}\left(\frac{Y}{\mu} - \Lambda(t) \right)^2 \right] \tag{6-36}$$

$$F(Y) = \Phi\left(\sqrt{\frac{\lambda}{Y}}\left(\frac{Y}{\mu} - \Lambda(t) \right) \right) + \exp\left(\frac{2\lambda \Lambda(t)}{\mu} \right) \Phi\left(-\sqrt{\frac{\lambda}{Y}}\left(\frac{Y}{\mu} + \Lambda(t) \right) \right) \tag{6-37}$$

式中，$\Phi(\cdot)$ 表示标准 Normal 分布的累积分布函数。设 $Y(t)$ 的失效阈值为 D，将

产品失效时间 ξ 定义为 $Y(t)$ 首次达到 D 的时刻，记为 $\xi = \inf\{t \mid Y(t) \geqslant D\}$。$\xi$ 的累积分布函数可由式 (6-37) 推导出，即

$$F_\xi(t) = P(\xi \leqslant t) = P(Y(t) \geqslant D)$$

$$= \Phi\left(\sqrt{\frac{\lambda}{D}}\left(\Lambda(t) - \frac{D}{\mu}\right)\right) - \exp\left(\frac{2\lambda\Lambda(t)}{\mu}\right)\Phi\left(-\sqrt{\frac{\lambda}{D}}\left(\frac{D}{\mu} + \Lambda(t)\right)\right) \quad (6\text{-}38)$$

对于 IG 退化模型，无法得到 p 分位寿命值的闭环解析式。当 $\mu\Lambda(t)$ 足够大时 $Y(t)$ 近似服从 Normal 分布 $N(\mu\Lambda(t), \mu^3\Lambda(t)/\lambda)$，据此可得到近似的 $F_\xi(t)$ 为

$$F_\xi(t) \approx \Phi\left(\frac{\mu\Lambda(t) - D}{\sqrt{\mu^3\Lambda(t)/\lambda}}\right) \quad (6\text{-}39)$$

进而式 (6-39) 中推导出 p 分位寿命值的一个近似解析式为

$$\xi_p \approx \Lambda^{-1}\left(\frac{\mu}{4\lambda}\left(z_p + \sqrt{z_p^2 + 4D\lambda/\mu^2}\right)^2\right) \quad (6\text{-}40)$$

式中，z_p 为标准 Normal 分布的 p 分位数，$\Lambda^{-1}(\cdot)$ 为时间函数 $\Lambda(\cdot)$ 的逆函数。

2. 加速因子表达式

当 IG 过程被用于加速退化数据建模时，通常假定 μ 与加速应力相关但 λ 与加速应力无关，根据此假定 IG 过程的加速因子只由 μ 所决定。为了更为科学得确定加速因子表达式，采用加速因子不变原则推导出模型中的哪个参数与加速应力相关。加速因子不变原则是指加速因子应该是一个与试验时间无关的常数，否则加速因子就失去了工程应用性。根据加速因子不变原则，对于任意 t_L, $t_H > 0$，式 (6-41) 应该恒成立。

$$F_H(t_H) = F_L(A_{H,L}t_H) \quad (6\text{-}41)$$

将由 IG 过程获取的累积分布函数代入式 (6-41)，得

$$\Phi\left(\sqrt{\frac{\lambda_H}{D}}\left(\Lambda(t_H) - \frac{D}{\mu_H}\right)\right) - \exp\left(\frac{2\lambda_H\Lambda(t_H)}{\mu_H}\right)\Phi\left(-\sqrt{\frac{\lambda_H}{D}}\left(\frac{D}{\mu_H} + \Lambda(t_H)\right)\right)$$

$$= \Phi\left(\sqrt{\frac{\lambda_L}{D}}\left(\Lambda(A_{H,L}t_H) - \frac{D}{\mu_L}\right)\right) - \exp\left(\frac{2\lambda_L\Lambda(A_{H,L}t_H)}{\mu_L}\right)\Phi\left(-\sqrt{\frac{\lambda_L}{D}}\left(\frac{D}{\mu_L} + \Lambda(A_{H,L}t_H)\right)\right)$$

$$(6\text{-}42)$$

将时间函数的具体形式设为 $\Lambda(t) = t^r$。为了保证式 (6-42) 对于任何 t_H 取值恒成立，需要满足以下关系式：

$$\begin{cases} \sqrt{\dfrac{\lambda_H}{D}}\left(t_H^{r_H} - \dfrac{D}{\mu_H}\right) = \sqrt{\dfrac{\lambda_L}{D}}\left(\left(A_{H,L}t_H\right)^{r_L} - \dfrac{D}{\mu_L}\right) \\[3mm] \dfrac{2\lambda_H t_H^{r_H}}{\mu_H} = \dfrac{2\lambda_L\left(A_{H,L}t_H\right)^{r_L}}{\mu_L} \\[3mm] -\sqrt{\dfrac{\lambda_H}{D}}\left(\dfrac{D}{\mu_H} + t_H^{r_H}\right) = -\sqrt{\dfrac{\lambda_L}{D}}\left(\dfrac{D}{\mu_L} + \left(A_{H,L}t_H\right)^{r_L}\right) \end{cases} \tag{6-43}$$

从式(6-43)推导出加速因子表达式为

$$A_{H,L} = \left(\frac{\mu_H}{\mu_L}\right)^{\frac{1}{r_H}} = \left(\frac{\lambda_H}{\lambda_L}\right)^{\frac{0.5}{r_H}} \tag{6-44}$$

$$r_H = r_L$$

式(6-44)表明 IG 退化模型中的均值参数 μ 与尺度参数 λ 都与加速应力相关，但时间参数 r 与加速应力无关，此外，μ 与 λ 应满足比例变化关系。

3. 截止时间计算方法

根据式(6-44)，在利用 T_H 下退化数据估计出 $\hat{\boldsymbol{\Omega}}_H = \left(\hat{\mu}_H, \hat{\lambda}_H, \hat{r}_H\right)$，利用 T_L 下退化数据估计出 $\hat{\boldsymbol{\Omega}}_L = \left(\hat{\mu}_L, \hat{\lambda}_L, \hat{r}_L\right)$ 后，即可计算出加速因子 $\hat{A}_{H,L}$。然而，由于性能退化测量数据中不可避免地存在测量误差，导致参数估计值未必严格满足式(6-44)中的比例关系。为了降低测量误差的影响，引入加速模型一体化估计出未知参数值，更为准确地计算出加速因子。

假定采用 Arrhenius 方程作为加速模型，因为 μ 与 λ 与加速应力相关而 r 与加速应力无关，各参数的加速模型建立为

$$\mu(T) = \exp(\eta_1 - \eta_2 / T) \tag{6-45}$$

$$\lambda(T) = \exp(\eta_3 - \eta_4 / T) \tag{6-46}$$

$$r(T) = r \tag{6-47}$$

式中，$\eta_1, \eta_2, \eta_3, r$ 为待估系数，T 表示绝对温度。将 $\mu(T_k), \lambda(T_k)$ 分别记为 μ_k, λ_k，其中 $k = L, H$。根据加速因子不变原则，μ_k, λ_k 应该满足式(6-44)规定的比例变化关系，据此推导出 $\eta_4 = 2\eta_2$，μ 与 λ 的加速模型确定为

$$\mu_k = \exp(\eta_1 - \eta_2 / T_k) \tag{6-48}$$

$$\lambda_k = \exp(\eta_3 - 2\eta_2 / T_k) \tag{6-49}$$

建立加速退化模型为 $Y(t; T_k) \sim \mathrm{IG}\left(\exp(\eta_1 - \eta_2 / T_k)t^r, \ \exp(\eta_3 - 2\eta_2 / T_k)t^{2r}\right)$。将 μ_k, λ_k, r_k 的加速模型代入式(6-44)，得到加速因子 $A_{H,L}$ 的表达式为

$$A_{H,L} = \left(\frac{\exp(\eta_1 - \eta_2 / T_H)}{\exp(\eta_1 - \eta_2 / T_L)} \right)^{\frac{1}{r}} = \left(\frac{\exp(\eta_3 - 2\eta_2 / T_H)}{\exp(\eta_3 - 2\eta_2 / T_L)} \right)^{0.5} = \exp\left(\frac{\eta_2}{r} \left(\frac{T_H - T_L}{T_H T_L} \right) \right) \quad (6\text{-}50)$$

加速应力可靠性验收试验的截止时间 t_H 计算公式为

$$t_H = \frac{t_L}{A_{H,L}} = t_L \exp\left(\frac{\eta_2}{r} \left(\frac{T_L - T_H}{T_H T_L} \right) \right) \quad (6\text{-}51)$$

为了计算 $\hat{t}_H$，需要估计出 η_2, r 值。设 y_{ijk} 表示 T_k 下第 j 个产品的 i 个退化测量值，t_{ijk} 表示对应的测量时刻，$\Delta y_{ijk} = y_{ijk} - y_{(i-1)jk}$ 表示退化增量，$\Delta \Lambda_{ijk} = t_{ijk}^r - t_{(i-1)jk}^r$ 表示时间增量，其中 $k = 1, 2, \cdots, B$；$j = 1, 2, \cdots, N_k$；$i = 1, 2, \cdots, M_k$。根据 IG 过程的统计特性，$\Delta y_{ijk} \sim \text{IG}\left(\exp(\eta_1 - \eta_2 / T_k) \Delta \Lambda_{ijk}, \exp(\eta_3 - 2\eta_2 / T_k) \Delta \Lambda_{ijk}^2 \right)$，据此建立如下融合所有加速退化数据的似然方程：

$$l(\boldsymbol{\theta})$$
$$= \prod_{k=1}^{B} \prod_{j=1}^{N_k} \prod_{i=1}^{M_k} \sqrt{\frac{\exp(\eta_3 - 2\eta_2 / T_k) \Delta \Lambda_{ijk}^2}{2\pi \Delta y_{ijk}^3}} \exp\left(-\frac{\exp(\eta_3 - 2\eta_2 / T_k)}{2\Delta y_{ijk}} \left(\frac{\Delta y_{ijk}}{\exp(\eta_1 - \eta_2 / T_k)} - \Delta \Lambda_{ijk} \right)^2 \right)$$

$$(6\text{-}52)$$

式中，$\boldsymbol{\theta} = (\eta_1, \eta_2, \eta_3, r)$ 为待估系数向量。式(6-52)的对数似然函数为

$$L(\boldsymbol{\theta}) = \frac{\eta_3}{2} \sum_{k=1}^{B} N_k M_k - \eta_2 \sum_{k=1}^{B} \frac{N_k M_k}{T_k} + \sum_{k=1}^{B} \sum_{j=1}^{N_k} \sum_{i=1}^{M_k} \ln \Delta \Lambda_{ijk} - \frac{\ln(2\pi)}{2} \sum_{k=1}^{B} N_k M_k$$

$$- \frac{3}{2} \sum_{k=1}^{B} \sum_{j=1}^{N_k} \sum_{i=1}^{M_k} \ln \Delta y_{ijk} - \sum_{k=1}^{B} \sum_{j=1}^{N_k} \sum_{i=1}^{M_k} \frac{\exp(\eta_3 - 2\eta_2 / T_k)}{2\Delta y_{ijk}} \left(\Delta y_{ijk} \exp\left(-\eta_1 + \frac{\eta_2}{T_k} \right) - \Delta \Lambda_{ijk} \right)^2$$

$$(6\text{-}53)$$

待估系数向量 $\boldsymbol{\theta}$ 中各项的偏导数为

$$\frac{\partial L(\boldsymbol{\theta})}{\partial \eta_1} = \sum_{k=1}^{B} \sum_{j=1}^{N_k} \sum_{i=1}^{M_k} \exp\left(\eta_3 - \eta_1 - \frac{\eta_2}{T_k} \right) \left(\Delta y_{ijk} \exp\left(-\eta_1 + \frac{\eta_2}{T_k} \right) - t_{ijk}^r + t_{(i-1)jk}^r \right) \quad (6\text{-}54)$$

$$\frac{\partial L(\boldsymbol{\theta})}{\partial \eta_2}$$

$$= -\sum_{k=1}^{B} \frac{N_k M_k}{T_k} + \sum_{k=1}^{B} \sum_{j=1}^{N_k} \sum_{i=1}^{M_k} \frac{\exp(\eta_3 - 2\eta_2 / T_k)}{\Delta y_{ijk} T_k} \left(\Delta y_{ijk} \exp\left(-\eta_1 + \frac{\eta_2}{T_k} \right) - t_{ijk}^r + t_{(i-1)jk}^r \right)^2$$

$$- \sum_{k=1}^{B} \sum_{j=1}^{N_k} \sum_{i=1}^{M_k} \frac{\exp(\eta_3 - \eta_1 - \eta_2 / T_k)}{T_k} \left(\Delta y_{ijk} \exp\left(-\eta_1 + \frac{\eta_2}{T_k} \right) - t_{ijk}^r + t_{(i-1)jk}^r \right)$$

$$(6\text{-}55)$$

$$\frac{\partial L(\boldsymbol{\theta})}{\partial \eta_3}$$

$$= \frac{1}{2}\sum_{k=1}^{B} N_k M_k - \sum_{k=1}^{B}\sum_{j=1}^{N_k}\sum_{i=1}^{M_k} \frac{\exp(\eta_3 - 2\eta_2 / T_k)}{2\Delta y_{ijk}}\left(\Delta y_{ijk}\exp\left(-\eta_1 + \frac{\eta_2}{T_k}\right) - t_{ijk}^r + t_{(i-1)jk}^r\right)^2$$

$$(6\text{-}56)$$

$$\frac{\partial L(\boldsymbol{\theta})}{\partial r} = \left(\sum_{k=1}^{B}\sum_{j=1}^{N_k}\sum_{i=1}^{M_k} \frac{t_{ijk}^r \ln t_{ijk} - t_{(i-1)jk}^r \ln t_{(i-1)jk}^r}{t_{ijk}^r - t_{(i-1)jk}^r} + \frac{\exp(\eta_3 - 2\eta_2 / T_k)}{\Delta y_{ijk}}\right.$$

$$\left. \cdot \left(\Delta y_{ijk}\exp\left(-\eta_1 + \frac{\eta_2}{T_k}\right) - t_{ijk}^r + t_{(i-1)jk}^r\right)\left(t_{ijk}^r \ln t_{ijk} - t_{(i-1)jk}^r \ln t_{(i-1)jk}^r\right)\right)$$

$$(6\text{-}57)$$

联合求解偏导方程可获得未知系数的极大似然估计值 $\hat{\boldsymbol{\theta}} = (\hat{\eta}_1, \hat{\eta}_2, \hat{\eta}_3, \hat{r})$，由于偏导方程较为复杂需要采用 Newton-Raphson 递归迭代方法求解，可利用 MATLAB 软件编程实现。

6.3.3　构建加速应力可靠性验收试验的方案优化模型

1. 加速应力下试验截止时间的渐进方差表达式

根据 Delta 法，t_H 的渐进方差 $\mathrm{AVar}(t_H)$ 的计算公式为

$$\mathrm{AVar}(t_H) = (\nabla t_H)' \boldsymbol{I}^{-1}(\hat{\boldsymbol{\theta}})(\nabla t_H) \tag{6-58}$$

式中，∇t_H 表示 t_H 的一次偏导，$(\nabla t_H)'$ 表示 ∇t_H 的转置，$\boldsymbol{I}^{-1}(\hat{\boldsymbol{\theta}})$ 表示 Fisher 信息矩阵 $\boldsymbol{I}(\hat{\boldsymbol{\theta}})$ 的逆矩阵。$(\nabla t_H)'$ 的表达式为

$$(\nabla t_H)' = \left(\frac{\partial t_H}{\partial \eta_1}, \frac{\partial t_H}{\partial \eta_2}, \frac{\partial t_H}{\partial \eta_3}, \frac{\partial t_H}{\partial r}\right) \tag{6-59}$$

式中

$$\frac{\partial t_H}{\partial \eta_2} = \frac{t_L}{\hat{r}}\left(\frac{T_L - T_H}{T_H T_L}\right)\exp\left(\frac{\hat{\eta}_2}{\hat{r}}\left(\frac{T_L - T_H}{T_H T_L}\right)\right) \tag{6-60}$$

$$\frac{\partial t_H}{\partial r} = -\frac{\hat{\eta}_2 t_L}{\hat{r}^2}\left(\frac{T_L - T_H}{T_H T_L}\right)\exp\left(\frac{\hat{\eta}_2}{\hat{r}}\left(\frac{T_L - T_H}{T_H T_L}\right)\right) \tag{6-61}$$

$$\frac{\partial t_H}{\partial \eta_1} = 0, \quad \frac{\partial t_H}{\partial \eta_3} = 0 \tag{6-62}$$

$\boldsymbol{I}(\boldsymbol{\theta})$ 的表达式为

$$
\boldsymbol{I}(\boldsymbol{\theta}) = \begin{bmatrix}
E\left(-\dfrac{\partial^2 L(\boldsymbol{\theta})}{\partial \eta_1 \partial \eta_1}\right) & E\left(-\dfrac{\partial^2 L(\boldsymbol{\theta})}{\partial \eta_1 \partial \eta_2}\right) & E\left(-\dfrac{\partial^2 L(\boldsymbol{\theta})}{\partial \eta_1 \partial \eta_3}\right) & E\left(-\dfrac{\partial^2 L(\boldsymbol{\theta})}{\partial \eta_1 \partial r}\right) \\[2mm]
E\left(-\dfrac{\partial^2 L(\boldsymbol{\theta})}{\partial \eta_2 \partial \eta_1}\right) & E\left(-\dfrac{\partial^2 L(\boldsymbol{\theta})}{\partial \eta_2 \partial \eta_2}\right) & E\left(-\dfrac{\partial^2 L(\boldsymbol{\theta})}{\partial \eta_2 \partial \eta_3}\right) & E\left(-\dfrac{\partial^2 L(\boldsymbol{\theta})}{\partial \eta_2 \partial r}\right) \\[2mm]
E\left(-\dfrac{\partial^2 L(\boldsymbol{\theta})}{\partial \eta_3 \partial \eta_1}\right) & E\left(-\dfrac{\partial^2 L(\boldsymbol{\theta})}{\partial \eta_3 \partial \eta_2}\right) & E\left(-\dfrac{\partial^2 L(\boldsymbol{\theta})}{\partial \eta_3 \partial \eta_3}\right) & E\left(-\dfrac{\partial^2 L(\boldsymbol{\theta})}{\partial \eta_3 \partial r}\right) \\[2mm]
E\left(-\dfrac{\partial^2 L(\boldsymbol{\theta})}{\partial r \partial \eta_1}\right) & E\left(-\dfrac{\partial^2 L(\boldsymbol{\theta})}{\partial r \partial \eta_2}\right) & E\left(-\dfrac{\partial^2 L(\boldsymbol{\theta})}{\partial r \partial \eta_3}\right) & E\left(-\dfrac{\partial^2 L(\boldsymbol{\theta})}{\partial r \partial r}\right)
\end{bmatrix} \tag{6-63}
$$

由于 Δy_{ijk} 近似服从一个均值为 $\mu \Delta \Lambda_{ijk}$，方差为 $\mu^3 \Delta \Lambda_{ijk}/\lambda$ 的 Normal 分布，可知 $\Delta y_{ijk}/\mu \sim N\left(\Delta \Lambda_{ijk}, \mu \Delta \Lambda_{ijk}/\lambda\right)$，据此推导出

$$
E\left(\frac{\Delta y_{ijk}}{\mu} - \Delta \Lambda_{ijk}\right) = 0 \tag{6-64}
$$

$$
E\left(\left(\frac{\Delta y_{ijk}}{\mu} - \Delta \Lambda_{ijk}\right)^2\right) = D\left(\frac{\Delta y_{ijk}}{\mu} - \Delta \Lambda_{ijk}\right) + \left(E\left(\frac{\Delta y_{ijk}}{\mu} - \Delta \Lambda_{ijk}\right)\right)^2 = \frac{\mu \Delta \Lambda_{ijk}}{\lambda} \tag{6-65}
$$

式中，$E(x)$ 表示 x 的期望值，$D(x)$ 表示 x 的方差，$\mu = \exp(\eta_1 - \eta_2/T)$，$\lambda = \exp(\eta_3 - 2\eta_2/T)$。确定出 $\boldsymbol{I}(\boldsymbol{\theta})$ 中的各项为

$$
E\left(-\frac{\partial^2 L(\boldsymbol{\theta})}{\partial \eta_1 \partial \eta_1}\right) = \sum_{k=L}^{H} \sum_{j=1}^{N_k} \sum_{i=1}^{M_k} \left(t_{ijk}^r - t_{(i-1)jk}^r\right) \exp\left(\eta_3 - \eta_1 - \frac{\eta_2}{T_k}\right)
$$

$$
E\left(-\frac{\partial^2 L(\boldsymbol{\theta})}{\partial \eta_1 \partial \eta_2}\right) = E\left(-\frac{\partial^2 L(\boldsymbol{\theta})}{\partial \eta_2 \partial \eta_1}\right) = -\sum_{k=L}^{H} \sum_{j=1}^{N_k} \sum_{i=1}^{M_k} \frac{t_{ijk}^r - t_{(i-1)jk}^r}{T_k} \exp\left(\eta_3 - \eta_1 - \frac{\eta_2}{T_k}\right)
$$

$$
E\left(-\frac{\partial^2 L(\boldsymbol{\theta})}{\partial \eta_1 \partial \eta_3}\right) = E\left(-\frac{\partial^2 L(\boldsymbol{\theta})}{\partial \eta_3 \partial \eta_1}\right) = 0
$$

$$
E\left(-\frac{\partial^2 L(\boldsymbol{\theta})}{\partial \eta_1 \partial r}\right) = E\left(-\frac{\partial^2 L(\boldsymbol{\theta})}{\partial r \partial \eta_1}\right) = \sum_{k=L}^{H} \sum_{j=1}^{N_k} \sum_{i=1}^{M_k} \exp\left(\eta_3 - \eta_1 - \frac{\eta_2}{T_k}\right)\left(t_{ijk}^r \ln t_{ijk} - t_{(i-1)jk}^r \ln t_{(i-1)jk}\right)
$$

$$
E\left(-\frac{\partial^2 L(\boldsymbol{\theta})}{\partial \eta_2 \partial \eta_2}\right) = \sum_{k=L}^{H} \sum_{j=1}^{N_k} \sum_{i=1}^{M_k} \frac{t_{ijk}^r - t_{(i-1)jk}^r}{T_k^2} \exp\left(\eta_3 - \eta_1 - \frac{\eta_2}{T_k}\right) + \frac{2}{T_k^2}
$$

$$
E\left(-\frac{\partial^2 L(\boldsymbol{\theta})}{\partial \eta_2 \partial \eta_3}\right) = E\left(-\frac{\partial^2 L(\boldsymbol{\theta})}{\partial \eta_3 \partial \eta_2}\right) = -\sum_{k=L}^{H} \sum_{j=1}^{N_k} \sum_{i=1}^{M_k} \frac{1}{T_k}
$$

$$
E\left(-\frac{\partial^2 L(\boldsymbol{\theta})}{\partial \eta_2 \partial r}\right) = E\left(-\frac{\partial^2 L(\boldsymbol{\theta})}{\partial r \partial \eta_2}\right) = -\sum_{k=L}^{H} \sum_{j=1}^{N_k} \sum_{i=1}^{M_k} \frac{\exp(\eta_3 - \eta_1 - \eta_2/T_k)}{T_k}\left(t_{ijk}^r \ln t_{ijk} - t_{(i-1)jk}^r \ln t_{(i-1)jk}\right)
$$

$$E\left(-\frac{\partial^2 L(\boldsymbol{\theta})}{\partial \eta_3 \partial \eta_3}\right) = -\frac{1}{2}$$

$$E\left(-\frac{\partial^2 L(\boldsymbol{\theta})}{\partial \eta_3 \partial r}\right) = E\left(-\frac{\partial^2 L(\boldsymbol{\theta})}{\partial r \partial \eta_3}\right) = 0$$

$$E\left(-\frac{\partial^2 L(\boldsymbol{\theta})}{\partial r \partial r}\right) = \sum_{k=L}^{H} \sum_{j=1}^{N_k} \sum_{i=1}^{M_k} \left(-\frac{t_{ijk}^r \left(\ln t_{ijk}\right)^2 - t_{(i-1)jk}^r \left(\ln t_{(i-1)jk}^r\right)^2}{t_{ijk}^r - t_{(i-1)jk}^r} + \left(\frac{t_{ijk}^r \ln t_{ijk} - t_{(i-1)jk}^r \ln t_{(i-1)jk}^r}{t_{ijk}^r - t_{(i-1)jk}^r}\right)^2 \right.$$

$$\left. + \frac{\exp(\eta_3 - \eta_1 - \eta_2 / T_k)}{t_{ijk}^r - t_{(i-1)jk}^r}\left(t_{ijk}^r \ln t_{ijk} - t_{(i-1)jk}^r \ln t_{(i-1)jk}^r\right)^2 \right)$$

2. 试验总费用建模

设在加速温度 T_H 下开展可靠性验收试验，N_H 个样品被随机抽取用于验收试验，所有样品在试验过程中被同时测量，每个样品被测量 M_H 次。试验截止时间为 $t_H = t_L / \hat{A}_{H,L}$，测量间隔为 $f = t_H / M_H$。决策变量 N_H，M_H，T_H 的取值不仅影响 $\mathrm{AVar}(\hat{t}_H)$ 的大小，而且决定了验收试验的总费用。

令 $\mathrm{TC}(N_H, M_H, T_H)$ 表示加速应力可靠性验收试验的总费用，$\mathrm{TC}(N_H, M_H, T_H)$ 由 3 部分组成：①加速试验设备在 T_H 下的使用费用；②样品的测量费用；③样品的费用。建立 $\mathrm{TC}(N_H, M_H, T_H)$ 的模型为

$$\mathrm{TC}(N_H, M_H, T_H) = C_1 \exp(T_H / T_L - 1)t_H + C_2 M_H N_H + C_3 N_H \tag{6-66}$$

式中，C_1 表示加速试验设备在 T_L 下使用 1h 的费用，加速试验设备在 T_H 下使用 1h 的费用建模为 $C_1 \exp(T_H / T_L - 1)t_H$；$C_2$ 表示对一个样品进行一次测量的费用；C_3 表示一个样品的价格。

3. 试验方案优化的数据模型

(N_L, M_L, T_L) 值是已知的，$\mathrm{AVar}(t_H)$ 的大小取决于 (N_H, M_H, T_H) 值，考虑到对试验费用的承受力，试验总费用 $\mathrm{TC}(N_H, M_H, T_H)$ 不能超过极限值 C_b。根据之前的分析，最优的验收试验方案具有最小的 $\mathrm{AVar}(\hat{t}_H)$，优化设计的实质是在最高允许试验费用的约束下找出对应最小 $\mathrm{AVar}(\hat{t}_H)$ 的一组最优决策变量值。基于以上分析，构建出加速应力可靠性验收试验方案优化的数学模型为

$$\min \text{AVar}\left(t_H \mid N_H, M_H, T_H\right)$$

$$\text{s.t.} \begin{cases} \text{TC}\left(N_H, M_H, T_H\right) \leqslant C_b \\ T_L + 1 \leqslant T_H \leqslant T_{\max} \\ 1 \leqslant N_H \leqslant N_{\max} \\ 1 \leqslant M_H \leqslant M_{\max} \end{cases} \tag{6-67}$$

式中，T_H 与 T_L 的差值为整数，$T_{\max}$ 为可选取的最高温度应力，如果温度应力超过 $T_{\max}$，那么样品的失效机理就会与 T_L 下的失效机理不一致。

6.3.4　优化模型解析及寻优算法

为了能够高效地获取最优试验方案，设计了基于 MATLAB 程序的模型解析及寻优算法，主要由 3 个自动化步骤构成，如图 6-4 所示。第一步中，通过如下公式确定决策变量 N_H, M_H 的上限：

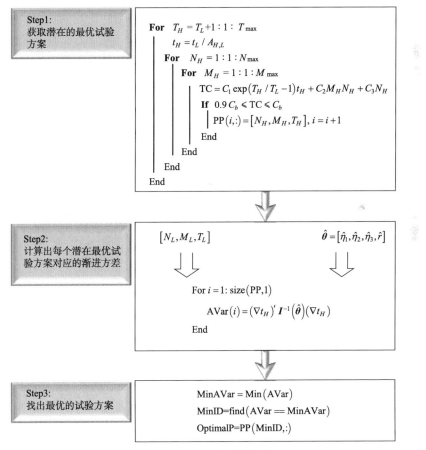

图 6-4　试验方案寻优算法

$$N_{\max}=\text{ceil}\big(\big(C_b - C_2 - C_1\exp\big(T_H / T_L -1\big)t_H\big)/C_3\big)$$

$$M_{\max}=\text{ceil}\big(\big(C_b - N_H C_3 - C_1\exp\big(T_H / T_L -1\big)t_H\big)/C_2\big)$$

式中，$\text{ceil}(x)$ 表示一个大于或等于 x 的最小整数值。由于最优试验方案所对应的试验总费用接近于上限值 C_b，将试验总费用设定在 $0.9C_b \le \text{TC} \le C_b$ 之间，以提高寻优的效率。

6.3.5 仿真试验

设计了仿真试验用于验证式(6-44)的正确性。模拟的性能退化数据通过如下仿真模型生成：

$$\lambda_j \sim \text{Ga}(a,b)$$

$$v_j \,|\, \lambda_j \sim N(c, d / \lambda_j)$$

$$\Delta y_{ij} \,|\, (v_j, \lambda_j) \sim \text{IG}\big(\Delta \Lambda_{ij} / v_j, \lambda_j \Delta \Lambda_{ij}^2\big)$$

式中，v_j, λ_j 作为随机参数，采用了它们的共轭先验分布类型，$\Delta \Lambda_{ij}=t_{ij}^r - t_{(i-1)j}^r$。设定随机参数的超参数值为 $(a,b,c,d)=(2,1,0.5,0.1)$，仿真模型中的其他参数设定为 $i=1,2,\cdots,10$；$j=1,2,\cdots,20$；$\forall j,\ t_{ij}=10,20,\cdots,100$；$r=0.5,1,2$。

验证设计步骤如下。

(1)生成产品在 T_k 下的模拟性能退化增量 $\Delta y_{ijk},\Delta \Lambda_{ijk}$。

(2)利用 $\Delta y_{ijk},\Delta \Lambda_{ijk}$，建立如下似然函数估计出参数值 $\hat{\mu}_k,\hat{\lambda}_k,\hat{r}_k$：

$$L(\mu_k,\lambda_k,r_k)=\prod_{i=1}^{10}\prod_{j=1}^{20}\sqrt{\frac{\lambda_k \Delta \Lambda_{ijk}^2}{2\pi \Delta y_{ijk}^3}} \cdot \exp\left[-\frac{\lambda_k}{2\Delta y_{ijk}}\left(\frac{\Delta y_{ijk}}{\mu_k}-\Delta \Lambda_{ijk}\right)^2\right]$$

(3)设置加速因子 $A_{k,h}$ 分别等于 $0.4,4$，利用加速因子转换得到产品在 T_h 下的性能退化增量 $\Delta y_{ijh},\Delta \Lambda_{ijh}$，转换公式为 $y_{ijh}=y_{ijk}$，$t_{ijh}=t_{ijk}A_{k,h}$。

(4)利用 $\Delta y_{ijh},\Delta \Lambda_{ijh}$，估计出参数值 $\hat{\mu}_h,\hat{\lambda}_h,\hat{r}_h$。

(5)计算参数估计值的比值 $\hat{\mu}_k / \hat{\mu}_h,\hat{\lambda}_k / \hat{\lambda}_h,\hat{r}_k / \hat{r}_h$，如表 6-4 中所示。

表 6-4 中显示 $\hat{r}_k / \hat{r}_h$ 非常接近整数 1，而且 $\hat{\mu}_k / \hat{\mu}_h$、$\sqrt{\hat{\lambda}_k / \hat{\lambda}_h}$ 与 $(A_{k,h})^r$ 几乎相等，这验证了式(6-44)的正确性，说明了加速因子不变原则的推导结论是合理、可信的。

表 6-4 仿真试验结果

r	$A_{k,h} = 0.4$			$A_{k,h} = 4$		
	$\dfrac{\hat{\mu}_k}{\hat{\mu}_h}$	$\sqrt{\dfrac{\hat{\lambda}_k}{\hat{\lambda}_h}}$	$\dfrac{\hat{r}_k}{\hat{r}_h}$	$\dfrac{\hat{\mu}_k}{\hat{\mu}_h}$	$\sqrt{\dfrac{\hat{\lambda}_k}{\hat{\lambda}_h}}$	$\dfrac{\hat{r}_k}{\hat{r}_h}$
0.5	0.6325	0.6326	1.0001	2.0000	2.0001	1.0000
1	0.4000	0.4000	1.0000	3.9999	4.0001	1.0000
2	0.1600	0.1600	1.0000	15.9999	16.0002	0.9999

6.3.6 案例应用

精密电阻的主要失效模式为退化失效，高温能够促进电阻内部金属材料的电子扩散，长时间的累积作用能够导致电阻值漂移。将电阻测量值与电阻初始值的百分比变化量作为性能退化指标，当百分比变化达到 5%时精密电阻发生退化失效，即失效阈值为 $D = 5\%$。对批次交付的精密电阻开展可靠性验收试验，质量标准为不少于 99%的产品能够在 $T_L = 313.16\text{K}$ 下无故障工作 10000h。常应力下的可靠性验收试验方案为：随机抽取 $N_L = 30$ 个样品在 T_L 下试验 $t_L = 10000\text{h}$，性能退化数据的测量间隔为 500h，每个样品的测量次数为 $M_L = 20$。为了提高可靠性验收试验的效率，以下设计一种加速应力下的可靠性验收试验最优方案。

1. 估计加速退化模型的参数值

构建试验方案优化数学模型的一个必要前提是要确定产品的加速退化模型并获知模型参数值。由于此型精密电阻开展过加速退化试验，试验数据如表 6-5

表 6-5 精密电阻加速退化数据

温度	t/h											
	120	240	360	480	600	720	840	960	1080	1200	1320	1440
	0.335	0.437	0.481	0.681	1.135	1.200	1.361	1.418	1.461	1.486	1.515	1.587
	0.543	0.671	0.778	0.875	0.931	0.974	1.189	1.254	1.300	1.342	1.567	1.658
	0.594	0.766	0.838	0.878	1.091	1.117	1.219	1.250	1.280	1.311	1.428	1.474
333.16K	0.253	0.562	0.628	0.808	0.888	0.977	1.014	1.032	1.175	1.209	1.352	1.359
	0.543	0.614	0.646	0.969	1.032	1.076	1.183	1.197	1.219	1.269	1.497	1.546
	0.854	1.010	1.173	1.224	1.247	1.680	1.730	1.840	2.324	2.465	2.513	2.583
	0.531	0.816	0.898	0.992	1.132	1.169	1.213	1.274	1.302	1.348	1.394	1.423
	1.017	1.097	1.359	1.588	1.687	1.752	1.869	1.954	2.079	2.346	2.393	2.405

温度	t/h										
	72	144	216	288	360	432	504	576	648	720	792
353.16K	0.784	1.148	1.328	1.887	1.963	2.147	2.183	2.296	2.856	2.957	3.396
	0.796	0.955	1.081	1.240	1.326	1.449	1.566	1.961	1.998	2.027	2.119
	1.031	1.262	1.472	1.696	1.842	2.072	2.116	2.300	2.659	3.005	3.279
	0.437	0.709	1.063	1.248	1.424	1.622	1.863	2.006	2.071	2.214	2.328
	0.986	1.626	1.887	2.486	2.647	2.697	2.826	2.915	2.970	3.108	3.190
	0.889	1.163	1.330	1.764	1.828	1.997	2.108	2.176	2.234	2.327	2.424
	0.830	1.005	1.278	1.404	1.521	1.770	1.953	2.012	2.038	2.251	2.337
	0.784	1.148	1.328	1.887	1.963	2.147	2.183	2.296	2.856	2.957	2.996

温度	t/h									
	48	96	144	192	240	288	336	384	432	480
373.16K	1.307	1.562	2.073	2.282	2.666	2.828	3.041	3.226	3.340	3.362
	1.112	1.331	1.912	2.039	2.317	3.006	3.300	3.473	3.522	4.431
	0.966	1.668	1.890	2.145	2.324	2.828	2.935	3.040	3.251	3.424
	1.050	1.245	1.379	1.777	2.627	2.796	2.930	3.278	4.013	4.273
	1.178	1.312	1.646	2.084	2.572	2.708	2.951	3.071	3.222	3.324
	1.328	1.885	2.356	2.484	2.847	3.181	3.577	3.812	3.965	4.081
	1.109	1.326	1.616	2.108	2.364	2.530	2.647	2.765	3.268	3.370
	1.307	1.562	2.073	2.282	2.666	2.828	3.041	3.226	3.340	3.362

中所列，根据表中数据确定产品的加速退化模型并估计模型参数值。首先假定产品性能退化服从 IG-Arrhenius 加速退化模型，获取模型参数的极大似然估计值 $\hat{\boldsymbol{\theta}} = (\hat{\eta}_1, \hat{\eta}_2, \hat{\eta}_3, \hat{r}) = (8.586, 3848.267, 19.456, 0.491)$。参数估计程序参考附录 C。

如果产品性能退化服从 IG-Arrhenius 加速退化模型，那么统计量 $\hat{\lambda}_k (\Delta y_{ijk} - \hat{\mu}_k \Delta \Lambda_{ijk})^2 / (\hat{\mu}_k^2 \Delta y_{ijk})$ 应该近似服从一个自由度为 1 的 χ^2 分布，其中 $\hat{\mu}_k = \exp(\hat{\eta}_1 - \hat{\eta}_2 / T_k)$，$\hat{\lambda}_k = \exp(\hat{\eta}_3 - 2\hat{\eta}_2 / T_k)$。图 6-5 中展示了统计量的 χ_1^2 QQ 图，可见拟合效果较好，产品性能退化为 IG-Arrhenius 加速退化模型。

由于加速退化数据不可避免地存在测量误差，并且数据量有限，参数估计值 $\hat{\boldsymbol{\theta}}$ 与真值之间并不一致，为了降低参数估计值的不确定性，设计一个仿真模型生成若干组加速退化数据 (y_{ijk}, t_{ijk})，取参数估计的平均值。仿真模型如下所示。

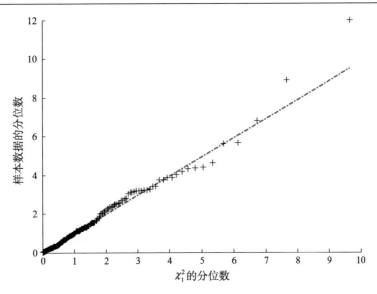

图 6-5　样本数据相对于 χ_1^2 分布的 QQ 图

```
For  k=1:3;
      μ_k = exp(η̂_1 − η̂_2 / T_k) ;
      λ_k = exp(η̂_3 − 0.5η̂_2 / T_k) ;
      For  j=1: N_k ;
       For  i=1: M_k ;
       Δt_ijk = (f_k * i)^r̂ − (f_k * (i−1))^r̂ ;
       P=makedist('InverseGaussian', 'mu', μ_k Δt_ijk, 'lambda', λ_k Δt_ijk^2) ;
       Δy_ijk =random(P) ;
       End
      End
End
```

以上仿真模型的参数设定为：$T_1 = 333.16K$，$T_2 = 353.16K$，$T_3 = 373.16K$，$N_1 = N_2 = N_3 = 30$，$M_1 = M_2 = M_3 = 20$，$f_1 = 96h$，$f_2 = 48h$，$f_3 = 24h$。执行仿真模型 100 次，获取 100 组参数估计值，统计出参数估计平均值为 $\hat{\boldsymbol{\theta}} = (8.572, 3788.621, 19.355, 0.498)$，将 $\hat{\boldsymbol{\theta}}$ 用于加速应力可靠性验收试验的优化设计。

2. 获取最优试验方案

对于此型精密电阻，加速应力可靠性验收试验信息为 $C_1 = 0.1$ 美元，$C_2 = 10$ 美元，$C_3 = 20$ 美元，$C_b = 3000$ 美元，$T_{\max} = 373.16K$。利用图 6-4 中给

出的步骤获取最优试验方案。第一步，获取了 9351 个潜在的最优加速应力可靠性验收试验方案；第二步，计算出每个潜在最优加速应力可靠性验收试验方案对应的 $\text{AVar}(t_H)$ 值，如图 6-6 所示；第三步，找到具有最小 $\text{AVar}(t_H)$ 值的最优试验方案，最优试验方案的各决策变量值为 $(N_H, M_H, T_H) = (14,19,358.16)$。计算出最优试验方案对应的加速因子 $\hat{A}_{H,L} = 21.163$，进而折算出最优试验方案的试验截止时间为 $t_H = 472.522\text{h}$。与常温 $T_L = 313.16\text{K}$ 下的可靠性验收试验相比，$T_H = 358.16\text{K}$ 下的最优可靠性验收试验方案能够在最优保证验收决策准确性的前提下节省 21 倍试验时间。

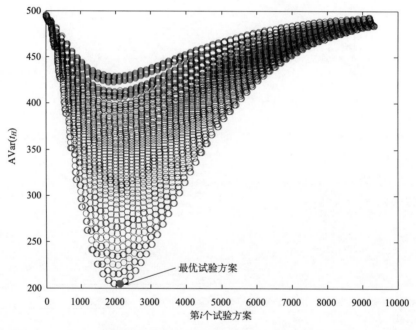

图 6-6 各可能试验方案对应的 $\text{AVar}(t_H)$ 值

将试验总费用的上限 C_b 设为不同值，获取对应的最优试验方案如表6-6所示。可见最优试验方案所对应的试验总费用非常接近 C_b，并且 $\text{AVar}(t_H)$ 随着 C_b 的增大而减小，但是决策变量值 N_H, M_H, T_H 随着 C_b 的增大并无明显的变化规律。

表 6-6 最优试验方案的决策变量取值

C_b/美元	N_H	M_H	T_H/K	TC/美元	$\text{AVar}(t_H)$
2000	7	26	364.16	1999.2	232.356
2500	19	11	370.16	2498.5	218.691

续表

C_b /美元	N_H	M_H	T_H/K	TC/美元	AVar(t_H)
3000	14	19	358.16	2994.6	204.405
3500	15	21	360.16	3498.8	183.221
4000	14	26	353.16	3992.5	175.427

3. 获取次优试验方案

根据表 6-6 中显示的结果,当 $C_b = 3000$美元 时,最优加速应力可靠性验收试验应该在 358.16K 下进行。由于 358.16K 低于最大允许温度 $T_{\max} = 373.16\text{K}$,此最优加速应力可靠性验收试验的试验时间并不是最短的。一些情况下,需要在最短时间内进行加速应力可靠性验收试验,此时需要在 $T_{\max} = 373.16\text{K}$ 下设计一个优化的加速应力可靠性验收试验方案,称之为次优加速应力可靠性验收试验方案。

设置试验参数为 $C_1 = 0.1$美元,$C_2 = 10$美元,$C_3 = 20$美元 ,$T_H = 373.16\text{K}$,$C_b \in [2000, 2500, 3000, 3500, 4000]$。采用图 6-4 中所示的步骤获得各次优加速应力可靠性验收试验方案如表 6-7 所示,给定相同的 C_b 值,次优加速应力可靠性验收试验方案对应的 AVar(t_H) 值比最优加速应力可靠性验收试验方案对应的 AVar(t_H) 值大。次优加速应力可靠性验收试验的加速因子为 $\hat{A}_{H,L} = 49.704$,计算出试验截止时间为 $t_H = 201.191\text{h}$,是最优加速应力可靠性验收试验截止时间的 57.42%。

表 6-7　次优试验方案的决策变量取值

C_b /美元	N_H	M_H	T_H/K	TC/美元	AVar(t_H)
2000	14	12	373.16	1984.4	245.005
2500	19	11	373.16	2494.4	231.852
3000	11	25	373.16	2994.4	215.361
3500	23	13	373.16	3474.4	198.706
4000	18	20	373.16	3984.4	185.277

4. 参数估计值偏差对最优方案的影响分析

参数估计值 $\hat{\eta}_1, \hat{\eta}_2, \hat{\eta}_3, \hat{r}$ 有可能与参数真实值存在一定的偏差,需要考虑参数估计值偏差对获取的最优加速应力可靠性验收试验方案的影响。假定 $\varepsilon_1, \varepsilon_2, \varepsilon_3, \varepsilon_4$ 分别为参数估计值 $\hat{\eta}_1, \hat{\eta}_2, \hat{\eta}_3, \hat{r}$ 的百分比偏差量,得到带有偏差的参数估计值为

$(1+\varepsilon_1)\hat{\eta}_1$，$(1+\varepsilon_2)\hat{\eta}_2$，$(1+\varepsilon_3)\hat{\eta}_3$，$(1+\varepsilon_4)\hat{r}$。设 $(C_1,C_2,C_3,C_b)=(0.1,10,20,3000)$，在不同的 $\varepsilon_1,\varepsilon_2,\varepsilon_3,\varepsilon_4$ 的取值下获取各最优加速应力可靠性验收试验方案，如表 6-8 所示。当 $\varepsilon_1,\varepsilon_2,\varepsilon_3,\varepsilon_4$ 在 ±2% 内变化时，决策变量 N_H,M_H,T_H 基本保持不变，说明获取的最优加速应力可靠性验收试验方案对于参数估计值偏差具备一定的鲁棒性。然而，当 $\varepsilon_1,\varepsilon_2,\varepsilon_3,\varepsilon_4$ 的变化幅度达到 ±5% 时，N_H,M_H,T_H 值会发生变化，这说明当参数估计值的误差较大时，很可能无法获取真实的最优加速应力可靠性验收试验方案。

表 6-8　不同参数取值下的最优试验方案

$\varepsilon_1/\%$	$\varepsilon_2/\%$	$\varepsilon_3/\%$	$\varepsilon_4/\%$	N_H	M_H	T_H/K
5	5	5	0	21	12	355.16
0	5	5	5	21	12	358.16
0	0	5	5	14	19	360.16
5	5	0	5	14	19	358.16
5	0	5	0	14	19	358.16
5	5	5	5	21	12	357.16
−5	−5	5	5	8	35	367.16
2	2	2	2	14	19	358.16
2	−2	2	−2	14	19	358.16
0	0	0	0	14	19	358.16

5. 退化模型误指定对最优方案的影响分析

使用较为广泛的随机过程模型除了 IG 以外，还有 Gamma 及 Wiener 过程。本节讨论 IG 过程被误指定为 Gamma 或 Wiener 过程时，对最优加速应力可靠性验收试验方案的影响。将 IG 加速退化模型的参数设置为 $\hat{\boldsymbol{\theta}}=(8.572,3788.621,19.355,0.498)$，生成仿真加速退化数据，模型的其他参数设定为：$T_1=333.16\mathrm{K}$，$T_2=353.16\mathrm{K}$，$T_3=373.16\mathrm{K}$，$N_1=N_2=N_3=30$，$M_1=M_2=M_3=20$，$f_1=96\mathrm{h}$，$f_2=48\mathrm{h}$，$f_3=24\mathrm{h}$。建立 Gamma 加速退化模型为

$$\Delta y_{ijk}\sim\mathrm{Ga}\left(\alpha_k\Delta\Lambda_{ijk},\beta_k\right)$$
$$\alpha_k=\exp\left(\eta_1-\eta_2/T_k\right)$$
$$\beta_k=\eta_3$$
$$\Delta\Lambda_{ijk}=t_{ijk}^r-t_{(i-1)jk}^r$$

建立 Wiener 加速退化模型为

$$\Delta y_{ijk} \sim N\left(\mu_k \Delta \Lambda_{ijk}, \sigma_k^2 \Delta \Lambda_{ijk}\right)$$

$$\mu_k = \exp\left(\eta_1 - \eta_2 / T_k\right)$$

$$\sigma_k^2 = \exp\left(\eta_3 - \eta_2 / T_k\right)$$

$$\Delta \Lambda_{ijk} = t_{ijk}^r - t_{(i-1)jk}^r$$

分别利用 IG、Gamma、Wiener 加速退化模型拟合仿真加速退化数据，得到参数估计值 $\hat{\eta}_1, \hat{\eta}_2, \hat{\eta}_3, \hat{r}$ 和 AIC 值如表 6-9 所示。由于 IG 加速退化模型得到的 AIC 值最小，可知 IG 加速退化模型与数据拟合最优。采用本章所提方法分别为 Gamma 退化模型和 Wiener 退化模型建立加速应力可靠性验收试验方案优化模型，在 $T_H = 373.16\text{K}$ 和 $C_b = 3000$ 美元条件下分别针对两种退化模型获取优化试验方案，如表 6-9 所示。IG 退化模型获取的 t_H, N_H, M_H 值与真实值基本一致，但 Gamma 退化模型及 Wiener 退化模型获取的 t_H, N_H, M_H 值与真实值差距较大，这说明如果 IG 退化模型被误指定为 Gamma 或 Wiener 退化模型，则无法得出真实的最优试验方案。此外，如果发生了退化模型误指定问题，那么由 Gamma 退化模型及 Wiener 退化模型外推出的 $F(t_H)$ 将明显小于真实值。图 6-7 展示了以上 3 种退化模型外

表 6-9　各退化模型的参数估计值及决策变量值

模型	$\hat{\eta}_1$	$\hat{\eta}_2$	$\hat{\eta}_3$	$\hat{r}$	AIC	t_H/h	N_H	M_H	$F(t_H)$
真实值	8.572	3788.621	19.355	0.498	—	201.191	11	25	1.534×10^{-3}
IG	8.351	3710.660	18.701	0.488	3.641×10^3	201.590	11	25	1.812×10^{-3}
Gamma	10.752	3660.036	0.076	0.505	3.413×10^3	242.047	20	18	2.347×10^{-4}
Wiener	9.129	3949.190	6.938	0.484	2.116×10^3	151.553	22	16	1.092×10^{-5}

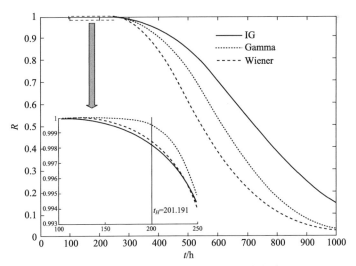

图 6-7　不同退化模型获得的可靠度曲线

推出的可靠度曲线，可看出如果发生退化模型误指定问题，则会造成可靠度评定结果出现较大偏差。

6. 仿真加速应力可靠性验收试验

假定根据最优方案 $(N_H, M_H, T_H) = (14, 19, 358.16)$ 设计两次加速应力可靠性验收试验，分别对两个批次精密电阻的可靠性进行验证。设计如下仿真模型生成加速应力可靠性验收试验的样品性能退化数据。

$$\hat{\boldsymbol{\theta}} = (8.572, 3788.621, 19.355, r), \quad r \sim N(0.498, 0.1);$$
$$\mu_H = \exp(\hat{\eta}_1 - \hat{\eta}_2 / T_H);$$
$$\lambda_H = \exp(\hat{\eta}_3 - 0.5\hat{\eta}_2 / T_H);$$
$$\hat{r} = \text{normrnd}(0.498, 0.1);$$
$$t_H = t_0 / \exp(\hat{\eta}_2 (T_H - T_0)) / \hat{r} / T_H / T_0);$$
$$f = t_H / M_H;$$
```
For j=1:N_H;
  For i=1:M_H;
```
$$\Delta t_{ij} = (f*i)^{\hat{r}} - (f*(i-1))^{\hat{r}};$$
$$P=\text{makedist}('InverseGaussian', 'mu', \mu_H \Delta t_{ij}, 'lambda', \lambda_H \Delta t_{ij}^2);$$
$$\Delta y_{ij} = \text{random}(P);$$
```
  End
End
```

生成 $T_H = 358.16\,\text{K}$ 下两个批次产品的仿真退化数据分别如图 6-8 和图 6-9 所示。

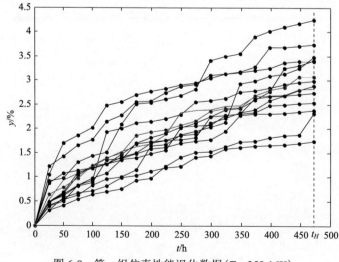

图 6-8　第一组仿真性能退化数据 $(T_H=358.16\text{K})$

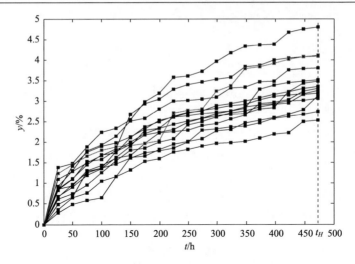

图 6-9　第二组仿真性能退化数据（T_H=358.16K）

采用 IG 过程分别拟合以上两组性能退化数据，参数估计值分别为 $\hat{\boldsymbol{\Omega}}_1 = \left(\hat{\mu}_1, \hat{\lambda}_1, \hat{r}_1\right) = (0.112, 0.096, 0.533)$，$\hat{\boldsymbol{\Omega}}_2 = \left(\hat{\mu}_2, \hat{\lambda}_2, \hat{r}_2\right) = (0.142, 0.184, 0.518)$。将 $\hat{\boldsymbol{\Omega}}_1$，$D = 5\%$，$t_H = 472.522$ 代入式（6-38），计算得 $F_1\left(t_H\right) = 0.639\%$；同样方法可计算出 $F_2\left(t_H\right) = 1.841\%$。第一批产品 $F_1\left(t_H\right) < 1\%$ 符合质量要求，应该被接收；第二批产品 $F_2\left(t_H\right) > 1\%$ 不符合质量要求，应该被拒收。

6.3.7　研究结论

对于部分高可靠性、长寿命退化失效型产品来说，传统可靠性验收试验效率较低，因此研究了一种高效率的加速应力可靠性验收试验方法，主要研究结论如下。

（1）提出了一种将加速应力下试验截止时间的渐近方差作为目标函数的试验方案优化设计方法，得出的精密电阻加速应力可靠性验收试验方案比之前方案节省了 21 倍试验时间。

（2）仿真试验表面所提方法对模型参数估计值误差具有较好的鲁棒性，但退化模型误指定很可能导致一个非最优的加速应力可靠性验收试验方案。

（3）某些随机过程退化模型对应的加速因子表达式难以确定，加速因子不变原则为推导出加速因子表达式提供了一种可行办法。

（4）加速应力下可靠性验收试验的截止时间通过加速因子折算得出，这种基于加速因子折算的思想在加速试验方案优化设计领域具有广泛的应用前景。

（5）虽然所提方法中只是以 IG 退化模型和 Arrhenius 加速模型为例，但是其方法内涵容易扩展应用于其他类型的性能退化模型和加速模型。

6.4　本　章　小　结

　　本章提出了一种加速退化试验的优化设计方法，将最小化加速因子的渐进方差作为优化准则构建加速试验方案优化的数学模型，设计一种程序化的组合算法高效获取最优试验方案；提出一种加速应力可靠性验收试验的优化设计方法，利用加速因子折算出加速应力可靠性验收试验的截止时间，并将最小化试验截止时间的渐近方差作为优化目标设计最优试验方案。所提试验方案优化设计方法避免了传统方法凭借主观判断或工程经验错误建立加速退化模型的风险，克服了使用近似 p 分位寿命函数的不足，对于准确获取最优实验方案具有实际的工程意义。

参 考 文 献

[1] Ye Z S, Chen L P, Tang L C, et al. Accelerated degradation test planning using the Inverse Gaussian process[J]. IEEE Transactions on Reliability, 2014, 63(3): 750-763.

[2] Tseng S T, Balakrishnan N, Tsai C C. Optimal step-stress accelerated degradation test plan for Gamma degradation process[J]. IEEE Transactions on Reliability, 2009, 58(4): 611-618.

[3] Tsai C C, Lin C T, Balakrishnan N. Optimal design for accelerated-stress acceptance test based on Wiener process[J]. IEEE Transactions on Reliability, 2015, 64(2): 603-612.

[4] Wang H, Wang G J, Duan F J. Planning of step-stress accelerated degradation test based on the Inverse Gaussian process[J]. Reliability Engineering & System Safety, 2016, 154: 97-105.

[5] Wang H W, Xi W J. Acceleration factor constant principle and the application under ADT[J]. Quality and Reliability Engineering International, 2016, 32(7): 2591-2600.

[6] Teng F, Wang H W, Zhou Y. Design of an optimal plan of accelerated degradation test via acceleration factor constant principle[J]. International Journal of Reliability, Quality and Safety Engineering, 2018, 25(5): 1850021.

[7] 王浩伟, 周源, 盖炳良. 基于加速因子不变原则的加速退化试验优化设计方法[J]. 机械工程学报, 2018, 54(18): 212-219.

[8] Hu C H, Lee M Y, Tang J. Optimum step-stress accelerated degradation test for Wiener degradation process under constraints[J]. European Journal of Operational Research, 2015, 241(2): 412-421.

[9] 王浩伟, 滕克难. 基于加速退化数据的可靠度评估技术综述[J]. 系统工程与电子技术, 2017, 39(12): 2877-2885.

[10] Wang H W, Teng K N, Zhou Y. Design an optimal accelerated-stress reliability acceptance test based on acceleration factor[J]. IEEE Transactions on Reliability, 2018, 67(3): 1008-1018.

[11] Wang X, Xu D. An Inverse Gaussian process model for degradation data[J]. Technometrics, 2010, 52(2): 188-197.

[12] Ye Z S, Chen N. The Inverse Gaussian process as degradation model[J]. Technometrics, 2014, 56(3): 302-311.

第7章 加速退化数据建模与统计分析方法综合运用

7.1 产品寿命预测技术框架

目前，产品的寿命预测具有两个重要的工程应用背景：①在产品投入使用之前要对其总体寿命指标进行预测，为产品定寿等工作提供指导；②在产品投入使用之中要对其个体剩余寿命进行预测，为产品的视情维修等提供决策支持。针对以上工程应用背景，以加速因子不变原则为理论核心，综合运用加速退化数据建模与统计分析方法，构建了产品寿命预测的技术框架，为基于加速退化数据的两类寿命预测问题提供一体化解决方案。技术框架的主要内容如图7-1所示。

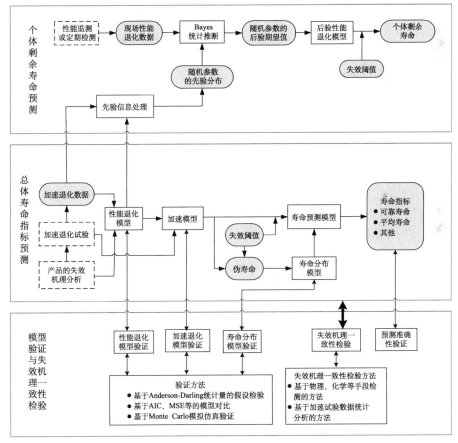

图 7-1 产品寿命预测的技术框架

为了有效指导产品总体寿命指标和个体剩余寿命的预测，图 7-2 中给出了技术框架的应用方法，指明了应用过程中的各主要步骤和关键环节。

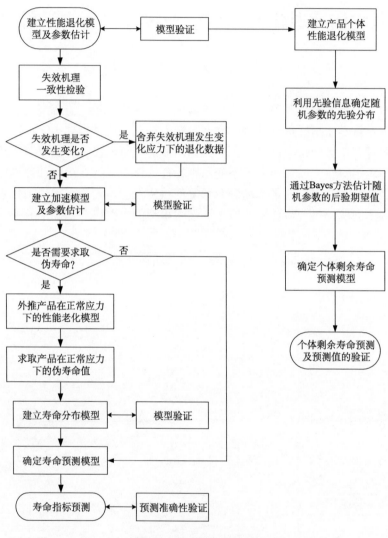

图 7-2 技术框架的应用

以下详细阐述了技术框架的 3 种运用情形。技术框架运用-1 论述了基于加速退化数据的总体寿命预测，失效机理一致性验证的综合运用；技术框架运用-2 论述了基于加速退化数据的总体寿命预测，基于加速退化先验信息的个体寿命预测的综合运用；技术框架运用-3 论述了基于加速退化数据的总体寿命预测，失效机理一致性验证，基于加速退化先验信息的个体寿命预测的综合运用。

7.2　技术框架运用-1

7.2.1　问题描述

近几年，高精尖装备的种类和数量都迅猛增长，为了保持此类装备的高性能，需要准确掌握其可靠性变化规律，从而高效实施视情维修、精确化保障。如何在较短的时间内以较低的代价准确评估出装备的可靠性指标，已经成了装备综合保障领域的研究重点和热点。很多装备为退化失效型产品，某些性能指标会随着时间不断下降最终造成产品失效，通过性能退化数据监测和统计分析，无需产品失效即可推断出可靠性指标。加速退化试验通过提升某些应力水平(温度、湿度、振动、电流等)加快产品的退化失效过程，能够达到高效评估出装备可靠性指标的目的。

加速退化试验技术的快速进步和广泛应用，要求加速退化数据分析理论和方法不断发展、完善，加速退化数据分析包括加速退化数据有效性辨识与加速退化建模两个重要环节。有效的加速退化试验需要保证产品在各加速应力下的失效机理与常规应力下的失效机理相一致，否则，失效机理发生改变，加速应力下的加速退化数据是无效的，不能用于可靠性评估。目前，主要根据产品在各加速应力下的退化轨迹形状是否一致辨识其失效机理是否发生改变。

加速退化建模时，关键工作是确定出退化模型的哪些参数与加速应力相关，即哪些参数值随着加速应力水平发生变化。然而，目前主要根据主观判断假定出模型的哪些参数与加速应力相关，因此容易导致可靠性评估结果不准确。随机过程由于具备马尔科夫性和不确定性，非常适合对产品的退化过程建模，但是令人困惑的是随机过程退化模型普遍存在多种不同的参数与加速应力关系的假定，并且各假定得出的可靠性评估结果相差较大。

由于逆高斯退化模型具有较好的统计特性和数据拟合能力[1]，在最近几年逐渐受到重视，但是目前对逆高斯退化模型在加速退化建模中的应用研究并不充分。本节以逆高斯退化模型为具体研究对象，提出了基于加速因子不变原则的加速退化数据分析方法，力图克服现有方法过多依赖主观判断或工程经验的不足，形成较为客观的分析加速退化数据的技术途径，最终提高可靠性评估的准确性。

7.2.2　加速因子不变原则

目前，加速退化数据建模都是依据 Pieruschka 假定：产品在加速应力下与常规应力下具有同一类型的退化模型，加速应力变化只改变退化模型参数值，并不改变退化模型的类型。然而，Pieruschka 假定没有指出退化模型的参数如何随加

速应力发生变化，之前的相关研究大都根据主观判断做出假定，本节在 Pieruschka
假定的基础上，根据加速因子不变原则推导出模型参数的变化规律。

设 $F_k(t_k)$，$F_h(t_h)$ 分别为产品在任意两个应力 S_k，S_h 下的累积失效概率，其中 t_k，t_h 表示试验时间，当

$$F_k(t_k) = F_h(t_h) \tag{7-1}$$

时，应力 S_k 相对于应力 S_h 的加速因子 $A_{k,h}$ 为

$$A_{k,h} = t_h / t_k \tag{7-2}$$

加速因子不变原则是指，$A_{k,h}$ 值应该为一个不随试验时间 t_h，t_k 发生变化的常数，只由应力 S_k，S_h 所决定。此外，$A_{k,h}$ 不随试验时间 t_h，t_k 发生变化是产品在 S_k，S_h 下失效机理具有一致性的充要条件，有效的加速试验必须保证产品在各加速应力水平下的失效机理与常规应力下的失效机理一致，因此需要满足加速因子不变原则。将式(7-2)代入式(7-1)，对于 $\forall t_k > 0$，式(7-3)恒成立。

$$F_k(t_k) = F_h(A_{k,h}t_k) \tag{7-3}$$

当产品失效阈值 D 确定后，容易由具体的性能退化模型得出产品的累积失效概率函数 $F(t)$，将 $F(t)$ 的表达式代入式(7-3)可推导出，为满足加速因子不变退化模型各参数应满足的变化规律。某些参数或参数间的比值与加速应力无关，用于辨识加速退化数据的有效性；某些参数与加速应力相关，以加速应力为协变量建立相关参数的加速模型。基于加速因子不变原则的加速退化数据分析流程如图 7-3 所示[2]。

7.2.3 逆高斯退化模型

满足以下 3 条性质的随机过程 $\{Y(t), t \geq 0\}$ 可称之为逆高斯过程：① $Y(t)$ 在 $t = 0$ 处连续且 $Y(0) = 0$；②对任意 $0 \leq t_1 < t_2 \leq t_3 < t_4$，$Y(t_2) - Y(t_1)$ 与 $Y(t_4) - Y(t_3)$ 相互独立，即 $Y(t)$ 具有独立增量；③ $\Delta Y(t) = Y(t + \Delta t) - Y(t)$ 服从逆高斯分布：$\Delta Y(t) \sim \mathrm{IG}\big(\mu\Delta\Lambda(t), \lambda\Delta\Lambda^2(t)\big)$，其中 μ 为均值，λ 为尺度参数，$\Lambda(t)$ 为时间函数且 $\Lambda(0) = 0$，$\Delta\Lambda(t) = \Lambda(t + \Delta t) - \Lambda(t)$。由逆高斯过程 $Y(t) \sim \mathrm{IG}\big(\mu\Lambda(t), \lambda\Lambda(t)^2\big)$，得到 $Y(t)$ 的概率密度函数为

$$f(y) = \sqrt{\frac{\lambda\Lambda(t)^2}{2\pi y^3}} \exp\left[-\frac{\lambda}{2y}\left(\frac{y}{\mu} - \Lambda(t)\right)^2\right] \tag{7-4}$$

当产品退化服从逆高斯过程时，称 $\{Y(t), t \geq 0\}$ 为逆高斯退化模型。设 D 为产品的失效阈值，将产品寿命 ξ 定义为 $Y(t)$ 首次到达 D 的时间，$\xi = \inf\{t \mid Y(t) \geq D\} = \{t \mid Y(t) \geq D\}$。$\xi$ 的累积分布函数(CDF)为

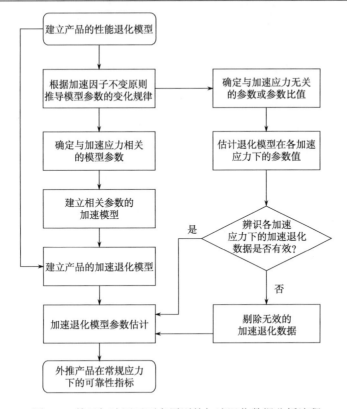

图 7-3 基于加速因子不变原则的加速退化数据分析流程

$$F(t) = P(\xi \leqslant t) = P(Y(t) \geqslant D)$$

$$= \Phi\left(\sqrt{\frac{\lambda}{D}}\left(\Lambda(t) - \frac{D}{\mu}\right)\right) - \exp\left(\frac{2\lambda\Lambda(t)}{\mu}\right)\Phi\left(-\sqrt{\frac{\lambda}{D}}\left(\frac{D}{\mu} + \Lambda(t)\right)\right) \tag{7-5}$$

式中，$\Phi(\cdot)$ 为标准正态分布的 CDF。

　　加速退化建模时需要确定逆高斯退化模型的哪些参数与加速应力相关，现有文献普遍假定均值与加速应力相关而尺度参数与加速应力无关。为了避免主观假定可能的错误，以下利用加速因子不变原则推导出哪些参数与加速应力相关。将式(7-5)代入式(7-3)，得

$$\Phi\left(\sqrt{\frac{\lambda_k}{D}}\left(\Lambda(t_k) - \frac{D}{\mu_k}\right)\right) - \exp\left(\frac{2\lambda_k\Lambda(t_k)}{\mu_k}\right)\Phi\left(-\sqrt{\frac{\lambda_k}{D}}\left(\frac{D}{\mu_k} + \Lambda(t_k)\right)\right)$$

$$= \Phi\left(\sqrt{\frac{\lambda_h}{D}}\left(\Lambda(A_{k,h}t_k) - \frac{D}{\mu_h}\right)\right) - \exp\left(\frac{2\lambda_h\Lambda(A_{k,h}t_k)}{\mu_h}\right)\Phi\left(-\sqrt{\frac{\lambda_h}{D}}\left(\frac{D}{\mu_h} + \Lambda(A_{k,h}t_k)\right)\right)$$

$$\tag{7-6}$$

时间函数一般可以设为 $\Lambda(t) = t^r$，为了保证式 (7-6) 对任意 t_k 恒成立，需要满足

$$
\begin{cases}
\sqrt{\dfrac{\lambda_k}{D}}\left(t_k^{r_k} - \dfrac{D}{\mu_k}\right) = \sqrt{\dfrac{\lambda_h}{D}}\left(\left(A_{k,h}t_k\right)^{r_h} - \dfrac{D}{\mu_h}\right) \\[3mm]
\dfrac{2\lambda_k t_k^{r_k}}{\mu_k} = \dfrac{2\lambda_h\left(A_{k,h}t_k\right)^{r_h}}{\mu_h} \\[3mm]
-\sqrt{\dfrac{\lambda_k}{D}}\left(\dfrac{D}{\mu_k} + t_k^{r_k}\right) = -\sqrt{\dfrac{\lambda_h}{D}}\left(\dfrac{D}{\mu_h} + \left(A_{k,h}t_k\right)^{r_h}\right)
\end{cases}
\tag{7-7}
$$

根据式 (7-7) 推导出以下结论

$$
\left(A_{k,h}\right)^{r_k} = \frac{\mu_k}{\mu_h} = \sqrt{\frac{\lambda_k}{\lambda_h}}
\tag{7-8}
$$

$$
r_k = r_h
$$

可知均值 μ 和尺度参数 λ 都与加速应力相关，并且在任两个加速应力下的变化规律应满足比例关系 $\mu_k / \mu_h = \sqrt{\lambda_k / \lambda_h}$，此外，时间参数 r 与加速应力无关。

7.2.4　失效机理一致性验证

1. 有效性识别理论基础

根据图 5-1 所示等效关系，将失效机理一致性辨识问题转换为退化模型参数值检验问题。对于逆高斯退化模型，产品在任两个应力下的失效机理一致，其参数值应该满足如下关系式

$$
\begin{cases}
\dfrac{\hat{\mu}_k}{\sqrt{\hat{\lambda}_k}} = \dfrac{\hat{\mu}_h}{\sqrt{\hat{\lambda}_h}} \\[3mm]
\hat{r}_k = \hat{r}_h
\end{cases}
\tag{7-9}
$$

设 y_{ijk} 为 S_k 下第 j 个产品的第 i 次性能测量数据，t_{ijk} 为对应的测量时间，$\Delta y_{ijk} = y_{ijk} - y_{(i-1)jk}$ 代表测量数据增量，$\Delta\Lambda_{ijk} = t_{ijk}^r - t_{(i-1)jk}^r$ 代表测量时间增量，其中 $k = 1, 2, \cdots, M$；$j = 1, 2, \cdots, N_k$；$i = 1, 2, \cdots, H_{jk}$。假定产品性能退化服从逆高斯过程，则 $\Delta y_{ijk} \sim \mathrm{IG}\left(\mu_{jk}\Delta\Lambda_{ijk}, \lambda_{jk}\Delta\Lambda_{ijk}^2\right)$，对每个产品的加速退化数据建立如下似然函数：

$$
L(\mu_{jk}, \lambda_{jk}, r_{jk}) = \prod_{i=1}^{H_{jk}} \sqrt{\frac{\lambda_{jk}\Delta\Lambda_{ijk}^2}{2\pi\Delta y_{ijk}^3}} \exp\left[-\frac{\lambda_{jk}}{2\Delta y_{ijk}}\left(\frac{\Delta y_{ijk}}{\mu_{jk}} - \Delta\Lambda_{ijk}\right)^2\right]
\tag{7-10}
$$

S_k 下的参数估计值向量可表示为 $\hat{\boldsymbol{\mu}}_k = \left(\hat{\mu}_{1k}, \hat{\mu}_{2k}, \cdots, \hat{\mu}_{N_k k} \right)$，$\hat{\boldsymbol{\lambda}}_k = \left(\hat{\lambda}_{1k}, \hat{\lambda}_{2k}, \cdots, \hat{\lambda}_{N_k k} \right)$，
$\hat{\boldsymbol{r}}_k = \left(\hat{r}_{1k}, \hat{r}_{2k}, \cdots, \hat{r}_{N_k k} \right)$。

2. 辨识加速退化数据的有效性

设 S_0 为常规应力，$S_1 < S_2 < \cdots < S_M$ 为加速应力，认为产品在 S_0 与 S_1 下的失效机理具有一致性。依次检验参数估计值是否满足关系式 $\hat{\mu}_k \big/ \sqrt{\hat{\lambda}_k} = \hat{\mu}_1 \big/ \sqrt{\hat{\lambda}_1}$，$\hat{r}_k = \hat{r}_1$，此处 $k = 2, \cdots, M$，如果满足关系式，则 S_k 与 S_0 下的失效机理一致，S_k 下的加速退化数据有效；如果不满足，则产品在 S_k 下的失效机理发生改变，S_k 下的加速退化数据无效。

为了检验 $\hat{\mu}_k \big/ \sqrt{\hat{\lambda}_k} = \hat{\mu}_1 \big/ \sqrt{\hat{\lambda}_1}$，$\hat{r}_k = \hat{r}_1$ 是否成立，提出了基于 t 统计量的辨识方法。为了便于阐述，设 $\hat{\boldsymbol{v}}_k = \hat{\mu}_k \big/ \sqrt{\hat{\lambda}_k}$。因为每个加速应力下各产品的退化轨迹不可避免存在差异，所以各产品对应的参数估计值具有一定的分散性，特点是围绕某一均值呈正态分布。利用 t 统计量检验 $\hat{\boldsymbol{v}}_k$ 的均值是否与 $\hat{\boldsymbol{v}}_1$ 的均值存在显著差异，进而判断 $\hat{\boldsymbol{v}}_k = \hat{\boldsymbol{v}}_1$ 是否成立。设 $\hat{\boldsymbol{v}}_k = \left(\hat{v}_{1k}, \hat{v}_{2k}, \cdots, \hat{v}_{N_k k} \right)$ 来自总体 $N(u_k, \sigma_k^2)$，$\hat{\boldsymbol{v}}_1 = \left(\hat{v}_{11}, \hat{v}_{21}, \cdots, \hat{v}_{N_1 1} \right)$ 来自总体 $N(u_1, \sigma_1^2)$。零假设为 $H_0 : u_k = u_1$，备选假设为 $H_1 : u_k \neq u_1$。建立如下统计量：

$$t^* = \frac{\dfrac{1}{N_k} \sum_{j=1}^{N_k} \hat{v}_{jk} - \dfrac{1}{N_1} \sum_{j=1}^{N_1} \hat{v}_{j1}}{\sqrt{W_k^2 / N_k + W_1^2 / N_1}} \tag{7-11}$$

式中

$$W_k^2 = \frac{1}{N_k - 1} \sum_{j=1}^{N_k} \left(\hat{v}_{jk} - \frac{1}{N_k} \sum_{j=1}^{N_k} \hat{v}_{jk} \right)^2 \tag{7-12}$$

$$W_1^2 = \frac{1}{N_1 - 1} \sum_{j=1}^{N_1} \left(\hat{v}_{j1} - \frac{1}{N_1} \sum_{j=1}^{N_1} \hat{v}_{j1} \right)^2 \tag{7-13}$$

如果零假设成立，则 t^* 近似服从自由度为 V 的 t 分布，即

$$\frac{\dfrac{1}{N_k} \sum_{j=1}^{N_k} \hat{v}_{jk} - \dfrac{1}{N_1} \sum_{j=1}^{N_1} \hat{v}_{j1}}{\sqrt{W_k^2 / N_k + W_1^2 / N_1}} \sim t(V) \tag{7-14}$$

式中

$$V = \frac{\left(W_k^2 / N_k + W_1^2 / N_1\right)^2}{\dfrac{\left(W_k^2 / N_k\right)^2}{N_k + 1} + \dfrac{\left(W_1^2 / N_1\right)^2}{N_1 + 1}} \tag{7-15}$$

在显著性水平 α 下，零假设的拒绝域为

$$\frac{\left| \dfrac{1}{N_k} \sum_{j=1}^{N_k} \hat{\upsilon}_{jk} - \dfrac{1}{N_1} \sum_{j=1}^{N_1} \hat{\upsilon}_{j1} \right|}{\sqrt{W_k^2 / N_k + W_1^2 / N_1}} \geqslant t_{1-\alpha/2}(V) \tag{7-16}$$

7.2.5　加速退化建模与可靠性评估

1. 建立相关参数的加速模型

假定温度 T 为加速应力，相关参数与加速应力之间的变化规律可利用 Arrhenius 模型描述。第 k 个加速温度应力 T_k 下的均值表示为

$$\mu_k = \exp(\delta_1 - \delta_2 / T_k) \tag{7-17}$$

T_k 下的尺度参数表示为

$$\lambda_k = \exp(\delta_3 - \delta_4 / T_k) \tag{7-18}$$

式中，$\delta_1, \delta_2, \delta_3, \delta_4$ 为待定系数。类似，可将第 h 个加速温度应力 T_h 下的参数表示为

$$\mu_h = \exp(\delta_1 - \delta_2 / T_h) \tag{7-19}$$

$$\lambda_h = \exp(\delta_3 - \delta_4 / T_h) \tag{7-20}$$

为了满足关系式 $\mu_k / \mu_h = \sqrt{\lambda_k / \lambda_h}$，设 $\delta_4 = 2\delta_2$，因此均值 μ 的加速模型为

$$\mu(T) = \exp(\delta_1 - \delta_2 / T) \tag{7-21}$$

尺度参数 λ 的加速模型为

$$\lambda(T) = \exp(\delta_3 - 2\delta_2 / T) \tag{7-22}$$

2. 加速退化建模

建立加速退化模型为 $Y(t;T) \sim \mathrm{IG}\left(\exp(\delta_1 - \delta_2 / T)t^r,\ \exp(\delta_3 - 2\delta_2 / T)t^{2r}\right)$，根据逆高斯过程的独立增量特性，建立如下似然函数估计未知系数，其中假定所有加速应力下的加速退化数据都有效。

$$L(\delta_1, \delta_2, \delta_3, r)$$

$$= \prod_{k=1}^{M} \prod_{j=1}^{N_k} \prod_{i=1}^{H_{jk}} \sqrt{\frac{\exp(\delta_3 - 2\delta_2 / T_k)\Delta\Lambda_{ijk}^2}{2\pi\Delta y_{ijk}^3}} \exp\left(-\frac{\exp(\delta_3 - 2\delta_2 / T_k)}{2\Delta y_{ijk}}\left(\frac{\Delta y_{ijk}}{\exp(\delta_1 - \delta_2 / T_k)} - \Delta\Lambda_{ijk}\right)^2\right)$$

$$\tag{7-23}$$

式中，$\Delta\Lambda_{ijk} = t^r_{ijk} - t^r_{(i-1)jk}$。由估计值 $\hat{\delta}_1,\hat{\delta}_2,\hat{\delta}_3,\hat{r}$ 可外推出退化模型在常规温度应力 T_0 下的参数值：

$$\hat{\mu}_0 = \exp\left(\hat{\delta}_1 - \hat{\delta}_2 / T_0\right)$$
$$\hat{\lambda}_0 = \exp\left(\hat{\delta}_3 - 2\hat{\delta}_2 / T_0\right) \tag{7-24}$$
$$\hat{r}_0 = \hat{r}$$

结合产品的失效阈值 D，得到产品在 T_0 下的可靠度函数为

$$R(t) = \Phi\left(\sqrt{\frac{\hat{\lambda}_0}{D}}\left(\frac{D}{\hat{\mu}_0} - t^{\hat{r}}\right)\right) + \exp\left(\frac{2\hat{\lambda}_0 t^{\hat{r}}}{\hat{\mu}_0}\right)\Phi\left(-\sqrt{\frac{\hat{\lambda}_0}{D}}\left(\frac{D}{\hat{\mu}_0} + t^{\hat{r}}\right)\right) \tag{7-25}$$

7.2.6　仿真试验

1. 加速因子不变原则的验证

通过加速因子不变原则推导出了逆高斯过程各参数在不同应力水平下的变化规律，本节设计仿真试验对推导结果进行验证。设计仿真模型为

$$\lambda_j \sim \mathrm{Ga}(a,b)$$
$$\eta_j \mid \lambda_j \sim N(c, d / \lambda_j) \tag{7-26}$$
$$\Delta y_{ij} \mid (\eta_j, \lambda_j) \sim \mathrm{IG}\left(\Delta\Lambda_{ij} / \eta_j, \lambda_j \Delta\Lambda_{ij}^2\right)$$

式中，$\eta_j = 1 / \mu_j$，$\Delta\Lambda_{ij} = t^r_{ij} - t^r_{(i-1)j}$。仿真模型的参数值设置为：$(a,b) = (2,1)$；$(c,d) = (0.5,0.1)$；$i = 1,2,\cdots,20$；$j = 1,2,\cdots,10$；$\forall i, t_{ij} = 10,20,\cdots,100$；$\Lambda(t_{ij}) = t^r_{ij}$；$r = 0.5,1,2$。验证步骤如下。

(1) 利用仿真模型生成产品在应力 S_k 下的退化增量数据 $\Delta y_{ijk}, \Delta\Lambda_{ijk}$。

(2) 利用 $\Delta y_{ijk}, \Delta\Lambda_{ijk}$ 解得 S_k 下的参数估计值 $\hat{\eta}_{jk}, \hat{\lambda}_{jk}, \hat{r}_{jk}$。

(3) 分别设加速因子 $A_{k,h}$ 为 0.2,5，计算出折算到 S_h 下的退化增量数据 $\Delta y_{ijh}, \Delta\Lambda_{ijh}$。

(4) 利用 $\Delta y_{ijh}, \Delta\Lambda_{ijh}$ 解得 S_h 下的参数估计值 $\hat{\eta}_{jh}, \hat{\lambda}_{jh}, \hat{r}_{jh}$。

(5) 计算出，$\hat{\lambda}_{jk} / \hat{\lambda}_{jh}$ 和 $\hat{r}_{jk} / \hat{r}_{jh}$ 平均值，判断是否满足式(7-8)给出的关系式。

结果表明 $\hat{\mu}_{jk} / \hat{\mu}_{jh}$ 及 $\hat{\lambda}_{jk} / \hat{\lambda}_{jh}$ 互不相同而 $\hat{r}_{jk} / \hat{r}_{jh}$ 几乎一致，表 7-1 中显示 $\hat{r}_{jk} / \hat{r}_{jh}$ 的均值约为 1，并且 $\left(\hat{\lambda}_{jk} / \hat{\lambda}_{jh}\right)^{0.5/\hat{r}_{jk}}$ 及 $\left(\hat{\eta}_{jh} / \hat{\eta}_{jk}\right)^{1/\hat{r}_{jk}}$ 的均值非常接近 $A_{k,h}$，这说明基于加速因子不变原则的推导结论正确。

表 7-1　仿真结果

r	$A_{k,h} = 0.2$			$A_{k,h} = 5$		
	$\text{mean}\left(\dfrac{\hat{r}_{jk}}{\hat{r}_{jh}}\right)$	$\text{mean}\left(\left(\dfrac{\hat{\mu}_{jk}}{\hat{\mu}_{jh}}\right)^{\frac{1}{\hat{r}_{jk}}}\right)$	$\text{mean}\left(\left(\dfrac{\hat{\lambda}_{jk}}{\hat{\lambda}_{jh}}\right)^{\frac{0.5}{\hat{r}_{jk}}}\right)$	$\text{mean}\left(\dfrac{\hat{r}_{jk}}{\hat{r}_{jh}}\right)$	$\text{mean}\left(\left(\dfrac{\hat{\mu}_{jk}}{\hat{\mu}_{jh}}\right)^{\frac{1}{\hat{r}_{jk}}}\right)$	$\text{mean}\left(\left(\dfrac{\hat{\lambda}_{jk}}{\hat{\lambda}_{jh}}\right)^{\frac{0.5}{\hat{r}_{jk}}}\right)$
0.5	1.0000	0.1999	0.1999	1.0000	5.0000	5.0001
1	1.0001	0.2000	0.2000	1.0000	50000	5.0000
2	1.0000	0.2000	0.2001	1.0000	4.9999	5.0001

2. 参数一致性检验方法的验证

本节设计仿真试验对检验方法的有效性进行验证。如果 $\hat{r}_k \neq \hat{r}_h$，那么产品在此两个应力下的失效机理不一致，据此，首先通过时间函数 $\Lambda(t) = t^r$ 参数 r 的不同取值生成不同形状的退化数据，然后利用基于 $t\text{-test}$ 的检验方法进行参数一致性检验，以验证所提检验方法的有效性。仿真模型如下：

$$\lambda_{jk} \sim \text{Ga}(a,b)$$
$$\eta_{jk} \mid \lambda_{jk} \sim N(c, d / \lambda_{jk})$$
$$A_{k,h} \sim \text{UNI}(0.1, 5) \tag{7-27}$$
$$t_{ijh} = t_{ijk} \cdot A_{k,h}$$
$$\Delta y_{ijk} \mid (\eta_{jk}, \lambda_{jk}) \sim \text{IG}\left(\eta_{jk} \Delta \Lambda(t_{ijh}), \lambda_{jk} \Delta \Lambda^2(t_{ijh})\right)$$

式中，$\text{UNI}(\cdot)$ 为均匀分布。加速因子 $A_{k,h}$ 设为一个服从均匀分布的随机变量，仿真模型生成的 $\Delta y_{ijk}, \Delta \Lambda(t_{ijh})$ 为一个折算到随机应力 S_h 下的退化增量。仿真模型的参数值设置为：$(a,b) = (2,1)$；$(c,d) = (0.5, 0.1)$；$i = 1, 2, \cdots, 10$；$j = 1, 2, \cdots, 20$；$t_{ijk} = 10, 20, \cdots, 100$；$\Lambda(t_{ijk}) = t_{ijk}^r$；$r \in (0.8,\ 0.9,\ 1,\ 1.05,\ 1.1)$。验证步骤如下。

（1）r 取值为 0.8 并且设 $A_{k,h} = 1$，生成 S_k 下的退化增量 $\Delta y_{ijk}, \Delta \Lambda_{ijk}$，解出参数估计值 $\hat{\upsilon}_{jk}, \hat{r}_{jk}$，其中 $\hat{\upsilon}_{jk} = \hat{\mu}_{jk} / \sqrt{\hat{\lambda}_{jk}}$，得估计值向量 $\hat{\boldsymbol{\upsilon}}_k, \hat{\boldsymbol{r}}_k$。

（2）r 分别取 0.8，0.9，1，1.05，1.1，利用仿真模型生成随机应力 $S_h(h = 1, 2, 3, 4, 5)$ 下的退化增量 $\Delta y_{ijk}, \Delta \Lambda(t_{ij1}; r_1), \cdots, \Delta y_{ijk}, \Delta \Lambda(t_{ij5}; r_5)$，分别解出参数估计值 $\hat{\upsilon}_{j1}, \hat{r}_{j1}, \cdots, \hat{\upsilon}_{j5}, \hat{r}_{j5}$，得估计值向量 $\hat{\boldsymbol{\upsilon}}_1, \hat{\boldsymbol{r}}_1, \cdots, \hat{\boldsymbol{\upsilon}}_5, \hat{\boldsymbol{r}}_5$。

（3）设显著性水平为 0.05，检验 $\hat{\boldsymbol{\upsilon}}_k$ 是否分别与 $\hat{\boldsymbol{\upsilon}}_1, \cdots, \hat{\boldsymbol{\upsilon}}_5$ 具有一致性，$\hat{\boldsymbol{r}}_k$ 是否分别与 $\hat{\boldsymbol{r}}_1, \cdots, \hat{\boldsymbol{r}}_5$ 具有一致性，如果两次检验都通过，则标记为"一致"；否则标记为"不一致"。

(4)将第(1)步中的 r 依次取值为 0.9,1,1.05,1.1，重复步骤(1)～(3)。

显著性水平为 0.05 时，参数估计值一致性检验结果如表 7-2。当步骤(1)与(2)中的参数 r 取值相同时，所提方法能够准确检测出参数估计值具有一致性；当两个步骤中的参数 r 的差值为 0.1 甚至是 0.05 时，所提检验方法能够灵敏辨识出参数估计值不具有一致性。仿真试验说明本章所提检验方法有效、准确。

表 7-2　基于 *t*-test 的参数一致性检验结果

r	0.8	0.9	1	1.05	1.1
0.8	一致	不一致	不一致	不一致	不一致
0.9	不一致	一致	不一致	不一致	不一致
1	不一致	不一致	一致	不一致	不一致
1.05	不一致	不一致	不一致	一致	不一致
1.1	不一致	不一致	不一致	不一致	一致

7.2.7　案例应用

电连接器的主要失效模式有机械失效、电气失效、绝缘失效三种，机械失效主要由接插件应力松弛造成。为了研究某型电连接器机械失效造成的可靠性变化，文献[3]给出了以温度为加速应力的加速退化试验数据，如表 7-3～表 7-5 所示，其中缺少第 2 个样品的第 7 次测量数据。性能退化量 y 为接插件应力值 x 相对于初始应力值 x_0 的百分比变化，$y = (x - x_0) / x_0 \times \%$，每个样品在 0 时刻的性能退化量为 0，失效阈值为 $D = 30\%$。18 个样品被平均分配到 3 组加速温度应力：$T_1 = 65℃, T_2 = 85℃, T_3 = 100℃$，产品工作的常规温度为 40℃，图 7-4 中描绘了每个样品的退化轨迹。

表 7-3　T_1 时电连接器加速退化数据

样品序号	t / h										
	108	241	534	839	1074	1350	1637	1890	2178	2513	2810
1	2.12	2.7	3.52	4.25	5.55	6.12	6.75	7.22	7.68	8.46	9.46
2	2.29	3.24	4.16	4.86	5.74	6.85	—	7.40	8.14	9.25	10.55
3	2.40	3.61	4.35	5.09	5.50	7.03	8.24	8.81	9.63	10.27	11.11
4	2.31	3.48	5.51	6.20	7.31	7.96	8.57	9.07	10.46	11.48	12.31
5	3.14	4.33	5.92	7.22	8.14	9.07	9.44	10.09	11.20	12.77	13.51
6	3.59	5.55	5.92	7.68	8.61	10.37	11.11	12.22	13.51	14.16	15.00

表 7-4　T_2 时电连接器加速退化数据

样品序号	t/h									
	46	108	212	408	632	764	1011	1333	1517	1856
7	2.77	4.62	5.83	6.66	8.05	10.61	11.20	11.98	13.33	15.64
8	3.88	4.37	6.29	7.77	9.16	9.90	10.37	12.77	14.72	16.80
9	3.18	4.53	6.94	8.14	8.79	10.09	11.11	14.72	16.47	18.66
10	3.61	4.37	6.29	7.87	9.35	11.48	12.40	13.70	15.37	18.51
11	3.42	4.25	7.31	8.61	10.18	12.03	13.7	15.27	17.22	19.25
12	5.27	5.92	8.05	9.81	12.4	13.24	15.83	17.59	20.09	23.51

表 7-5　T_3 时电连接器加速退化数据

样品序号	t/h									
	46	108	212	344	446	636	729	879	1005	1218
13	4.25	5.18	8.33	9.53	11.48	13.14	15.55	16.94	18.05	19.44
14	4.81	6.16	7.68	9.25	10.37	12.40	15.00	16.20	18.24	20.09
15	5.09	7.03	8.33	10.37	12.22	14.35	16.11	18.70	19.72	21.66
16	4.81	7.50	9.16	10.55	13.51	15.55	16.57	19.07	20.27	22.40
17	5.64	6.57	8.61	12.50	14.44	16.57	18.70	21.20	22.59	24.07
18	4.72	8.14	10.18	12.40	15.09	17.22	19.16	21.57	24.35	26.20

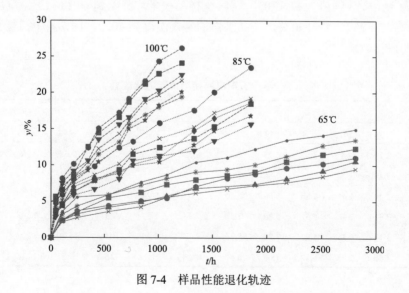

图 7-4　样品性能退化轨迹

从图 7-4 中可以发现各样品为非线性退化，并且退化轨迹呈现出凹型。根据工程经验，退化模型的时间函数设为 $\Lambda(t) = t^r$ 时对此退化轨迹具有较好的拟合效果。首先，对每个产品的退化过程是否服从逆高斯过程进行验证。解出每个产品对应的参数估计值 $(\hat{\mu}_{jk}, \hat{\lambda}_{jk}, \hat{r}_{jk})$ 如表 7-6。如果产品的性能退化过程为逆高斯过程，则 $\left\{ \hat{\lambda}_{ik} \left(\Delta y_{ijk} - \hat{\mu}_{ik} \Delta \Lambda_{ijk} \right)^2 \Big/ \left(\hat{\mu}_{ik}^2 \Delta y_{ijk} \right) \right\}$ 应该近似服从 χ_1^2 分布。在置信水平为 0.05 的条件下，采用 Anderson-Darling 统计量检验每个样品对应的 $\left\{ \hat{\lambda}_{ik} \left(\Delta y_{ijk} - \hat{\mu}_{ik} \Delta \Lambda_{ijk} \right)^2 \Big/ \left(\hat{\mu}_{ik}^2 \Delta y_{ijk} \right) \right\}$ 是否服从 χ_1^2 分布，结果表明所有产品的性能退化过程都为逆高斯过程。

表 7-6　每个样品的参数估计值

温度	样品序号	参数估计值			
		$\hat{\mu}_k$	$\hat{\lambda}_k$	$\hat{r}_k$	$\hat{u}_k$
65℃ (k=1)	1	0.1347	0.1447	0.5354	0.3541
	2	0.2427	0.2409	0.4750	0.4945
	3	0.1699	0.1359	0.5265	0.4608
	4	0.2129	0.3486	0.5110	0.3606
	5	0.3620	1.0802	0.4558	0.3484
	6	0.0584	0.0037	0.6987	0.9597
85℃ (k=2)	7	0.6055	0.6591	0.4320	0.7458
	8	0.5368	0.4746	0.4575	0.7792
	9	0.5320	0.4422	0.4727	0.8001
	10	0.4912	0.5750	0.4822	0.6478
	11	0.4188	0.4930	0.5086	0.5965
	12	0.3669	0.2305	0.5528	0.7641
100℃ (k=3)	13	0.5286	0.7467	0.5074	0.6117
	14	0.5931	1.1865	0.4958	0.5445
	15	0.6685	1.9398	0.4895	0.4800
	16	0.7120	1.8914	0.4854	0.5177
	17	0.5395	0.6204	0.5346	0.6850
	18	0.6588	1.6329	0.5184	0.5155

然后，对每个加速应力下的参数估计值进行分析。图 7-5 和图 7-6 分别展示了均值参数、尺度参数估计值的分布情况，可以看出均值和尺度参数估计值都随着加速应力提升而变大，说明假定尺度参数与加速应力无关的做法不合理。

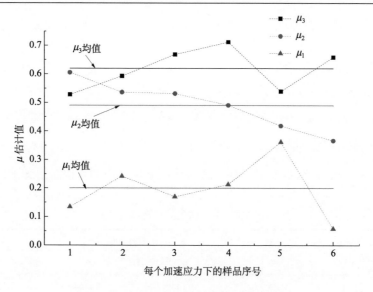

图 7-5　各加速应力下的均值参数估计值

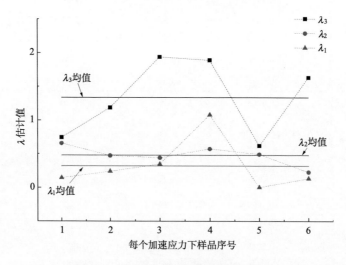

图 7-6　各加速应力下的尺度参数估计值

　　接下来，辨识各应力水平下的加速退化数据是否有效。当显著性水平为 0.05时，检验结果如表 7-7 所示，认为所有加速应力下的加速退化数据都有效。

　　最后，利用有效的加速退化数据估计加速退化模型的系数值。解得极大似然估计值 $(\hat{\delta}_1, \hat{\delta}_2, \hat{\delta}_3, \hat{r}) = (9.097, 3564.827, 19.079, 0.500)$，对应的 AIC 值为 415.4。进而外推出退化模型在常规应力 $40℃$（$T_0 = 313.16\mathrm{K}$）下的参数估计值为 $(\hat{\mu}_0, \hat{\lambda}_0, \hat{r}_0) = (0.1016, 0.025, 0.500)$。将 $(\hat{\mu}_0, \hat{\lambda}_0, \hat{r}_0, D)$ 代入式（7-25）得到产品的可靠度

表 7-7　参数一致性检验结论

一致性检验	检验样本 $\hat{v}_k$		检验样本 $\hat{r}_k$	
	$\hat{v}_1, \hat{v}_2$	$\hat{v}_1, \hat{v}_3$	$\hat{r}_1, \hat{r}_2$	$\hat{r}_1, \hat{r}_3$
$|t^*|$	2.224	0.622	1.260	0.791
$t_{0.975}(V)$	2.390	2.569	2.299	2.571
结论	一致	一致	一致	一致

曲线 R^0 如图 7-7 所示，并且利用 Bootstrap 自助抽样法建立了可靠度评估结果的 95%置信区间。为了对比评估结果，采用目前广泛应用的假定进行可靠性评估：逆高斯过程的均值参数与加速应力相关而尺度参数与加速应力无关，则加速退化模型建立为 $Y(t;T) \sim \mathrm{IG}\big(\exp(\delta_1 - \delta_2 / T)t^r, \lambda t^{2r}\big)$，解得极大似然估计值为 $(\hat{\delta}_1, \hat{\delta}_2, \hat{\lambda}, \hat{r}) = (9.790, 3770.147, 0.393, 0.484)$，对应的 AIC 为 453.9，外推出 $(\hat{\mu}_0^*, \hat{\lambda}_0^*, \hat{r}_0^*)$ $= (0.1055, 0.393, 0.484)$。AIC 值的对比又能说明本节方法比采用以上假定的方法更好。由于 $\hat{\lambda}_0^*$ 相对于 $\hat{\mu}_0^*$ 过大，将 $(\hat{\mu}_0^*, \hat{\lambda}_0^*, \hat{r}_0^*, D)$ 代入式 (7-25) 无法得出完整的可靠度曲线。当 $\lambda\Lambda(t)$ 较大时，逆高斯过程 $Y(t)$ 近似服从一个均值为 $\mu\Lambda(t)$，方差为 $\mu^3\Lambda(t) / \lambda$ 的正态分布，据此得到一个近似的可靠度函数为 $R(t) = \Phi\big((D - \mu\Lambda(t)) / \sqrt{\mu^3\Lambda(t) / \lambda}\big)$，可靠度曲线 R^* 如图 7-7 所示。可见 R^0 与 R^* 具有明显差异，假定逆高斯过程的尺度参数与加速应力无关会造成较大的可靠性评估误差。

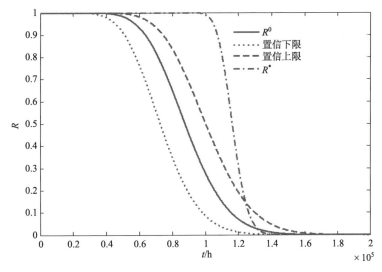

图 7-7　可靠度曲线及 95%Bootstrap 置信区间

7.2.8 研究结论

（1）基于加速因子不变原则的加速退化数据分析方法，克服了现有方法过多依赖主观判断或工程经验的不足，为解决加速退化数据有效性辨识及加速退化建模两个关键问题提供了一条较为客观、合理的途径。

（2）逆高斯过程的均值和尺度参数都与加速应力相关，并且在任两个加速应力下的变化规律应满足特定的比例关系，假定尺度参数与加速应力无关并不合理，会导致较大的可靠性评估误差。

（3）基于 t 统计量的检验方法具有较好的准确性和灵敏性，能够利用参数估计值辨识出产品在任两个应力下的失效机理是否具有一致性，从而达到剔除无效加速退化数据的目的。

（4）本节所提方法不仅限于逆高斯退化模型，容易拓展到其他性能退化模型，下一步的研究重点是如何应用于分析多元加速退化数据。

7.3 技术框架运用-2

7.3.1 问题描述

微机电系统（Micro-Electro-Mechanical Systems，MEMS）加速度计是惯导系统的核心部件，其可靠性与稳定性直接决定了装备的作战使用效能，准确掌握 MEMS 加速度计的可靠性信息有助于实施预防性维修、视情维修等。MEMS 加速度计是高精度的机电一体化产品，某些性能参数在工作或长期贮存过程中不可避免发生退化，根据已有研究结论，MEMS 加速度计内部的性能退化综合表现为零位电压的测量值增大[4]。因此，如果将零位电压作为性能退化指标建立退化失效模型，则能够预测出 MEMS 加速度计的可靠度信息。

MEMS 加速度计的失效机理较为复杂，尚不能通过失效物理分析的手段推导出退化失效模型，故采用退化数据拟合的手段建立产品的退化失效模型，随机过程非常适合表征产品退化的不确定性，已被广泛用于性能退化建模。产品寿命包括两个层面，第一是产品的总体寿命特征，如可靠寿命、平均寿命，可作为实施批次产品预防性维修的重要参考[5, 6]；第二是产品的个体寿命指标，如个体剩余寿命，这是开展视情维修的重要依据[7-9]。总体寿命特征预测属于传统可靠性领域，采用概率论与数理统计方法进行预测；而个体剩余寿命预测属于 PHM（prognostics and health management）领域，通常采用卡尔曼滤波、向量机等方法进行预测。以往的研究工作大都没有考虑两类寿命预测的融合，这不仅额外增加了寿命预测的工作量，而且制约了寿命预测水平的发展。为此，本节基于 IG 随机过程，提出了总体寿命特征预测与个体剩余寿命预测的一体化解决方案，并且为了应对 MEMS 加速度计的样本量较小、测试数据有限的不足，采用融合预测方法提高预测结果的准确性。

7.3.2　可靠寿命预测模型

MEMS 加速度计的失效机理较为复杂，尚不能通过失效物理分析的手段推导出退化失效模型，故采用退化数据拟合的手段建立产品的退化失效模型，随机过程天然适合表征产品退化的不确定性，已被广泛用于性能退化建模。将 MEMS 加速度计的零位电压百分比增量作为性能退化参数，通过 IG 随机过程对性能退化数据建模。令 $X(t)$ 表示 MEMS 加速度计在时刻 t 的零位电压测量值，$X(t_0)$ 表示初始时刻 $t_0 = 0$ 的零位电压测量值，$Y(t) = X(t) - X(t_0)$ 表示时刻 t 的零位电压测量值相对于初始时刻测量值的增量。

如果 $Y(t)$ 服从 IG 过程 $Y(t) \sim \mathrm{IG}\left(\mu\Lambda(t), \lambda\Lambda(t)^2\right)$，其中 μ 为均值参数，λ 为尺度参数，$\Lambda(t) = t^\Lambda$，则 $Y(t)$ 的概率密度函数为

$$f_Y(y) = \sqrt{\frac{\lambda\Lambda^2(t)}{2\pi y^3}} \exp\left(-\frac{\lambda}{2y}\left(\frac{y}{\mu} - \Lambda(t)\right)^2\right) \tag{7-28}$$

$Y(t)$ 累积分布函数为

$$F_Y(y) = \Phi\left(\sqrt{\frac{\lambda}{D}}\left(\frac{y}{\mu} - \Lambda(t)\right)\right) + \exp\left(\frac{2\lambda\Lambda(t)}{\mu}\right)\Phi\left(-\sqrt{\frac{\lambda}{D}}\left(\frac{y}{\mu} + \Lambda(t)\right)\right) \tag{7-29}$$

当 $Y(t)$ 首次到达阈值 D 时，MEMS 加速度计发生退化失效，将失效时间记为 $T = \inf\{t \mid Y(t) \geqslant D\}$。由式 (7-29) 推导出失效时间的累积分布函数为

$$
\begin{aligned}
F_T(t) &= P(T \leqslant t) = P(Y(t) \geqslant D) = 1 - F_Y(D) \\
&= \Phi\left(\sqrt{\frac{\lambda}{D}}\left(\Lambda(t) - \frac{D}{\mu}\right)\right) - \exp\left(\frac{2\lambda\Lambda(t)}{\mu}\right)\Phi\left(-\sqrt{\frac{\lambda}{D}}\left(\frac{D}{\mu} + \Lambda(t)\right)\right)
\end{aligned} \tag{7-30}
$$

在获得参数估计值 $\hat{\mu}, \hat{\lambda}, \hat{\Lambda}$ 后，即可根据 $R_T(t) = 1 - F_T(t)$ 确定出 MEMS 加速度计的可靠性模型，进而预测出 MEMS 加速度计的可靠寿命、平均寿命等。

以上介绍的是固定参数 IG 过程，不能体现产品个体间的退化过程差异。已有研究表明，考虑产品个体之间的退化过程差异有助于提高评定结果准确性，为此，以下研究一种随机参数 IG 过程。分别设 μ, λ 为服从某种概率分布的随机参数，为了便于统计分析，假定 μ, λ 服从如下共轭先验分布：λ 服从 Gamma 分布，如 $\lambda \sim \mathrm{Ga}(a, b)$；记 $\delta = 1/\mu$，且 δ 服从如下条件正态分布，如 $\delta \mid \lambda \sim N(c, d/\lambda)$，其中 a, b, c, d 为超参数[10]。则 λ 及 $\delta \mid \lambda$ 的 PDF 分别为

$$f(\lambda) = \frac{\lambda^{a-1}}{\Gamma(a)b^a}\exp\left(-\frac{\lambda}{b}\right) \tag{7-31}$$

$$f(\delta\,|\,\lambda) = \sqrt{\frac{\lambda}{2\pi d}}\exp\left(-\frac{\lambda(\delta-c)^2}{2d}\right) \tag{7-32}$$

基于随机参数 IG 过程，得出 MEMS 加速度计的累积分布函数为

$$F_T^0(t) = P(Y(t) \geqslant D)$$

$$= \int_0^\infty \int_{-\infty}^\infty \int_D^\infty f_Y(y)f(\delta\,|\,\lambda)f(\lambda)\mathrm{d}y\mathrm{d}\delta\mathrm{d}\lambda \tag{7-33}$$

$$= \sqrt{\frac{b}{2\pi}}\frac{\Gamma(a+0.5)\Lambda(t)}{\Gamma(a)}\int_D^\infty y^{-1.5}\left(yd+1\right)^{-0.5}\left(1+\frac{b\left(yc-\Lambda(t)\right)^2}{2y\left(yd+1\right)}\right)^{-(a+0.5)}\mathrm{d}y$$

在估计出超参数值及 $\hat{\Lambda}$ 后，即可确定出 $F_T^0(t)$，进而预测可靠寿命、平均寿命等。

7.3.3　个体剩余寿命预测模型

产品的剩余寿命 ξ 定义为 $Y(t)$ 首次到达阈值 D 的时间 T 与当前时刻 t_0 的差值，如图 7-8 所示，可在以 t_0，Y_0 为零点的坐标系中将 ξ 记为 $\xi = \inf\{t\,|\,Y(t) \geqslant D - Y_0\}$，其中 Y_0 为产品在当前时刻 t_0 的性能退化量。

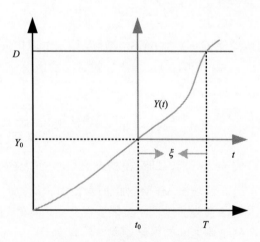

图 7-8　产品剩余寿命示意图

设 $D^* = D - Y_0$，得到 ξ 的累积分布函数为

$$F_{\xi}(t) = \Phi\left(\sqrt{\frac{\lambda}{D^*}}\left(\Lambda(t) - \frac{D^*}{\mu}\right)\right) - \exp\left(\frac{2\lambda\Lambda(t)}{\mu}\right)\Phi\left(-\sqrt{\frac{\lambda}{D^*}}\left(\frac{D^*}{\mu} + \Lambda(t)\right)\right) \tag{7-34}$$

利用个体的性能退化数据估计出 $\hat{\mu}, \hat{\lambda}, \hat{\Lambda}$ 后，可预测出个体剩余寿命 ξ。然而，如果仅利用个体的性能退化数据预测 ξ，则会因为测量数据的样本量小造成预测值准确度低。为了提高预测准确度与可信度，将个体的性能退化数据作为现场信息，将其他性能退化数据作为先验信息，基于多源信息融合理论进行寿命预测。同样将 μ, λ 随机化，令 $\lambda \sim Ga(a,b)$，$\delta | \lambda \sim N(c, d/\lambda)$，超参数 a, b, c, d 值根据先验信息估计出，当得到现场性能退化数据 $\boldsymbol{Y}_{1:n}$ 时，超参数的后验估计可由 Bayes 公式更新为 $a | \boldsymbol{Y}_{1:n}$，$b | \boldsymbol{Y}_{1:n}$，$c | \boldsymbol{Y}_{1:n}$，$d | \boldsymbol{Y}_{1:n}$。

设 $f(\delta, \lambda)$ 为 μ, λ 的联合先验密度函数，则

$$f(\delta, \lambda) = f(\delta | \lambda)f(\lambda) = \frac{\lambda^{a-1}}{\Gamma(a)b^a}\exp\left(-\frac{\lambda}{b}\right) \cdot \sqrt{\frac{\lambda}{2\pi d}}\exp\left(-\frac{\lambda(\delta - c)^2}{2d}\right) \tag{7-35}$$

联合后验密度函数 $f(\delta, \lambda | \boldsymbol{Y}_{1:n})$ 由 Bayes 公式推导出

$$f(\delta, \lambda | \boldsymbol{Y}_{1:n}) = \frac{L(\boldsymbol{Y}_{1:n} | \delta, \lambda) \cdot f(\delta, \lambda)}{\int_0^{+\infty}\int_{-\infty}^{+\infty} L(\boldsymbol{Y}_{1:n} | \delta, \lambda) \cdot f(\delta, \lambda)\mathrm{d}\delta\mathrm{d}\lambda} \tag{7-36}$$

式中

$$L(\boldsymbol{Y}_{1:n} | \delta, \lambda) = \prod_{i=1}^{n}\sqrt{\frac{\lambda\Delta\Lambda(t_i)^2}{2\pi\Delta Y_i^3}}\exp\left(-\frac{\lambda(\delta\Delta Y_i - \Delta\Lambda(t_i))^2}{2\Delta Y_i}\right)$$

将 $f(\delta, \lambda | \boldsymbol{Y}_{1:n})$ 与 $L(\boldsymbol{Y}_{1:n} | \delta, \lambda)$ 的表达式代入式 (7-36)，可得

$f(\delta, \lambda | \boldsymbol{Y}_{1:n})$

$$\propto L(\boldsymbol{Y}_{1:n} | \delta, \lambda) \cdot f(\delta, \lambda)$$

$$\propto \lambda^{(n+1)/2+a-1}\exp\left(-\frac{\lambda}{2}\left(\delta^2 Y_n - 2\delta\Lambda(t_n) + \sum_{i=1}^{n}\frac{\Delta\Lambda(t_i)^2}{\Delta Y_i}\right) - \frac{\lambda}{b} - \frac{\lambda}{2}\left(\frac{(\delta - c)^2}{d}\right)\right) \tag{7-37}$$

$$\propto \lambda^{n/2+a-1}\exp\left(-\lambda\left(\frac{1}{b} + \frac{c^2}{2d} - \frac{(\Lambda(t_n)d + c)^2}{2(Y_n d^2 + d)} + \sum_{i=1}^{n}\frac{\Delta\Lambda(t_i)^2}{2\Delta Y_i}\right)\right)$$

$$\cdot \lambda^{1/2}\exp\left(-\frac{\lambda}{2} \cdot \frac{\left(\delta - \dfrac{\Lambda(t_n)d + c}{Y_n d + 1}\right)^2}{\dfrac{d}{Y_n d + 1}}\right)$$

从式 (7-37) 中获得超参数的后验估计量 $a | \boldsymbol{Y}_{1:n}, b | \boldsymbol{Y}_{1:n}, c | \boldsymbol{Y}_{1:n}, d | \boldsymbol{Y}_{1:n}$ 分别为

$$a \mid \boldsymbol{Y}_{1:n} = \frac{n}{2} + a \tag{7-38}$$

$$b \mid \boldsymbol{Y}_{1:n} = 1 \left/ \left(\frac{1}{b} + \frac{c^2}{2d} - \frac{\left(\varLambda(t_n)d + c\right)^2}{2\left(Y_n d^2 + d\right)} + \sum_{i=1}^{n} \frac{\Delta\varLambda(t_i)^2}{2\Delta Y_i} \right) \right. \tag{7-39}$$

$$c \mid \boldsymbol{Y}_{1:n} = \frac{\varLambda(t_n)d + c}{Y_n d + 1} \tag{7-40}$$

$$d \mid \boldsymbol{Y}_{1:n} = \frac{d}{Y_n d + 1} \tag{7-41}$$

将 $D^*, a \mid \boldsymbol{Y}_{1:n}, b \mid \boldsymbol{Y}_{1:n}, c \mid \boldsymbol{Y}_{1:n}, d \mid \boldsymbol{Y}_{1:n}$ 代入式(7-30)，确定出剩余寿命 $\xi \mid \boldsymbol{Y}_{1:n}$ 的分布函数 $F_\xi^*(t)$，进而获得剩余寿命的后验期望值 $E(\xi \mid \boldsymbol{Y}_{1:n})$。$E(\xi \mid \boldsymbol{Y}_{1:n})$ 为基于多源信息融合后获得的个体剩余寿命预测值。

7.3.4　参数估计方法

1. 估计时间参数

假定 $t_{i,j}, Y(t_{i,j})$ 为由加速退化数据折算到常应力水平下的性能退化数据。$t_{i,j}$ 表示第 i 个产品进行第 j 次性能退化测量的时间，$Y(t_{i,j})$ 表示产品在时刻 $t_{i,j}$ 的性能退化数据，$\Delta Y_{i,j} = Y(t_{i,j}) - Y(t_{i,j-1})$ 表示退化增量，$\Delta\varLambda_{i,j} = (t_{i,j})^\varLambda - (t_{i,j-1})^\varLambda$ 表示时间增量，其中 $i = 1, 2, \cdots, M$；$j = 1, 2, \cdots, N_i$；M 表示产品总数，N_i 表示第 i 个产品的测量总数。IG 过程的独立增量 $\Delta Y_{i,j}$ 服从此 IG 分布：$\Delta Y_{i,j} \sim \mathrm{IG}\left(\mu_i \Delta\varLambda_{i,j}, \lambda_i \Delta\varLambda_{i,j}^2\right)$，由 $\Delta Y_{i,j}$ 的概率密度函数建立如下似然函数：

$$L(\mu, \lambda, \varLambda) = \sum_{i=1}^{M} \sum_{j=1}^{N_i} \sqrt{\frac{\lambda \Delta\varLambda_{i,j}^2}{2\pi \Delta Y_{i,j}^3}} \exp\left(-\frac{\lambda}{2\Delta Y_{i,j}} \left(\frac{\Delta Y_{i,j}}{\mu} - \Delta\varLambda_{i,j}\right)^2\right) \tag{7-42}$$

将式(7-42)极大化，获得时间参数的估计值 $\hat{\varLambda}$。

2. 估计超参数值

估计超参数 a, b, c, d 值可采用两步法与 EM 法，但两步法的超参数估计精度不如 EM 算法。为此，本节研究了能够一体化估计出所有超参数值的 EM 算法。结合式(7-42)及 δ_i, λ_i 的联合先验概率密度函数 $f(\delta_i, \lambda_i)$，建立完全对数似然函数为

$\ln L^c(\boldsymbol{\Omega})$

$$\propto a\sum_{i=1}^{M}N_i\ln\lambda_i+\sum_{i=1}^{M}\sum_{j=1}^{N_i}\ln\Delta\Lambda_{i,j}-\ln\Gamma(a)\sum_{i=1}^{M}N_i-a\ln b\sum_{i=1}^{M}N_i-\left(\frac{1}{b}+\frac{c^2}{2d}\right)\sum_{i=1}^{M}N_i\lambda_i$$

$$-\frac{\ln d}{2}\sum_{i=1}^{M}N_i-\sum_{i=1}^{M}\sum_{j=1}^{N_i}\frac{\lambda_i\Delta\Lambda_{i,j}^2}{2\Delta y_{i,j}}+\sum_{i=1}^{M}\sum_{j=1}^{N_i}\lambda_i\delta_i\left(\Delta\Lambda_{i,j}+\frac{c}{d}\right)-\sum_{i=1}^{M}\frac{N_i\lambda_i\delta_i^2}{2d}$$

$$(7\text{-}43)$$

式中，$\boldsymbol{\Omega}=(a,b,c,d)$。与式(7-37)所示的推导过程类似，从式(7-43)的完全对数似然函数可推导出 δ_i,λ_i 的联合后验概率密度函数为

$f\left(\delta_i,\lambda_i\mid\boldsymbol{Y}_{i,\,1:N_i}\right)$

$$\propto\lambda_i^{N_i/2+a-1}\exp\left(-\lambda_i\left(\frac{1}{b}+\frac{c^2}{2d}-\frac{\left(c+d\sum_{j=1}^{N_i}\Delta\Lambda_{i,j}\right)^2}{2\left(d+d^2\sum_{j=1}^{N_i}\Delta Y_{i,j}\right)}+\sum_{i=1}^{M}\frac{\left(\Delta\Lambda_{i,j}\right)^2}{2\Delta Y_{i,j}}\right)\right)\qquad(7\text{-}44)$$

$$\cdot\lambda_i^{1/2}\exp\left(-\frac{\lambda_i}{2}\cdot\left(\delta_i-\frac{c+d\sum\limits_{j=1}^{N_i}\Delta\Lambda_{i,j}}{1+d\sum\limits_{j=1}^{N_i}\Delta Y_{i,j}}\right)\middle/\frac{d}{1+d\sum\limits_{j=1}^{N_i}\Delta Y_{i,j}}\right)$$

确定出随机参数 δ_i,λ_i 的后验分布分别为

$$\lambda_i\mid\boldsymbol{Y}_{i,\,1:N_i}\sim\mathrm{Ga}\left(\frac{N_i}{2}+a,\ 1\middle/\left(\frac{1}{b}+\frac{c^2}{2d}+\sum_{j=1}^{N_i}\frac{\left(\Delta\Lambda_{i,j}\right)^2}{2\Delta Y_{i,j}}-\frac{\left(c+d\sum\limits_{j=1}^{N_i}\Delta\Lambda_{i,j}\right)^2}{2\left(d+d^2\sum\limits_{j=1}^{N_i}\Delta Y_{i,j}\right)}\right)\right)\qquad(7\text{-}45)$$

$$\delta_i\mid\left[\boldsymbol{Y}_{i,\,1:N_i},\lambda_i\right]\sim N\left(\frac{c+d\sum\limits_{j=1}^{N_i}\Delta\Lambda_{i,j}}{1+d\sum\limits_{j=1}^{N_i}\Delta Y_{i,j}},\ \frac{d}{\lambda_i\left(1+d\sum\limits_{j=1}^{N_i}\Delta Y_{i,j}\right)}\right)\qquad(7\text{-}46)$$

式(7-43)中的 $\lambda_i,\ln\lambda_i,\lambda_i\delta_i,\lambda_i\delta_i^2$ 为含有随机参数 δ_i,λ_i 的隐含数据项，因此无法直接极大化式(7-43)得 $\hat{\boldsymbol{\Omega}}$。EM 算法通过多轮迭代逼近 $\hat{\boldsymbol{\Omega}}$，每一轮的迭代过程包含求期望、极大化两个步骤，简记为 E-step 和 M-step。

(1)E-step。设 $\boldsymbol{\Omega}^{(L)}$ 为第 L 轮迭代后获取的估计值向量，在第 $L+1$ 轮迭代过程

中求取隐含数据项 $\lambda_i, \ln\lambda_i, \lambda_i\delta_i, \lambda_i\delta_i^2$ 的期望值。根据 Gamma 分布与 Normal 分布的统计特性，由式(7-45)及式(7-46)推导出：

$$E(\lambda_i \mid \boldsymbol{Y}_{i,\,1:N_i}, \boldsymbol{\Omega}^{(L)}) = \left(a^{(L)} + N_i/2\right)\Big/A_i^{(L)} \tag{7-47}$$

$$E(\ln\lambda_i \mid \boldsymbol{Y}_{i,\,1:N_i}, \boldsymbol{\Omega}^{(L)}) = \psi\left(a^{(L)} + \frac{N_i}{2}\right) - \ln A_i^{(L)} \tag{7-48}$$

$$E(\lambda_i\delta_i \mid \boldsymbol{Y}_{i,\,1:N_i}, \boldsymbol{\Omega}^{(L)}) = \frac{a^{(L)} + N_i/2}{A_i^{(L)}} \cdot \frac{c^{(L)} + d^{(L)}\sum\limits_{j=1}^{N_i}\Delta\Lambda_{i,j}}{1 + d^{(L)}\sum\limits_{j=1}^{N_i}\Delta Y_{i,j}} \tag{7-49}$$

$$E(\lambda_i\delta_i^2 \mid \boldsymbol{Y}_{i,\,1:N_i}, \boldsymbol{\Omega}^{(L)}) = \frac{a^{(L)} + N_i/2}{A_i^{(L)}}\left(\frac{c^{(L)} + d^{(L)}\sum\limits_{j=1}^{N_i}\Delta\Lambda_{i,j}}{1 + d^{(L)}\sum\limits_{j=1}^{N_i}\Delta Y_{i,j}}\right)^2 + \frac{d^{(L)}}{1 + d^{(L)}\sum\limits_{j=1}^{N_i}\Delta y_{i,j}} \tag{7-50}$$

式中，$A_i^{(L)} = \left(\dfrac{1}{b^{(L)}} + \dfrac{\left(c^{(L)}\right)^2}{2d^{(L)}} + \sum\limits_{j=1}^{N_i}\dfrac{\left(\Delta\Lambda_{i,j}\right)^2}{2\Delta Y_{i,j}} - \dfrac{\left(c^{(L)} + d^{(L)}\sum\limits_{j=1}^{N_i}\Delta\Lambda_{i,j}\right)^2}{2\left(d^{(L)} + \left(d^{(L)}\right)^2\sum\limits_{j=1}^{N_i}\Delta Y_{i,j}\right)}\right)$，$\psi(\cdot)$ 为 digamma 函数。

(2) M-step。利用式(7-47)~式(7-50)所示的期望值分别替代式(7-43)中的各隐含数据项，可得

$$\begin{aligned}
&\ln L^c(\boldsymbol{\Omega}\mid\boldsymbol{\Omega}^{(L)}) \\
&\propto a\sum_{i=1}^{M}N_i E(\ln\lambda_i\mid\boldsymbol{Y}_{i,\,1:N_i},\boldsymbol{\Omega}^{(L)}) + \sum_{i=1}^{M}\sum_{j=1}^{N_i}\ln\Delta\Lambda_{i,j} - \ln\Gamma(a)\sum_{i=1}^{M}N_i - a\ln b\sum_{i=1}^{M}N_i \\
&\quad - \left(\frac{1}{b} + \frac{c^2}{2d}\right)\sum_{i=1}^{M}N_i E(\lambda_i\mid\boldsymbol{Y}_{i,\,1:N_i},\boldsymbol{\Omega}^{(L)}) - \frac{\ln d}{2}\sum_{i=1}^{M}N_i - \sum_{i=1}^{M}\sum_{j=1}^{N_i}\frac{E(\lambda_i\mid\boldsymbol{Y}_{i,\,1:N_i},\boldsymbol{\Omega}^{(L)})\Delta\Lambda_{i,j}^2}{2\Delta y_{i,j}} \\
&\quad + \sum_{i=1}^{M}\sum_{j=1}^{N_i}E(\lambda_i\delta_i\mid\boldsymbol{Y}_{i,\,1:N_i},\boldsymbol{\Omega}^{(L)})\left(\Delta\Lambda_{i,j} + \frac{c}{d}\right) - \sum_{i=1}^{M}\frac{N_i E(\lambda_i\delta_i^2\mid\boldsymbol{Y}_{i,\,1:N_i},\boldsymbol{\Omega}^{(L)})}{2d}
\end{aligned} \tag{7-51}$$

极大化式(7-51)，获取第 $L+1$ 轮迭代后的 a, b, c, d 估计值分别为

$$a^{(L+1)} = \psi^{-1}\left(\frac{\displaystyle\sum_{i=1}^{M} N_i E(\ln \lambda_i \mid \boldsymbol{Y}_{i,\,1:N_i}, \boldsymbol{\Omega}^{(L)})}{\displaystyle\sum_{i=1}^{M} N_i} - \ln b^{(L+1)} \right) \tag{7-52}$$

$$b^{(L+1)} = \frac{\displaystyle\sum_{i=1}^{M} N_i E(\lambda_i \mid \boldsymbol{Y}_{i,\,1:N_i}, \boldsymbol{\Omega}^{(L)})}{a^{(L)} \displaystyle\sum_{i=1}^{M} N_i} \tag{7-53}$$

$$c^{(L+1)} = \frac{\displaystyle\sum_{i=1}^{M} N_i E(\lambda_i \delta_i \mid \boldsymbol{Y}_{i,\,1:N_i}, \boldsymbol{\Omega}^{(L)})}{\displaystyle\sum_{i=1}^{M} N_i E(\lambda_i \mid \boldsymbol{Y}_{i,\,1:N_i}, \boldsymbol{\Omega}^{(L)})} \tag{7-54}$$

$d^{(L+1)}$

$$= \frac{\displaystyle\sum_{i=1}^{M} N_i \left(E(\lambda_i \delta_i^2 \mid \boldsymbol{Y}_{i,\,1:N_i}, \boldsymbol{\Omega}^{(L)}) - 2c^{(L+1)} E(\lambda_i \delta_i \mid \boldsymbol{Y}_{i,\,1:N_i}, \boldsymbol{\Omega}^{(L)}) + \left(c^{(L+1)}\right)^2 E(\lambda_i \mid \boldsymbol{Y}_{i,\,1:N_i}, \boldsymbol{\Omega}^{(L)}) \right)}{\displaystyle\sum_{i=1}^{M} N_i}$$

$$\tag{7-55}$$

式 (7-52) 中，$\psi^{-1}(\cdot)$ 为 digamma 函数的逆。

基于 EM 算法一体化估计超参数值的整体流程如下。

(1) 初始化：设 $L=0$，令待估参数为任意可能值，如 $\boldsymbol{\Omega}^{(0)} = (1,1,1,1)$。

(2) 第 $L+1$ 轮迭代：

①E-step。计算 $E(\lambda_i \mid \boldsymbol{Y}_{i,\,1:N_i}, \boldsymbol{\Omega}^{(L)})$，$E(\ln \lambda_i \mid \boldsymbol{Y}_{i,\,1:N_i}, \boldsymbol{\Omega}^{(L)})$，$E(\lambda_i \delta_i \mid \boldsymbol{Y}_{i,\,1:N_i}, \boldsymbol{\Omega}^{(L)})$ 及 $E(\lambda_i \delta_i^2 \mid \boldsymbol{Y}_{i,\,1:N_i}, \boldsymbol{\Omega}^{(L)})$。

②M-step。求解 $a^{(L+1)}$，$b^{(L+1)}$，$c^{(L+1)}$，$d^{(L+1)}$，将 $\boldsymbol{\Omega}^{(L)}$ 更新为 $\boldsymbol{\Omega}^{(L+1)}$。

(3) 结束条件：$\max\left(\left|\boldsymbol{\Omega}^{(L+1)} - \boldsymbol{\Omega}^{(L)}\right|\right) < \varepsilon$ 或 L 达到设定值。

EM 算法的 MATLAB 程序参考附录 D。

7.3.5　案例应用

某型 MEMS 加速度计的零位电压输出值在长期贮存过程中有逐渐增大的趋势，这是此型 MEMS 加速度计退化失效的主要原因。将 t 时刻零位电压测量值相当于初始时刻 $t=0$ 测量值的百分比增量 $Y(t)$ 作为性能退化指标，失效阈值为 $D=10$，即 $Y(t)$ 增大到 10% 时产品发生退化失效。表 7-8 中列出了 8 个样本的零位电压百分比增量。

表 7-8　　MEMS 加速度计的零位电压百分比增量　　　　　（单位：%）

测试序号	1	2	3	4	5	6	7	8	9	10	11
$t/10^3$h	0	1.44	2.88	5.60	8.40	10.24	13.48	16.00	18.00	20.24	24.00
样品 1	0	0.523	0.742	1.452	1.819	2.207	3.213	3.594	4.103	5.013	5.368
样品 2	0	0.336	0.800	1.458	2.181	2.290	2.716	3.323	3.781	4.219	5.032
$t/10^3$h	0	1.00	3.00	6.00	8.00	10.00	12.00	15.00	17.00	20.00	
样品 3	0	0.407	0.858	1.239	1.645	2.129	2.503	3.142	3.994	4.400	
样品 4	0	0.355	0.619	1.207	1.581	2.007	2.613	3.161	3.490	4.290	
样品 5	0	0.290	0.723	1.265	1.774	2.258	2.748	2.342	3.774	4.523	
$t/10^3$h	0	1.44	2.88	5.00	8.00	12.00	15.00	17.00	20.00		
样品 6	0	0.258	0.548	0.877	1.258	1.645	2.065	2.568	3.071		
样品 7	0	0.290	0.677	0.903	1.381	1.936	2.613	3.052	3.355		
样品 8	0	0.374	0.632	1.065	1.323	1.819	2.490	2.677	3.194		

1. 总体寿命特征预测

假定每个样品的性能退化为 IG 过程，估计出每个样品对应的退化模型参数值 $\hat{\mu}_i, \hat{\lambda}_i, \hat{\Lambda}_i$ 如表 7-9 所示。结合参数估计值验证样品性能退化是否为 IG 过程，如果 $\hat{\lambda}_i \left(\Delta Y_{i,j} - \hat{\mu}_{i,k} \Delta \Lambda_{i,j} \right)^2 \big/ \left(\hat{\mu}_i^2 \Delta Y_{i,j} \right)$ 服从自由度为 1 的 χ^2 分布，则说明样品的性能退化服从 IG 过程。设显著性水平为 α=0.05，采用 Anderson-Darling 法检验出 $\hat{\lambda}_i \left(\Delta Y_{i,j} - \hat{\mu}_{i,k} \Delta \Lambda_{i,j} \right)^2 \big/ \left(\hat{\mu}_i^2 \Delta Y_{i,j} \right) \sim \chi^2 (1)$ 成立，各产品性能退化都服从 IG 过程。

表 7-9　　每个样品的退化模型参数估计值

样品序号	参数估计值		
	$\hat{\mu}_i$	$\hat{\lambda}_i$	$\hat{\Lambda}_i$
1	0.400	1.405	0.817
2	0.308	1.043	0.879
3	0.248	1.542	0.961
4	0.271	0.934	0.923
5	0.277	2.167	0.933
6	0.196	1.243	0.919
7	0.233	1.300	0.890
8	0.280	1.664	0.812

利用式 (7-42) 获得极大似然估计值为 $(\mu,\lambda,\varLambda)=(0.281,1.078,0.885)$。超参数的初始值设为 $\boldsymbol{\varOmega}^{(0)}=(1,1,1,1)$，结束条件设为 $\max\left(\left\|\boldsymbol{\varOmega}^{(L+1)}-\boldsymbol{\varOmega}^{(L)}\right\|\right)<10^{-5}$，利用 EM 算法获得超参数估计值为 $\hat{\boldsymbol{\varOmega}}=(138.230,0.008,3.537,0.056)$，各超参数的迭代收敛过程如图 7-9 所示。

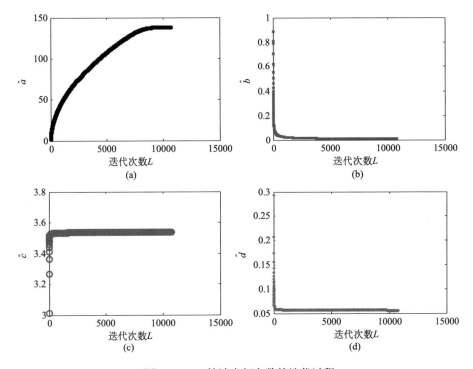

图 7-9　EM 算法中超参数的迭代过程

确定 MEMS 加速度计基于随机参数 IG 过程的累积分布函数为

$$F_T^*(t)=0.420t^{0.885}\int_{10}^{\infty}y^{-1.5}\left(0.056y+1\right)^{-0.5}\left(1+\frac{0.004\left(3.537y-t^{0.885}\right)^2}{y\left(0.056y+1\right)}\right)^{-138.730}\mathrm{d}y$$

从而得到累积失效曲线如图 7-10 所示，根据图中曲线可知产品在最初 40000h 前的失效风险几乎为 0，50000h 后失效风险明显增加。

利用 $F_T^*(t)$ 进一步估计出 MEMS 加速度计的总体寿命特征，如可靠寿命 t_R 与平均寿命 $\overline{T}$，其中采用 Bootstrap 自助抽样法建立了预测值的置信区间（置信度为 90%），从而为预防性维修、替换提供数据支持。总体寿命特征预测值及其置信区间如表 7-10 所示。

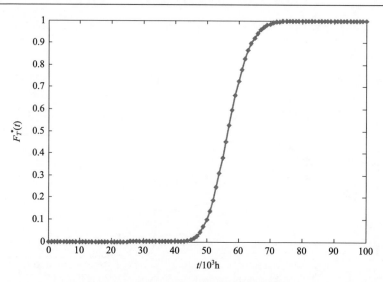

图 7-10　MEMS 加速度计累积失效曲线

表 7-10　总体寿命特征预测值及其置信区间

寿命指标	预测值/10^3h	置信下限/10^3h	置信上限/10^3h
$t_{0.99}$	45.155	44.651	47.880
$t_{0.95}$	48.320	46.626	50.523
$t_{0.90}$	50.010	47.805	54.016
$t_{0..80}$	52.205	48.933	56.280
$\overline{T}$	56.658	51.188	61.291

2. 个体剩余寿命预测

对样品 9 的零位电压输出值进行了 6 次测量，各次测量时间及计算出的零位电压百分比增量如表 7-11 所示。将表 7-11 中的退化数据作为现场信息，表 7-8 中的退化数据作为先验信息，基于多源信息融合理论预测样品 9 的剩余寿命。

表 7-11　样品 9 的零位电压百分比增量

测量序号	1	2	3	4	5	6
测量时刻/10^3h	0	2.0	5.0	8.0	10.0	12.0
$Y_{1:n}$	0	0.418	0.971	1.655	2.082	2.290

已获得超参数的先验估计值为 $\hat{\boldsymbol{\Omega}} = (138.230, 0.008, 3.537, 0.056)$，利用现场信息并根据式(7-38)～式(7-41)获得超参数在各测量时刻的后验估计值，如表 7-12 所示，后验估计值的更新过程如图 7-11 所示。

表 7-12　超参数的后验估计值

后验估计值	测量时刻/10^3h				
	2.0	5.0	8.0	10.0	12.0
$\hat{a}\,\vert\,\boldsymbol{Y}_{1:n}$	138.730	139.230	139.730	140.230	140.730
$\hat{b}\,\vert\,\boldsymbol{Y}_{1:n}$	7.990×10^{-3}	7.983×10^{-3}	7.979×10^{-3}	7.978×10^{-3}	7.922×10^{-3}
$\hat{c}\,\vert\,\boldsymbol{Y}_{1:n}$	3.557	3.576	3.560	3.553	3.583
$\hat{d}\,\vert\,\boldsymbol{Y}_{1:n}$	5.472×10^{-2}	5.311×10^{-2}	5.125×10^{-2}	5.015×10^{-2}	4.963×10^{-2}

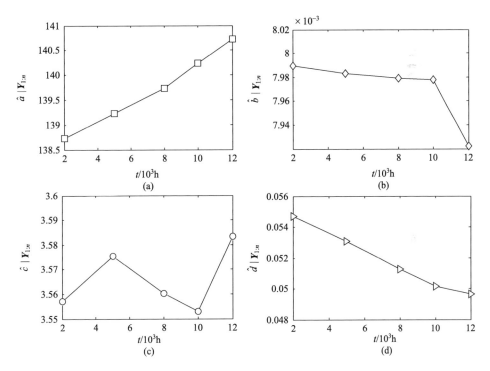

图 7-11　超参数后验估计值的更新过程

将各测量时刻的超参数后验估计值代入 $F_{\xi}^{*}(t)$，解得各测量时刻的个体剩余寿命预测值 $E(\xi\,\vert\,\boldsymbol{Y}_{1:n})$，如表 7-13 所示。将 $E(\xi\,\vert\,\boldsymbol{Y}_{1:n})$ 与仅利用个体性能退化数据获得的剩余寿命预测值 $E(\xi)$ 进行对比，如表 7-13 及图 7-12 所示，得出如下主要结论：①在对个体性能退化测量较少的情况下，传统方法无法预测出剩余寿命值，而本节所提方法克服了此缺陷；②传统方法获得的寿命预测值波动幅度较大，显示出预测结果具有较大的不确定性，而本节所提方法由于充分融合了先验信息，有效降低了预测结果的不确定性；③由于本节方法采用了随机参数的共轭先验分布，每获取新的性能退化数据后可立即更新超参数的后验估计值，能够实现个体剩余寿命的实时预测。

表 7-13　剩余寿命预测值　　　　　　　　（单位：10^3h）

剩余寿命预测值	测量时刻/10^3h				
	2.0	5.0	8.0	10.0	12.0
$E(\xi|Y_{1:n})$	53.760	50.563	46.036	43.287	42.408
$E(\xi)$	—	—	49.275	41.600	51.676

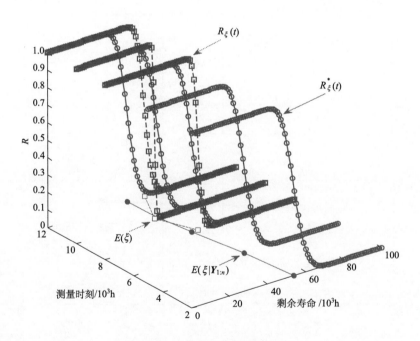

图 7-12　个体剩余寿命预测情况

7.3.6　研究结论

（1）MEMS 加速度计零位电压具有较为明显的趋势，以此作为性能退化指标无须产品失效即可预测出产品的失效信息，具有较好的工程应用价值。

(2)IG 随机过程具有良好的统计特性，利用随机参数的共轭先验分布函数可描述个体退化间的差异性，EM 算法提供了一种估计共轭先验分布函数超参数值的有效手段。

(3)基于多源信息融合预测个体剩余寿命在现场退化数据有限的情况下是非常必要的，能够克服仅利用现场退化数据预测剩余寿命时不确定性较大的缺陷。

(4)所提寿命预测方法实现了总体寿命预测与个体剩余寿命预测的有机结合，为产品寿命的融合预测提供了有益参考和借鉴。

7.4　技术框架运用-3

7.4.1　问题描述

某型军用电连接器属于高可靠性产品，工作环境决定了其寿命受温度、湿度影响较大。为了预测其总体寿命指标，以温度和湿度为加速应力进行了步进应力加速退化试验。本节在获取步进应力加速退化数据的基础上，利用前面章节的研究成果并按照技术框架的指导，基于 Wiener 过程的方法预测了产品的总体寿命指标，基于非共轭先验分布的 Bayes 方法预测了两个产品个体的剩余寿命。

针对此型号电连接器的实际工作环境一直变化的问题，利用等效的温度、湿度表征变化的温、湿度环境对产品寿命的综合影响，其中等效温度的计算参考了俄罗斯某加速退化标准。为了建立准确的温度-湿度加速模型，分别使用 Generalized Eyring 模型、双应力指数模型、Peck 模型与加速退化数据拟合，从中选取拟合效果最好的一种。

电连接器负责在武器系统内部传递各种电能、控制信号。其寿命指标直接影响整个武器系统的可靠性水平。统计数据显示，引起武器系统故障的各种原因中多达 70%是因为元器件产品发生失效，而电连接器失效在所有元器件失效事件中占 40%，所以对电连接器进行准确的定寿与视情维修是提高武器系统战备完好率的重要保证。

电连接器大都可以分为接触件、绝缘体和壳体 3 个组成部分，其中接触件是电连接器的核心部分，负责各种电信号的传输与控制，接触件之间的接触电阻增大几毫欧就可能导致信号传输中断、电路误触发等发生。电连接器的 3 种主要失效模式为接触电阻增大失效、机械失效和绝缘失效，其中接触电阻增大失效是电连接器失效的最主要原因，占所有失效模式的 45.1%。所以目前的电连接器寿命预测方法大都集中于对接触电阻的增长规律进行研究。

某型号军用电连接的接触件为表面镀金的铜合金基体，接触电阻实际上包含接触件材料电阻、集中电阻、膜层电阻 3 部分，其中膜层电阻主要由接触件表面的氧化层、各种污染物引入，是接触电阻的最主要来源。由于工作环境的原因，此型电连接器的寿命受温度和湿度的影响较大，温、湿度可促使接触件表面的氧化物加速生成，氧化物的堆积促使膜层电阻不断增大最终导致电连接器失效[11-13]。通过步进应力加速退化试验对电连接器的电气寿命进行了研究，具体试验信息如下。

(1)试验中选取温度、湿度作为综合加速应力，根据摸底试验确定在 3 组综合应力 $S_1(T_1=75℃, RH_1=75\%)$, $S_2(T_2=100℃, RH_2=85\%)$, $S_3(T_3=125℃, RH_3=95\%)$下进行步进应力加速退化试验。

(2)随机抽取 10 个产品，在每组加速应力下对 10 个产品进行等时间间隔测量，并且测量次数都为 5 次。S_1 下的测量间隔为 96h；　S_2 下的测量间隔为 48h；在 S_3 下的测量间隔为 24h。

(3)使用毫欧计对接触电阻进行测量，为了抵消每次测量不确定性的影响，将所有接触件的平均接触电阻作为退化量。根据该型电连接器的国家军用标准，确定接触电阻的失效阈值为5mΩ。

图 7-13 给出了 10 个产品在加速试验中的性能退化轨迹。

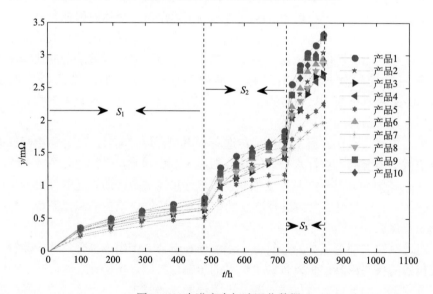

图 7-13　步进应力加速退化数据

7.4.2　性能退化建模及模型验证

因为每个产品的退化过程都是单调递增的，Wiener 过程、Gamma 过程及 IG 过程都可用于对产品退化进行建模，通过 AIC 可确定与退化数据拟合最好的一种随机过程模型[14]。图 7-14 反映出产品退化为非线性过程，在此考虑使用两种时间函数 $\Lambda_1(t) = t^r$ 及 $\Lambda_2(t) = 1 - \exp(-r \cdot t)$ 分别对退化数据进行拟合，其中 $\Lambda_2(t)$ 为指数型时间函数，可用于非线性退化建模。

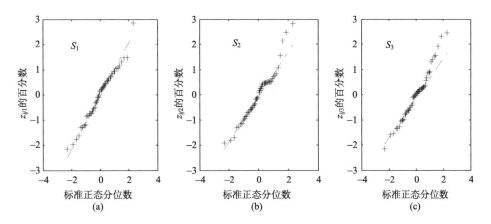

图 7-14　标准 Normal 分布的概率图

设 y_{ijk} 表示第 k 个应力下第 j 个产品第 i 次的测量数据，t_{ijk} 为整个加速试验中对应的测量时刻，z_{ijk} 为 S_k 下对应的测量时刻，$\Delta y_{ijk} = y_{ijk} - y_{(i-1)jk}$ 为退化增量，其中 $i = 1, 2, \cdots, 5$；$j = 1, 2, \cdots, 10$；$k = 1, 2, 3$。由于在初始时刻产品并不存在膜层电阻，导致接触电阻测量值很小且极不稳定，此时的测量值小于测量设备引入的不确定度，故将初始测量值 y_{0jk} 统一为 0。对 3 个加速应力下的测量数据处理时，依据以下折算关系：

$$\begin{cases} y_{0jk} = 0, & z_{ijk} = t_{ijk}, & k = 1 \\ y_{0jk} = y_{5j1}, & z_{ijk} = t_{ijk} - 480, & k = 2 \\ y_{0jk} = y_{5j2}, & z_{ijk} = t_{ijk} - 720, & k = 3 \end{cases} \tag{7-56}$$

分别利用以上 3 个随机过程对产品在 3 组加速应力下的退化过程进行建模，解得参数的 MLE 及似然方程对应的 AIC。

（1）Wiener 过程建模。

由 Wiener 过程的特性 $\Delta y_{ijk} \sim N\left(\mu_k \Delta \Lambda\left(z_{ijk}\right), \sigma_k^2 \Delta \Lambda\left(z_{ijk}\right)\right)$，建立如下似然函数：

$$L(\mu_k, \sigma_k^2, r_k) = \prod_{j=1}^{10} \prod_{i=1}^{5} \frac{1}{\sqrt{2\pi \sigma_k^2 \Delta \Lambda(z_{ijk})}} \exp\left[-\frac{\left(\Delta y_{ijk} - \mu_k \Delta \Lambda(z_{ijk})\right)^2}{2\sigma_k^2 \Delta \Lambda(z_{ijk})}\right] \tag{7-57}$$

将 $\Lambda_1(t)$ 及 $\Lambda_2(t)$ 分别代入式(7-57)，解得 3 组加速应力下的 MLE 及 AIC 如表 7-14 所示。

表 7-14　采用 Wiener 过程所得 MLE 及 AIC

参数	$\Lambda_1(t)=t^r$			$\Lambda_2(t)=1-\exp(-r\cdot t)$		
	S_1	S_2	S_3	S_1	S_2	S_3
$\hat{\mu}$	2.925×10^{-2}	4.960×10^{-2}	0.120	0.783	1.001	1.572
$\hat{\sigma}^2$	3.262×10^{-4}	1.043×10^{-3}	3.034×10^{-3}	1.146×10^{-2}	3.372×10^{-2}	8.311×10^{-2}
$\hat{r}$	0.507	0.515	0.504	4.051×10^{-3}	7.449×10^{-3}	1.571×10^{-2}
AIC	-2.030×10^{-2}	-1.419×10^{-2}	-95.119	-1.711×10^{2}	-1.174×10^{2}	-72.086

(2) Gamma 过程建模。

由 Gamma 过程的特性 $\Delta y_{ijk}\sim\mathrm{Ga}\left(\alpha_k\Delta\Lambda(z_{ijk}),\beta_k\right)$，建立如下似然函数：

$$L(\alpha_k,\beta_k,r_k)=\prod_{j=1}^{10}\prod_{i=1}^{5}\frac{\beta_k^{\alpha_k\Delta\Lambda(z_{ijk})}}{\Gamma(\alpha_k\Delta\Lambda(z_{ijk}))}\cdot\exp\left(-\Delta y_{ijk}\beta_k\right)\cdot\Delta y_{ijk}^{\alpha_k\Delta\Lambda(z_{ijk})-1}\quad(7\text{-}58)$$

将 $\Lambda_1(t)$ 及 $\Lambda_2(t)$ 分别代入式(7-58)，解得 MLE 及 AIC 如表 7-15 所示。

表 7-15　采用 Gamma 过程所得 MLE 及 AIC

参数	$\Lambda_1(t)=t^r$			$\Lambda_2(t)=1-\exp(-r\cdot t)$		
	S_1	S_2	S_3	S_1	S_2	S_3
$\hat{\alpha}$	3.527	2.449	2.832	55.484	28.891	22.274
$\hat{\beta}$	1.149×10^{2}	39.595	19.024	71.310	30.420	14.760
$\hat{r}$	0.500	0.475	0.458	4.134×10^{-3}	8.749×10^{-3}	1.794×10^{-2}
AIC	-2.005×10^{2}	-1.419×10^{2}	-84.863	-1.756×10^{2}	-1.277×10^{2}	-71.254

(3) IG 过程建模。

由 IG 过程的特性 $\Delta y_{ijk}\sim\mathrm{IG}\left(\mu_k\Delta\Lambda(z_{ijk}),\lambda_k\Delta\Lambda^2(z_{ijk})\right)$，建立如下似然函数：

$$L(\mu_k,\lambda_k,r_k)=\prod_{j=1}^{10}\prod_{i=1}^{5}\frac{\lambda_k^{0.5}\Delta\Lambda(z_{ijk})}{\sqrt{2\pi\Delta y_{ijk}^3}}\exp\left[-\frac{\lambda_k\left(\Delta y_{ijk}/\mu_k-\Delta\Lambda(z_{ijk})\right)^2}{2\Delta y_{ijk}}\right]\quad(7\text{-}59)$$

将 $\Lambda_1(t)$ 及 $\Lambda_2(t)$ 分别代入式(7-59)，解得 MLE 及 AIC 如表 7-16 所示。

当采用 Wiener 过程和 $\Lambda_1(t)=t^r$ 对退化数据建模时，3 组加速应力下的平均 AIC 值最小（$\overline{\mathrm{AIC}}=-146.647$），说明此性能退化模型与退化数据拟合的最好。虽然利用 AIC 确定了相对最优的性能退化模型，然而此模型与退化数据拟合的程度是否满足要求还需进一步验证。下面通过假设检验的方法对退化数据是否服从 $\Delta y_{ijk}\sim N\left(\hat{\mu}_k\Delta\Lambda_1(z_{ijk}),\hat{\sigma}_k^2\Delta\Lambda_1(z_{ijk})\right)$ 进行分析。由 $\Delta y_{ijk}\sim N\left(\hat{\mu}_k\Delta\Lambda_1(z_{ijk}),\hat{\sigma}_k^2\Delta\Lambda_1(z_{ijk})\right)$ 可推出以下关系式：

表 7-16　采用 IG 过程所得 MLE 及 AIC

参数	$\Lambda_1(t)=t^r$			$\Lambda_2(t)=1-\exp(-r\cdot t)$		
	S_1	S_2	S_3	S_1	S_2	S_3
$\hat{\mu}$	3.210×10^{-2}	7.669×10^{-2}	0.329	0.779	0.922	1.368
$\hat{\lambda}$	0.101	0.161	0.427	39.002	21.224	9.913
$\hat{r}$	0.492	0.435	0.292	4.111×10^{-3}	9.770×10^{-3}	3.081×10^{-2}
AIC	-1.954×10^2	-1.284×10^2	4.620	-1.753×10^2	-1.241×10^2	-2.252

$$z_{ijk}=\frac{\Delta y_{ijk}-\hat{\mu}_k\Delta\Lambda_1(z_{ijk})}{\hat{\sigma}_k\sqrt{\Delta\Lambda_1(z_{ijk})}}\sim N(0,1) \tag{7-60}$$

式中，z_{ijk} 为检验样本，$\hat{\mu}_k,\hat{\sigma}_k^2,\hat{r}_k$ 如表 7-14 中所列。使用 MATLAB 软件中的 kstest 命令实现 Kolmogorov-Smirnov 方法，检验每组加速应力下的 z_{ijk} 是否服从标准 Normal 分布。设原假设为 $z_{ijk}\sim N(0,1)$，显著性水平为 0.05。3 组加速应力下的检验样本都接受原假设，从而验证了性能退化模型的准确性，标准 Normal 分布的概率图如图 7-14 所示。

7.4.3　失效机理一致性检验

设 S_k 与 S_h 为任两个不相等的加速应力，其中 $k,h=1,2,3$。根据加速因子不变原则，可由 $\Delta y_{ijk}\sim N\left(\mu_k\Delta\Lambda_1(z_{ijk}),\sigma_k^2\Delta\Lambda_1(z_{ijk})\right)$ 推导出模型参数应满足以下关系：

$$\mu_k/\sigma_k^2=\mu_h/\sigma_h^2$$
$$r_k=r_h \tag{7-61}$$

通过检验式(7-61)中的关系是否满足，可判断出产品在加速试验中的失效机理是否发生变化。由以下似然函数求得每个产品在 3 组加速应力下的参数估计值，如表 7-17 所示。

$$L(\mu_{jk},\sigma_{jk}^2,r_{jk})=\prod_{i=1}^{5}\frac{1}{\sqrt{2\pi\sigma_{jk}^2\Delta\Lambda(z_{ijk})}}\exp\left[-\frac{\left(\Delta y_{ijk}-\mu_{jk}\Delta\Lambda(z_{ijk})\right)^2}{2\sigma_{jk}^2\Delta\Lambda(z_{ijk})}\right] \tag{7-62}$$

表 7-17　每个产品在各加速应力下的参数估计值

序号	S_1			S_2			S_3		
	$\hat{\mu}$	$\hat{\sigma}^2$	$\hat{r}$	$\hat{\mu}$	$\hat{\sigma}^2$	$\hat{r}$	$\hat{\mu}$	$\hat{\sigma}^2$	$\hat{r}$
1	3.125×10^{-2}	8.915×10^{-4}	0.529	4.851×10^{-2}	1.439×10^{-3}	0.556	1.716×10^{-1}	8.126×10^{-1}	0.450
2	3.416×10^{-2}	2.028×10^{-4}	0.480	2.941×10^{-2}	1.042×10^{-3}	0.619	8.404×10^{-2}	1.011×10^{-3}	0.603

续表

序号	S_1			S_2			S_3		
	$\hat{\mu}$	$\hat{\sigma}^2$	$\hat{r}$	$\hat{\mu}$	$\hat{\sigma}^2$	$\hat{r}$	$\hat{\mu}$	$\hat{\sigma}^2$	$\hat{r}$
3	3.721×10^{-2}	7.418×10^{-4}	0.457	5.264×10^{-2}	3.346×10^{-4}	0.501	1.143×10^{-1}	5.732×10^{-3}	0.504
4	3.363×10^{-2}	6.669×10^{-4}	0.476	4.644×10^{-2}	4.031×10^{-4}	0.517	1.383×10^{-1}	5.075×10^{-3}	0.461
5	2.596×10^{-2}	1.591×10^{-4}	0.486	6.151×10^{-2}	1.061×10^{-3}	0.432	1.354×10^{-1}	8.536×10^{-4}	0.433
6	3.102×10^{-2}	1.627×10^{-4}	0.515	6.804×10^{-2}	3.004×10^{-4}	0.460	1.474×10^{-1}	2.324×10^{-3}	0.462
7	1.864×10^{-2}	1.553×10^{-4}	0.531	4.563×10^{-2}	2.149×10^{-4}	0.469	1.552×10^{-1}	1.022×10^{-3}	0.362
8	2.531×10^{-2}	3.812×10^{-4}	0.530	5.923×10^{-2}	6.696×10^{-4}	0.484	9.919×10^{-2}	1.312×10^{-3}	0.547
9	3.354×10^{-2}	1.282×10^{-4}	0.503	4.882×10^{-2}	3.504×10^{-4}	0.552	1.003×10^{-1}	6.226×10^{-4}	0.567
10	2.306×10^{-2}	2.916×10^{-4}	0.573	5.426×10^{-2}	1.608×10^{-3}	0.510	1.148×10^{-1}	2.650×10^{-3}	0.556

设 $v_k = \mu_k / \sigma_k^2$，可得检验样本 $\hat{v}_k$，其中 $k=1,2,3$。利用 Anderson-Darling 统计量对检验样本 $\hat{v}_k$ 和 $\hat{r}_k$ 分别进行 Normal 分布的假设检验，在显著性水平为 0.05 时接受 $\hat{v}_k$，$\hat{r}_k$ 在各加速应力下服从 Normal 分布的原假设，图 7-15 及图 7-16 给出了检验样本与 Normal 分布的拟合情况。

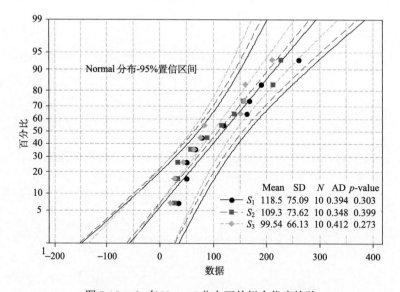

图 7-15　$\hat{v}_k$ 在 Normal 分布下的拟合优度检验

当显著性水平为 0.05 时，得拒绝域的下边界为 $t_{0.975}(16)=2.101$，逐一对任何两个应力下的样本进行检验，结果如表 7-18 所示。可知各加速应力下的检验样本没有显著差异，产品在 S_1, S_2, S_3 下具有一致性的失效机理。

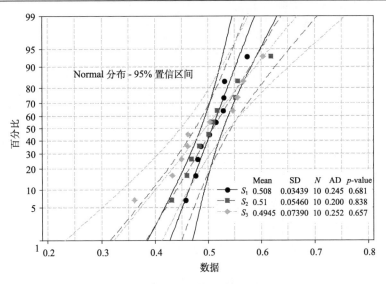

图 7-16　$\hat{r}_k$ 在 Normal 分布下的拟合优度检验

表 7-18　检验结果

检验样本	$\hat{v}_1, \hat{v}_2$	$\hat{v}_1, \hat{v}_3$	$\hat{v}_2, \hat{v}_3$	$\hat{r}_1, \hat{r}_2$	$\hat{r}_1, \hat{r}_3$	$\hat{r}_2, \hat{r}_3$
t 统计量值	0.276	0.600	0.313	0.093	0.524	0.530
是否接受原假设	接受	接受	接受	接受	接受	接受

7.4.4　参数的加速模型及模型验证

由于产品在 S_1, S_2, S_3 下的失效机理都没有发生变化，故利用此 3 个加速应力下的退化数据确定参数的加速模型。将以下 3 种关系式作为待选加速模型。

(1) 简化的 Generalized Eyring 模型。

$$A(T, \text{RH}) = a\exp(-b/T)\exp(c \cdot \text{RH}) \tag{7-63}$$

式中，a, b, c 为非负待定系数。

(2) 双应力指数模型。

$$A(T, \text{RH}) = a\exp(b \cdot T)\exp(c \cdot \text{RH}) \tag{7-64}$$

(3) Peck 模型。

$$A(T, \text{RH}) = a(\text{RH})^c \exp(-b/T) \tag{7-65}$$

由式 (7-63)，根据加速因子不变原则的推导结论，参数的加速模型可设为 AM1：

$$\mu_k = \eta_1 \exp\left(-\frac{\eta_2}{T_k}\right)\exp(\eta_3 \mathrm{RH}_k)$$

$$\sigma_k^2 = \eta_4 \exp\left(-\frac{\eta_2}{T_k}\right)\exp(\eta_3 \mathrm{RH}_k) \tag{7-66}$$

$$r_k = r$$

式中，$\eta_1, \eta_2, \eta_3, \eta_4, r$ 为非负待定系数。

由式(7-64)，参数的加速模型可设为 AM2:

$$\mu_k = \eta_1 \exp(\eta_2 T_k)\exp(\eta_3 \mathrm{RH}_k)$$

$$\sigma_k^2 = \eta_4 \exp(\eta_2 T_k)\exp(\eta_3 \mathrm{RH}_k) \tag{7-67}$$

$$r_k = r$$

由式(7-65)，参数的加速模型可设为 AM3:

$$\mu_k = \eta_1 \exp\left(-\frac{\eta_2}{T_k}\right)(\mathrm{RH}_k)^{\eta_3}$$

$$\sigma_k^2 = \eta_4 \exp\left(-\frac{\eta_2}{T_k}\right)(\mathrm{RH}_k)^{\eta_3} \tag{7-68}$$

$$r_k = r$$

建立如下融合所有加速退化数据的似然函数：

$$L(\eta_1, \eta_2, \eta_3, \eta_4, r) = \prod_{k=1}^{3}\prod_{j=1}^{10}\prod_{i=1}^{5}\frac{1}{\sqrt{2\pi\sigma_k^2 \Delta \varLambda_1(z_{ijk})}}\exp\left[-\frac{\left(\Delta y_{ijk} - \mu_k \Delta \varLambda_1(z_{ijk})\right)^2}{2\sigma_k^2 \Delta \varLambda_1(z_{ijk})}\right] \tag{7-69}$$

分别将参数的加速模型 AM1, AM2, AM3 代入式 (7-69)，解得 MLE $(\hat{\eta}_1, \hat{\eta}_2, \hat{\eta}_3, \hat{\eta}_4, \hat{r})$ 及 AIC 如表 7-19 所示。

表 7-19　估计值 $\hat{\eta}_1, \hat{\eta}_2, \hat{\eta}_3, \hat{\eta}_4, \hat{r}$ 及 AIC

加速模型	$\hat{\eta}_1$	$\hat{\eta}_2$	$\hat{\eta}_3$	$\hat{\eta}_4$	$\hat{r}$	AIC
AM1	4.115	2514.447	2.906	8.893×10^{-5}	0.505	−418.228
AM2	2.055×10^{-3}	4.332×10^{-3}	2.515	8.566×10^{-5}	0.428	−331.289
AM3	34.880	2204.086	1.211	2.719	0.509	−423.951

将 AIC 值最小的 AM3 指定为参数的加速模型，接下来对 AM3 进行验证。由

$$\Delta y_{ijk} \sim N\left(\hat{\eta}_1 \exp(-\hat{\eta}_2 / T_k)(\mathrm{RH}_k)^{\hat{\eta}_3}\Delta \varLambda_1(z_{ijk}), \hat{\eta}_4 \exp(-\hat{\eta}_2 / T_k)(\mathrm{RH}_k)^{\hat{\eta}_3}\Delta \varLambda_1(z_{ijk})\right)$$ 可得

$$z_{ijk} = \frac{\Delta y_{ijk} - \hat{\eta}_1 \exp(-\hat{\eta}_2 / T_k)(\mathrm{RH}_k)^{\hat{\eta}_3} \Delta \Lambda_1(z_{ijk})}{\sqrt{\hat{\eta}_4 \exp(-\hat{\eta}_2 / T_k)(\mathrm{RH}_k)^{\hat{\eta}_3} \Delta \Lambda_1(z_{ijk})}} \sim N(0,1) \tag{7-70}$$

设原假设为 $z_{ijk} \sim N(0,1)$，显著性水平为 0.05。通过 Kolmogorov-Smirnov 方法得出接受原假设 $z_{ijk} \sim N(0,1)$ 的结论，从而验证了加速模型的准确性，标准 Normal 分布的概率图如图 7-17 所示。

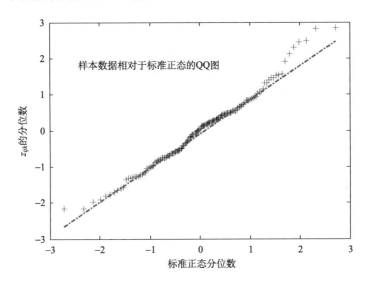

图 7-17　标准 Normal 分布的概率图

7.4.5　可靠寿命预测

由参数的加速模型，可推出任一加速应力 S_k 下的参数估计值 $\hat{\mu}_k, \hat{\sigma}_k^2, \hat{r}_k$：

$$\hat{\mu}_k = 34.880 \times \exp(-2204.086 / T_k) \times (\mathrm{RH}_k)^{1.211}$$

$$\hat{\sigma}_k^2 = 2.719 \times \exp(-2204.086 / T_k) \times (\mathrm{RH}_k)^{1.211} \tag{7-71}$$

$$\hat{r}_k = 0.509$$

结合产品的失效阈值 $D = 5\mathrm{m\Omega}$，任一加速应力 S_k 下的平均故障前时间 MTTF 为

$$\mathrm{MTTF}_k = \left(\frac{D}{\hat{\mu}_k}\right)^{1/\hat{r}_k} = \left(\frac{0.143 \times \exp(2204.086 / T_k)}{(\mathrm{RH}_k)^{1.211}}\right)^{1.965} \tag{7-72}$$

MTTF_k 随 T_k, RH_k 的变化规律如图 7-18 所示。

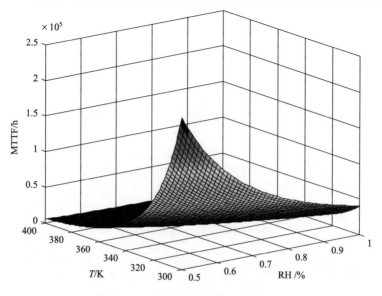

图 7-18　产品寿命与温度、湿度关系

　　将额定工作应力 T_0, RH_0 代入式(7-71)即可解得 $\hat{\mu}_0, \hat{\sigma}_0^2, \hat{r}_0$，从而外推出产品在额定工作应力下的寿命指标。然而在具体的工程应用中，有些产品难以保证始终在额定工作环境下使用，例如，季节的变化以及产品使用场所变动等因素导致产品的实际工作环境不断变化，此时需要根据产品的实际工作环境外推其寿命指标。

　　加速试验中所用的军用电连接器大量使用在某型装备中，对某地区此装备中电连接器的实际工作环境进行了跟踪记录，主要收集了一年中各个时间段的实际工作温度和相对湿度。使用等效温度和等效相对湿度表征不断变化的工作温度、相对湿度对产品寿命的影响。等效相对湿度 RH_0^* 取为一年中各个时间段相对湿度的平均值，$\mathrm{RH}_0^* = 51.5\%$。使用俄罗斯某行业标准给出的等效温度 T_0^* 计算公式：

$$T_0^* = -\frac{E}{R}\left\{\ln\left[\frac{1}{\tau_0}\sum_{i=1}^{n}\Delta\tau_i \cdot \exp\left(-\frac{E}{RT_i}\right)\right]\right\}^{-1} \tag{7-73}$$

式中，E/R 的值为 1.258×10^4，n 为平均值为 T_i 的温度段数量，τ_0 为所有温度段平均持续时间之和，$\Delta\tau_i$ 为每个温度段的平均持续时间。将 1 年的实际工作温度分为了 11 个温度段，每个温度段的跨度为5℃，各温度段的平均温度如表 7-20 所示。

　　将表中数据代入式(7-73)，计算出 $T_0^* = 313.15\,\mathrm{K}$。将 RH_0^*, T_0^* 代入式(7-71)可得产品在实际工作应力 S_0 下的参数值 $\hat{\mu}_0 = 1.370\times10^{-2}$，$\hat{\sigma}_0^2 = 2.825\times10^{-4}$，$\hat{r}_0 = 0.509$；产品寿命的概率密度函数 $f_{S_0}(t)$ 和可靠度函数 $R_{S_0}(t)$ 确定为

表 7-20 各温度段的平均温度及持续时间

序号	1	2	3	4	5	6	7	8	9	10	11
温度段 /℃	5.0～10	10.1～15	15.1～20	20.1～25	25.1～30	30.1～45	35.1～40	40.1～45	45.1～50	50.1～55	55.1～60
T_i / K	280.65	285.65	290.65	295.65	300.65	305.65	310.65	315.65	320.65	325.65	330.65
$\Delta\tau_i$ /h	43	295	591	922	1195	1493	1539	1232	930	454	66

$$f_{S_0}(t) = \frac{61.031}{t^{0.7635}}\exp\left(-\frac{\left(5-1.370\times10^{-2}\times t^{0.509}\right)^2}{2.136\times10^{-3}\times t^{0.509}}\right) \tag{7-74}$$

$$R_{S_0}(t) = \Phi\left(\frac{5-1.370\times10^{-2}\times t^{0.509}}{3.268\times10^{-2}\times t^{0.2545}}\right) - 5.157\times10^{55}\times\Phi\left(-\frac{5+1.370\times10^{-2}\times t^{0.509}}{3.268\times10^{-2}\times t^{0.2545}}\right) \tag{7-75}$$

产品在 S_0 下的可靠度曲线如图 7-19 所示，其中利用 Bootstrap 方法给出了置信水平为 95%的置信区间。

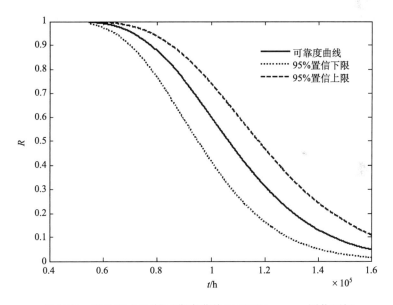

图 7-19 产品在 S_0 下的可靠度曲线及 95%Bootstrap 置信区间

由式(7-75)求得产品在 S_0 下的可靠寿命 ξ_R。$\hat{\xi}_{0.99}, \hat{\xi}_{0.90}, \hat{\xi}_{0.50}, \widehat{\text{MTTF}}$ 的预测值及 95%Bootstrap 置信区间如表 7-21 所示。

表 7-21　寿命预测值及 95%Bootstrap 置信区间　　　　（单位：h）

参数	预测值	95%置信下限	95%置信上限
$\hat{\xi}_{0.99}$	6.037×10^4	5.458×10^4	6.526×10^4
$\hat{\xi}_{0.90}$	7.783×10^4	6.978×10^4	8.452×10^4
$\hat{\xi}_{0.50}$	1.065×10^5	9.225×10^4	1.141×10^5
$\widehat{\text{MTTF}}$	1.081×10^5	9.518×10^4	1.126×10^5

7.4.6　剩余寿命预测

对某装备中使用的电连接器（与加速退化实验中的电连接器同型号，实际工作应力为 S_0）进行定期性能测试，收集了两个电连接器的现场退化数据如表 7-22 所示。

表 7-22　两个电连接器的接触电阻测量值

测量时间/月	4	8	12	16	20	24
产品 $1/\text{m}\Omega$	0.705	0.987	1.241	1.668	1.842	1.933
产品 $2/\text{m}\Omega$	0.681	0.969	1.191	1.378	1.544	1.695

为了提高个体剩余寿命的预测精度，利用提出的非共轭先验分布方法进行 Bayes 统计推断。首先将加速退化试验数据作为先验信息，确定预测模型参数的先验分布；然后由现场退化数据估计模型参数的后验期望值；最后给出剩余寿命的预测值及其置信区间。

1. 确定模型参数的先验分布

由参数的加速模型(7-71)，确定加速因子 $A_{k,0}$ 的解析式为

$$A_{k,0} = \exp\left(2204.086(1/T_0 - 1/T_k)\right) \times \left(\text{RH}_k / \text{RH}_0\right)^{1.211} \tag{7-76}$$

解得 $A_{1,0} = 3.199$，$A_{2,0} = 5.689$，$A_{3,0} = 9.432$。将加速应力 S_k 下的参数估计值 $\hat{\mu}_{jk}, \hat{\sigma}_{jk}^2, \hat{r}_{jk}$ 折算到工作应力 S_0 下，折算值 $\hat{\mu}_{h0}, \hat{\sigma}_{h0}^2, \hat{r}_{h0}$ 如表 7-23 所示。

使用 Anderson-Darling 统计量确定 $\hat{\mu}_{h0}, \hat{\sigma}_{h0}^2, \hat{r}_{h0}$ 的最优拟合分布模型，AD 值如表 7-24 所示。

表 7-23　参数的折算值 $\hat{\mu}_{h0}, \hat{\sigma}_{h0}^2, \hat{r}_{h0}$

编号	$S_1 \to S_0$			$S_2 \to S_0$			$S_3 \to S_0$		
	$\hat{\mu}_{h0}$	$\hat{\sigma}_{h0}^2$	$\hat{r}_{h0}$	$\hat{\mu}_{h0}$	$\hat{\sigma}_{h0}^2$	$\hat{r}_{h0}$	$\hat{\mu}_{h0}$	$\hat{\sigma}_{h0}^2$	$\hat{r}_{h0}$
1	0.977×10^{-2}	2.787×10^{-4}	0.529	0.853×10^{-2}	1.439×10^{-3}	0.556	1.819×10^{-2}	8.126×10^{-4}	0.450
2	1.068×10^{-2}	0.634×10^{-4}	0.480	0.517×10^{-2}	1.042×10^{-3}	0.619	0.891×10^{-2}	1.011×10^{-3}	0.603
3	1.163×10^{-2}	2.319×10^{-4}	0.457	0.925×10^{-2}	3.346×10^{-4}	0.501	1.212×10^{-2}	5.732×10^{-3}	0.504
4	1.051×10^{-2}	2.085×10^{-4}	0.476	0.816×10^{-2}	4.031×10^{-4}	0.517	1.466×10^{-2}	5.075×10^{-3}	0.461
5	0.812×10^{-2}	0.497×10^{-4}	0.486	1.081×10^{-2}	1.061×10^{-3}	0.432	1.435×10^{-2}	8.536×10^{-4}	0.433
6	0.970×10^{-2}	0.509×10^{-4}	0.515	1.196×10^{-2}	3.004×10^{-4}	0.460	1.563×10^{-2}	2.324×10^{-3}	0.462
7	0.583×10^{-2}	0.485×10^{-4}	0.531	0.802×10^{-2}	2.149×10^{-4}	0.469	1.645×10^{-2}	1.022×10^{-3}	0.362
8	0.791×10^{-2}	1.192×10^{-4}	0.530	1.041×10^{-2}	6.696×10^{-4}	0.484	1.052×10^{-2}	1.312×10^{-3}	0.547
9	2.048×10^{-2}	0.401×10^{-4}	0.503	0.858×10^{-2}	3.504×10^{-4}	0.552	1.063×10^{-2}	6.226×10^{-4}	0.567
10	0.721×10^{-2}	0.912×10^{-4}	0.573	0.954×10^{-2}	1.608×10^{-3}	0.510	1.217×10^{-2}	2.650×10^{-3}	0.556

表 7-24　$\hat{\mu}_{h0}, \hat{\sigma}_{h0}^2, \hat{r}_{h0}$ 在各分布模型下的 AD 值

参数	Exponential	Normal	Lognormal	Gamma	Weibull
$\hat{\mu}_{h0}$	7.517	0.642	0.317	0.358	0.753
$\hat{\sigma}_{h0}^2$	1.323	—	0.513	0.835	0.860
$\hat{r}_{h0}$	11.055	0.177	0.216	0.188	0.341

$\hat{\mu}_{h0}$ 及 $\hat{\sigma}_{h0}^2$ 最优拟合于 Lognormal 分布，$\hat{r}_{h0}$ 最优拟合于 Normal 分布，参数 μ, σ^2, r 的先验分布确定为 $\mu \sim \mathrm{LN}(-4.592, 0.283)$，$\sigma^2 \sim \mathrm{LN}(-9.049, 0.767)$，$r \sim N(0.504, 0.055)$。

2. 估计后验期望值及预测剩余寿命

由两个电连接器的现场退化数据，利用 WinBUGS 软件分别对模型参数 μ, σ^2, r 的后验分布进行 MCMC 抽样拟合。在获得第 5 组现场退化数据之后，拟合的 μ, σ^2, r 的后验分布如图 7-20 和图 7-21 所示。

得第 1 个电连接器性能退化模型参数 μ, σ^2, r 的后验期望值分别为 $E(\mu \mid \Delta Y_1) = 9.935\times10^{-3}$，$E(\sigma^2 \mid \Delta Y_1) = 3.764\times10^{-4}$ 及 $E(r \mid \Delta Y_1) = 0.544$。

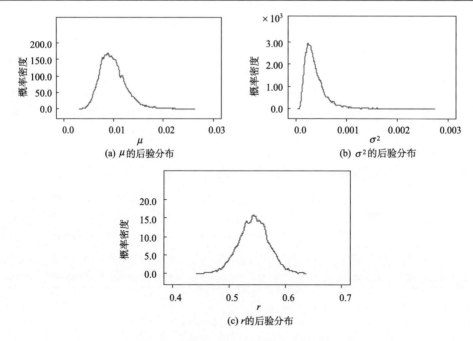

图 7-20　第 1 个产品的 μ, σ^2, r 后验分布

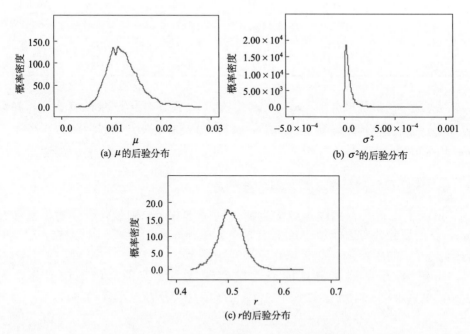

图 7-21　第 2 个产品的 μ, σ^2, r 后验分布

得第 2 个电连接器性能退化模型参数 μ, σ^2, r 的后验期望值分别为 $E(\mu|\Delta Y_2) = 1.258 \times 10^{-2}$, $E(\sigma^2|\Delta Y_2) = 4.907 \times 10^{-5}$ 及 $E(r|\Delta Y_2) = 0.505$ 。个体剩余寿命的后验预测模型如式(4-25)所示，分别将 D_i', $E(\mu|\Delta Y_i)$ 及 $E(r|\Delta Y_i)$ ($i=1,2$) 代入该式，解得 $\widehat{RL_1|\Delta Y_1} = 52.2$ 月，$\widehat{RL_2|\Delta Y_2} = 85.3$ 月。利用 WinBUGS 软件拟合出 $RL_1|\Delta Y_1$ 与 $RL_2|\Delta Y_2$ 的后验分布如图 7-22 所示，得到 $\widehat{RL_1|\Delta Y_1}$ 的 95%置信区间为[32.8 月,91.3 月]，$\widehat{RL_2|\Delta Y_2}$ 的 95%置信区间为[65.7 月,109.2 月]。

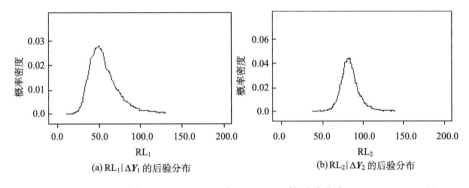

(a) $RL_1|\Delta Y_1$ 的后验分布　　　　(b) $RL_2|\Delta Y_2$ 的后验分布

图 7-22　$RL_1|\Delta Y_1$ 与 $RL_2|\Delta Y_2$ 的后验分布

7.4.7　研究结论

(1)外推得某地区使用的某型电连接器在实际工作环境下的平均寿命为 $1.081 \times 10^5 h$，这与从工程实际所得经验基本相符。预测得两个个体的剩余寿命分别为 52.2 个月和 85.3 个月，说明同型号产品个体之间可能存在较大的寿命差异，应根据个体的实际退化状态执行视情维修。

(2)为了对非线性退化数据建模，性能退化模型需要引入时间函数。此种情况下进行失效机理一致性检验的被检参数关系式可能不止一个，往往还需要对时间参数在不同应力下应满足的关系进行检验。

(3)采用多应力加速模型时，加速因子不变原则为加速退化建模提供了有效手段，此时根据经验假定参数与加速应力的关系更加困难。例如，文献[15]在研究电流、温度双应力加速试验时，虽然假定 Wiener 过程的漂移参数和扩散参数都随应力的变化而改变，但是认为漂移参数与电流、温度有关而扩散参数只与温度有关。利用加速因子不变原则可容易得出每个参数都应与电流、温度有关。

(4)很多产品的实际工作环境是不断变动的，可用等效应力水平表征变动的工作环境对产品寿命的平均影响。等效温度可根据俄罗斯行业标准中提供的公式进行计算，等效湿度在本章中只是用湿度的平均值表示，有待于进一步深入研究。

参 考 文 献

[1] Peng C Y. Inverse Gaussian processes with random effects and explanatory variables for degradation data[J]. Technometrics, 2015, 57(1): 100-111.

[2] 王浩伟, 滕克难, 盖炳良. 基于加速因子不变原则的加速退化数据分析方法[J]. 电子学报, 2018, 46(3): 739-747.

[3] Yang G. Life Cycle Reliability Engineering[M]. Hoboken: John Wiley & Sons, 2007.

[4] 周源, 吕卫民, 孙媛. 基于逆 Gaussian 过程的 MEMS 加速度计寿命融合预测方法[J]. 中国惯性技术学报, 2017, 25(6): 834-841.

[5] 王浩伟, 徐廷学, 周伟. 综合退化数据与寿命数据的某型电连接器寿命预测方法[J]. 上海交通大学学报, 2014, 48(5): 702-706.

[6] 王浩伟, 滕克难, 奚文骏. 非恒定环境下基于载荷谱的导弹部件寿命预测[J]. 兵工学报, 2016, 37(8): 1524-1529.

[7] 王浩伟, 徐廷学, 赵建忠. 融合加速退化和现场实测退化数据的剩余寿命预测方法[J]. 航空学报, 2014, 35(12): 3350-3357.

[8] 王浩伟, 奚文骏, 冯玉光. 基于退化失效与突发失效竞争的导弹剩余寿命预测[J]. 航空学报, 2016, 37(4): 1240-1248.

[9] 王浩伟, 滕克难, 李军亮. 随机环境应力冲击下基于多参数相关退化的导弹部件寿命预测[J]. 航空学报, 2016, 37(11): 3404-3412.

[10] 王浩伟, 滕克难, 奚文骏. 基于随机参数逆高斯过程的加速退化建模方法[J]. 北京航空航天大学学报, 2016, 42(9): 1843-1850.

[11] 王浩伟, 徐廷学, 张鑫. 基于步进加速退化试验的某型电连接器可靠性评估[J]. 电光与控制, 2014, 21(9): 104-108.

[12] 王浩伟, 徐廷学, 张晗. 基于退化量分布的某型电连接器寿命预测方法[J]. 现代防御技术, 2014, 42(5): 127-132.

[13] 王浩伟, 徐廷学, 赵建忠. 基于性能退化分析的电连接器可靠性评估[J]. 计算机工程与科学, 2015, 37(3): 616-620.

[14] 王浩伟, 滕克难. 基于加速退化数据的可靠度评估技术综述[J]. 系统工程与电子技术, 2017, 39(12): 2877-2885.

[15] Liao H T, Elsayed E A. Reliability inference for field conditions from accelerated degradation testing[J]. Naval Research Logistics, 2006, 53(6): 576-587.

附　　录

附录 A　Wiener-Arrhenius 加速退化模型的参数估计算法

```
function f=Wienerem(a,x1,x2,x3,t1,T)
y=0;
yy=0;
c=a(4);
uu=exp(a(1)-a(2)/T(1));
ss=exp(a(3)-a(2)/T(1));
for i=1:size(x1,1)
for j=1:size(x1,2)
    t=t1(j+1)^c-t1(j)^c;
    s=ss*t;
    u1=uu*t;
    y=1/sqrt(2*pi*s)*exp(-(x1(i,j)-u1)^2/2/s);
    y=log(y);
    yy=yy+y;
end
end
uu=exp(a(1)-a(2)/T(2));
ss=exp(a(3)-a(2)/T(2));
for i=1:size(x2,1)
for j=1:size(x2,2)
    t=t1(j+1)^c-t1(j)^c;
    s=ss*t;
    u1=uu*t;
    y=1/sqrt(2*pi*s)*exp(-(x2(i,j)-u1)^2/2/s);
    y=log(y);
    yy=yy+y;
end
end
uu=exp(a(1)-a(2)/T(3));
ss=exp(a(3)-a(2)/T(3));
for i=1:size(x3,1)
for j=1:size(x3,2)
```

```
    t=t1(j+1)^c-t1(j)^c;
    s=ss*t;
    u1=uu*t;
    y=1/sqrt(2*pi*s)*exp(-(x3(i,j)-u1)^2/2/s);
    y=log(y);
    yy=yy+y;
end
end
f=-yy;
```

附录 B　求解 Wiener 过程超参数的 EM 算法

```
a=1; b=1; c=0.1; d=1;
M=29;
h=inf;
th=1e-6;
count=0;
err=0;
aa=0;bb=0;cc=0;dd=0;
yy_sum=zeros(M,1);
e1=zeros(M,1);
e2=zeros(M,1);
e3=zeros(M,1);
e4=zeros(M,1);
for j=1:size(b1,1)
for i=1:size(b1,2)
    yy1(j,i)=b1(j,i)^2/2/t1(j,i);
end
end
yy1_sum=sum(yy1,2);
for j=1:size(b2,1)
for i=1:size(b2,2)
    yy2(j,i)=b2(j,i)^2/2/t2(j,i);
end
end
yy2_sum=sum(yy2,2);
for j=1:size(b3,1)
for i=1:size(b3,2)
    yy3(j,i)=b3(j,i)^2/2/t3(j,i);
end
```

```
end
yy3_sum=sum(yy3,2);
yy_sum=[yy1_sum;yy2_sum;yy3_sum];
dx1_sum=[X1(:,end)-X1(:,1);X2(:,end)-X2(:,1);X3(:,end)-X3(:,1)];
dt_sum=[tt1(:,end)-tt1(:,1);tt2(:,end)-tt2(:,1);tt3(:,end)-tt3(:,1)];
N=ones(1,29).*4;
while h>=th
%E step
    count=count+1;
    A= a;
    B= b;
    C= c;
    D= d;
for j=1:M
    f1=A+N(j)/2;
f2=B+C^2/2/D-(D*dx1_sum(j)+C)^2/2/(D^2*dt_sum(j)+D)+yy_sum(j);
    f3=(D*dx1_sum(j)+C)/(D*dt_sum(j)+1);
    e1(j)=f1/f2;
    e2(j)=psi(f1)-log(f2);
    e3(j)=e1(j)*f3;
    e4(j)=e1(j)*f3^2+D/(D*dt_sum(j)+1);
end
    E1=sum(e1);
    E2=sum(e2);
    E3=sum(e3);
    E4=sum(e4);
%M step
    z=E2/M+log(M)-log(E1);
    x= fsolve(@(x) psi(x)-log(x)-z,[1e-5 10000],optimset('Display','off'));
    a=x(1);
if abs(psi(a)-log(a)-z>0.01)
        err=err+1;
        disp(count);
end
    b=M*a/E1;
    c=E3/E1;
    d=(E4-2*c*E3+c^2*E1)/M;
    aa(count)=a;
    bb(count)=b;
    cc(count)=c;
```

```
        dd(count)=d;
        h=max([abs(A-a)/a,abs(B-b)/b,abs(C-c)/c,abs(D-d)/d]);
    end%while
%输出结果
a,b,c,d
```

附录 C　IG-Arrhenius 加速退化模型的参数估计算法

```
function f=IGem1(a,x1,x2,x3,t1,T)
y=0;
yy=0;
c=a(4);
uu=exp(a(1)-a(2)/T(1));
ss=exp(a(3)-a(2)/T(1))^2;
for i=1:size(x1,1)
for j=1:size(x1,2)
    t=t1(j+1)^c-t1(j)^c;
y=sqrt(ss*t^2/(2*pi*x1(i,j)^3))*exp(-ss/2/x1(i,j)*(x1(i,j)/uu-t)^2);
    y=log(y);
    yy=yy+y;
end
end
uu=exp(a(1)-a(2)/T(2));
ss=exp(a(3)-a(2)/T(2))^2;
for i=1:size(x2,1)
for j=1:size(x2,2)
    t=t1(j+1)^c-t1(j)^c;
y=sqrt(ss*t^2/(2*pi*x2(i,j)^3))*exp(-ss/2/x2(i,j)*(x2(i,j)/uu-t)^2);
    y=log(y);
    yy=yy+y;
end
end
uu=exp(a(1)-a(2)/T(3));
ss=exp(a(3)-a(2)/T(3))^2;
for i=1:size(x3,1)
for j=1:size(x3,2)
    t=t1(j+1)^c-t1(j)^c;
y=sqrt(ss*t^2/(2*pi*x3(i,j)^3))*exp(-ss/2/x3(i,j)*(x3(i,j)/uu-t)^2);
    y=log(y);
    yy=yy+y;
```

```
end
end
f=-yy;
```

附录 D　求解 IG 过程超参数的 EM 算法

```
clear;clc;
  x1=[0 0.81 1.15 2.25 2.82 3.42 4.98 5.57 6.36 7.77 8.32;
      0 0.52 1.24 2.26 3.38 3.55 4.21 5.15 5.86 6.54 7.80];
  x2=[0 0.63 1.33 1.92 2.55 3.30 3.88 4.87 6.19 6.82;
      0 0.55 0.96 1.87 2.45 3.11 4.05 4.90 5.41 6.65;
      0 0.45 1.12 1.96 2.75 3.50 4.26 5.18 5.85 7.01];
  x3=[0 0.40 0.85 1.36 1.95 2.55 3.20 3.98 4.76;
      0 0.45 1.05 1.40 2.14 3.00 4.05 4.73 5.20;
      0 0.58 0.98 1.65 2.05 2.82 3.86 4.15 4.95];
t1=[0 1440 2880 5600 8400 10240 13480 16000 18000 20240 24000]./1000;
t2=[0 1000 3000 6000 8000 10000 12000 15000 18000 20000]./1000;
t3=[0 1440 2880 5000 8000 12000 15000 17000 20000]./1000;
X1=diff(x1,1,2);
X2=diff(x2,1,2);
X3=diff(x3,1,2);
[r,fval]=fminsearch(@(x) IGEM(x,X1,X2,X3,t1,t2,t3),[1,1,1]);
b1=X1;
b2=X2;
b3=X3;
tt1=ones(2,1)*(t1.^r(3));
tt2=ones(3,1)*(t2.^r(3));
tt3=ones(3,1)*(t3.^r(3));
t1=diff(tt1,1,2);
t2=diff(tt2,1,2);
t3=diff(tt3,1,2);
%EM算法
a=1; b=1; c=1; d=1;
M=8;
h=inf;
th=1e-3;
count=0;
err=0;
aa=0;bb=0;cc=0;dd=0;
yy_sum=zeros(M,1);
```

```
e1=zeros(M,1);
e2=zeros(M,1);
e3=zeros(M,1);
e4=zeros(M,1);
for j=1:size(b1,1)
for i=1:size(b1,2)
    yy1(j,i)=b1(j,i)^2/2/t1(j,i);
end
end
yy1_sum=sum(yy1,2);
for j=1:size(b2,1)
for i=1:size(b2,2)
    yy2(j,i)=b2(j,i)^2/2/t2(j,i);
end
end
yy2_sum=sum(yy2,2);
for j=1:size(b3,1)
for i=1:size(b3,2)
    yy3(j,i)=b3(j,i)^2/2/t3(j,i);
end
end
yy3_sum=sum(yy3,2);
yy_sum=[yy1_sum;yy2_sum;yy3_sum];
dx1_sum=[X1(:,end)-X1(:,1);X2(:,end)-X2(:,1);X3(:,end)-X3(:,1)];
dt_sum=[tt1(:,end)-tt1(:,1);tt2(:,end)-tt2(:,1);tt3(:,end)-tt3(:,1)];
N=[10,10,9,9,9,8,8,8]';
while h>=th
%E step
  count=count+1;
  A= a;
  B= b;
  C= c;
  D= d;
for j=1:M
  f1=A+N(j)/2;
f2=B+C^2/2/D-(D*dx1_sum(j)+C)^2/2/(D^2*dt_sum(j)+D)+yy_sum(j);
  f3=(D*dx1_sum(j)+C)/(D*dt_sum(j)+1);
  e1(j)=f1/f2;
  e2(j)=psi(f1)-log(f2);
  e3(j)=e1(j)*f3;
```

```
    e4(j)=e1(j)*f3^2+D/(D*dt_sum(j)+1);
end
    E1=sum(e1);
    E2=sum(e2);
    E3=sum(e3);
    E4=sum(e4);
%M step
    z=E2/M+log(M)-log(E1);
    x= fsolve(@(x) psi(x)-log(x)-z,[1e-5 10000],optimset('Display','off'));
    a=x(1);
if abs(psi(a)-log(a)-z>0.01)
        err=err+1;
        disp(count);
end
    b=M*a/E1;
    c=E3/E1;
    d=(E4-2*c*E3+c^2*E1)/M;
    aa(count)=a;
    bb(count)=b;
    cc(count)=c;
    dd(count)=d;
    h=max([abs(A-a)/a,abs(B-b)/b,abs(C-c)/c,abs(D-d)/d]);
end%while
% 输出结果
a,b,c,d
```

编 后 记

　　《博士后文库》（以下简称《文库》）是汇集自然科学领域博士后研究人员优秀学术成果的系列丛书。《文库》致力于打造专属于博士后学术创新的旗舰品牌，营造博士后百花齐放的学术氛围，提升博士后优秀成果的学术和社会影响力。

　　《文库》出版资助工作开展以来，得到了全国博士后管委会办公室、中国博士后科学基金会、中国科学院、科学出版社等有关单位领导的大力支持，众多热心博士后事业的专家学者给予积极的建议，工作人员做了大量艰苦细致的工作。在此，我们一并表示感谢！

《博士后文库》编委会